普通高等教育"十二五"规划教材

可再生能源

主　编　汪建文
副主编　李永华　武文斐　鄢晓忠
参　编　高志鹰　张立茹　东雪青
主　审　李惟毅

机械工业出版社

本书阐述了可再生能源的理论知识及工程技术应用。本着精简篇幅、扩大读者范围的精神，本书主要介绍了可再生能源的国内外资源状况、分布及应用，一般技术原理等知识，同时，还介绍了当今国内外的新技术、新发展状况。

本书共分九章，内容包括可再生能源、太阳能、风能、生物质能、海洋能、地热能、水能、氢能和多能互补。

本书可作为高等院校能源动力类专业的必修课教材，也可作为高等院校各类专业“可再生能源”公共选修课教材，还可作为企业、研究院所从事可再生能源方面的广大技术人员、管理人员的参考书。

本书配有电子课件，向授课教师免费提供，需要者可登录机工教育服务网（www. cmpedu. com）下载。

图书在版编目（CIP）数据

可再生能源/汪建文主编. —北京：机械工业出版社，2011. 9
（2025. 2 重印）
普通高等教育“十二五”规划教材
ISBN 978-7-111-35750-6

Ⅰ. ①可… Ⅱ. ①汪… Ⅲ. ①再生能源-高等学校-教材
Ⅳ. ①TK01

中国版本图书馆 CIP 数据核字（2011）第 177552 号

机械工业出版社（北京市百万庄大街 22 号 邮政编码 100037）
策划编辑：蔡开颖 责任编辑：蔡开颖 周璐婷
版式设计：张世琴 责任校对：纪 敬
封面设计：张 静 责任印制：郜 敏
北京富资园科技发展有限公司印刷
2025 年 2 月第 1 版第 6 次印刷
184mm×260mm · 13. 75 印张 · 339 千字
标准书号：ISBN 978-7-111-35750-6
定价：32. 00 元

电话服务 网络服务
客服电话：010-88361066 机 工 官 网：www. cmpbook. com
010-88379833 机 工 官 博：weibo. com/cmp1952
010-68326294 金 书 网：www. golden-book. com
封底无防伪标均为盗版 机工教育服务网：www. cmpedu. com

教材编审委员会

（按姓氏笔画排列）

前言

长期以来，我国能源供应建立在不可再生的矿物燃料基础上，这样会导致能源资源逐步耗竭。可再生能源则可以不断被开发利用，对于环境没有或很少有污染，它是未来能源的基础，是实施可持续发展能源战略的必由之路。随着可再生能源开发利用越来越受到重视，向高校师生和广大读者（尤其是在校大学生、技术与管理人员等）介绍可再生能源的理论知识及工程技术应用是非常必要的。

本书的特色主要为：在系统性方面，基本遵循可再生能源的国内外资源状况、分布及应用，一般技术原理等知识的介绍；在先进性方面，着重介绍当今国内外的新技术、新发展状况。譬如：太阳能热水系统、太阳能供热采暖和制冷系统、太阳能光伏发电系统、太阳能利用系统与建筑结合，离网型风力发电技术和并网风力发电技术（风电场的选址、安装、并网发电技术），生物质能中的垃圾发电技术，氢能利用技术及燃料电池、可再生能源的多能互补等。

本书既有国内外可再生能源的最新发展动态、技术发展水平等内容，又有体现新兴学科、交叉学科的内容。本书可作为高等院校能源动力类、材料科学类、机械类专业教材，也可作为高等院校“可再生能源”公共选修课教材。

参加本书编写工作的有：内蒙古工业大学汪建文、高志鹰、张立茹、东雪青，华北电力大学李永华，内蒙古科技大学武文斐，长沙理工大学鄢晓忠。本书由汪建文任主编，由李永华、武文斐、鄢晓忠任副主编，由天津大学李惟毅教授任主审。

恳切希望使用本书的高校师生和广大读者对书中存在的问题和错误提出批评指正。

编　者

目　录

第一章　可再生能源

第一节　能源概述

能源是社会存在与运动的基础，任何生产活动与生活过程都离不开能源。

一、能源的定义

1. 能量

什么是能量？按照物理学的定义，能量即物体（或系统）对外做功的能力。广义地讲，能量是产生某种效果（变化）的能力。反过来说，产生某种效果（变化）的过程必然伴随着能量的消耗或转化。

2. 能源

凡是能直接或者经过转换而获取某种能量的自然资源统称为能源。在自然界里有一些自然资源本身就拥有某种形式的能量，它在一定条件下能够转换成人们所需要的能量形式，这种自然资源显然是能源，如煤、石油、天然气、太阳能、风能、水能、地热能、核能等。但生产和生活过程中由于需要或为便于运输和使用，常将上述能源经过一定的加工使之成为更符合使用要求的能量来源，如煤气、电力、焦炭、蒸汽、沼气、氢能等，它们也称为能源，因为它们同样为人们提供所需的能量。

3. 能量形式

目前，人类认识的能量有如下六种形式。

（1）机械能　它包括固体和流体（能够流动的物体）的动能、势能、弹性能及表面张力能。动能和势能统称为宏观机械能，是人类最早认识的能量。

在牛顿力学中，机械能表现为平动动能 E_k、转动动能 E_r 和重力势能 E_p。

可再生能源中的水能、波浪能、风能也属于上述能量形式。

（2）热能　热能是能量的一种基本形式，所有其他形式的能量都可以完全转换为热能，热能在能量利用中有着重要的意义。根据能量守恒原理，对于封闭系统，$\Delta U=Q-W$，其中，ΔU 为系统热力学能的变化，Q 为热能，W 为功。热能的本质是微观粒子随机热运动的动能和势能的总和，这种能量的宏观表现是温度的高低，它反映了分子运动的剧烈程度。由于分子运动速度越快，物体的温度越高，因此在热力学中，热能也可以表示为由温差传递的能量。在实际中，绝大多数化石能源的利用，都是先将燃料的化学能转变为热能，然后再转变成其他形式的能量。

（3）电能　它是和电子流动与积累有关的一种能量，通常是由电池中的化学能转化而来，或是通过发电机由机械能转换得到；反之，电能也可以通过电动机转化为机械能，从而显示出电做功的本领。

（4）辐射能　物体以电磁波形式发射的能量称为辐射能，如地球表面所接受的太阳能就是辐射能的一种。

辐射能被物体吸收时产生热效应，物体吸收的辐射能不同，所表现的温度也不同。因此，辐射是能量转换为热量的重要方式。地球表面所接受的太阳能就是最重要的辐射能。

(5)化学能　它是一种原子核外进行化学反应时放出的能量。人类利用最普遍的化学能是通过燃烧碳和氢而获得的，而这两种元素正是煤、石油、天然气、薪柴等燃料中最重要的可燃元素。

同时在光化学反应中，涉及的能量包括化学键能、热能与辐射能等。当燃料燃烧时，内部的化学键能转变成为分子热运动的热能和辐射能。无论是吸热反应或放热反应，由于原子需要重新组合，首先必须由外界提供能量，如热能或辐射能，使构成分子的原子的化学键打开，此能量即活化能，然后原子重新组合成为新分子，释放出多余的化学能。干电池和蓄电池都是利用了化学能。

(6)核能　核能是蕴藏在原子核内部的物质结构能。释放巨大核能的核反应有两种，即核裂变反应和核聚变反应。

二、能源的分类

由于能源形式多样，因此，不同的认识角度具有不同的分类方法。

1. 按地球上的能量来源分类

1）地球本身蕴藏的能源，如核能、地热能等。

2）来自地球外天体的能量，如宇宙射线和太阳能，以及太阳能引起的水能、风能、波浪能、海洋温差能、生物质能、光合作用、化石燃料（煤、石油、天然气等，是一亿年前由积存下来的有机物质转化而来的）。

3）地球与其他天体相互作用的能源，如潮汐能。

2. 按被利用的程度分类

1）常规能源，如煤炭、石油、天然气、薪柴燃料、水能等。

2）新能源，如太阳能、地热能、风能、潮汐能、生物质能等，核能通常也被看做新能源。

3. 按获取途径的方法分类

1）一次能源，即可供直接利用的能源，如煤、石油、天然气、风能、水能等。

2）二次能源，即由一次能源直接或间接转化而来的能源，如电、蒸汽、焦炭、煤气、氢等，它们使用方便，易于利用，是高品质的能源。

4. 按能否再生分类

1）可再生能源，不会随它本身的转化或人类的利用而日益减少，如水能、风能、潮汐能、太阳能等。

2）非再生能源，随人类的利用越来越少，如石油、天然气、核燃料等。

5. 按能源本身的性质分类

1）含能体能源，可以直接储存，如石油、煤、天然气、地热、氢等。

2）过程性能源，无法直接储存，如水能、风能、潮汐能、电能等。

6. 按对环境的污染情况分类

1）清洁能源，即对环境无污染或污染很小的能源，如太阳能、水能、海洋能等。

2）非清洁能源，即对环境污染较大的能源，如煤、石油等。

有关能源分类见表1-1。

表 1-1　能源分类

<table>
<tr><th>分类类别</th><th colspan="2">分类依据</th><th>分类细则及举例</th></tr>
<tr><td rowspan="4">按来源分</td><td>第一类能源
（来自地球之外）</td><td>太阳能</td><td>经生物质转化：煤、石油、天然气、油岩、草木、沼气
经空气和水转化：风、流水、海流、波浪
经热转化：海洋热
太阳直接辐射</td></tr>
<tr><td rowspan="2">第二类能源
（来自地球内部）</td><td>地热</td><td>地震火山活动
地热水或地热汽
热岩层</td></tr>
<tr><td>核能</td><td>铀、钍、氘（氢的同位素之一，质量数是 2，用于热核反应）</td></tr>
<tr><td>第三类能源
（与其他天体作用）</td><td>潮汐</td><td>它是利用月球和太阳引潮力作用所发生的海水周期性涨落运动产生的一种能量</td></tr>
<tr><td rowspan="2">按性质分</td><td colspan="2">含能体能源</td><td>化石燃料（煤、石油、天然气）、草木燃料、核燃料
地热水或地热汽
高水位水库
氢能（氢燃料）</td></tr>
<tr><td colspan="2">过程性能源</td><td>风、流水、海洋流、潮汐
地震
电
太阳直接辐射</td></tr>
</table>

综上所述，能量能够以多种形式存在。可以简单地把能量分为两类：与运动相联系的能量称为动能，与物体的相对位置或内部结构有关的能量统称为势能。目前人类使用的能源可以认为全部来自以下若干类型的势能：

(1)重力势能　重力势能由距离地球表面的垂直高度决定。水能即是利用水的位差产生的重力势能。

(2)弹性势能　弹性势能可存储在弹性物体内部，如弹簧、压缩空气等。

(3)温度差能　温度差能储存在海水和空气的温度差中，风能可以认为是来自空气的温度差能。

(4)化学势能（化学键能）　该能量是在化学反应中被释放出来的（分子重新组合），如煤、石油、天然气等化石能源。燃料电池就是利用了化学势能的装置。

(5)电磁能　该能量是指带电体或导磁体在电磁场中所具有的电磁能量。如电容器、超导线圈，都可以储存大量的电磁能。电磁能也可通过辐射的形式放出，即光能。

(6)原子核能　原子核能是指由于原子核内部粒子间相互作用而储存在原子核内部的能量。当原子发生某种重新组合时释放出来。此能量非常巨大，当其发生不可控的连锁反应时，则为原子弹或氢弹爆炸，因此人类和平利用原子能的目标是实现可控的核裂变和核聚变。太阳其实就是一座天然的核聚变反应堆，氢同位素的核聚变放出能量，产物为水，因而是最理想的能源。原子核能释放时，以热能、辐射能的形式放出能量。不同学科遇到的各种能量形式及表达式见表 1-2。

表 1-2 不同学科遇到的各种能量形式及表达式

学科	能量	表达式	符号意义
牛顿力学	平动动能	$E_k=\frac{1}{2}mv^2$	m 为物体的质量；v 为物体的平动速度
	转动动能	$E_r=\frac{1}{2}I\omega^2$	I 为转动惯量；ω 为物体的转动角速度
	重力势能	$E_p=mgh$	g 为重力加速度；h 为物体的相对高度
热力学	热能、热力学能	$\Delta U=Q-W$	ΔU 为系统热力学能的变化；Q 为热能；W 为功
电磁场	电场能	$E_e=\frac{1}{2}CV^2$	C 为电容；V 为电压
	磁场能	$E_e=\frac{1}{2}LI^2$	L 为电感；I 为电流
核物理学	核能	$\varepsilon=h\upsilon$ $E=mc^2$	ε 为单个粒子或光子的最小能量；h 为普朗克常数；υ 为振动频率；m 为质量；c 为光速
化学能	化学键能、热能、辐射能	化学反应方程式	在化学反应中，首先由外界提供能量，如热能或辐射能，使连接原子之间的化学键断开，此能量即活化能；然后，原子发生重新组合，释放出多余的化学能
生物学	光合作用	$6H_2O+6CO_2$ $\rightarrow C_6H_{12}O_6+6O_2$	植物利用阳光将空气中的水和二氧化碳转变为葡萄糖
	无氧发酵产生的热量		利用微生物将碳水化合物转变为酶，此即酿酒过程
	酶催化或消化作用		能量以葡萄糖的形式储存在体内，呼吸时与氧气作用，反应释放出 H_2O 和 CO_2

三、能量的各种形式与转换

能量在使用过程中会发生转换。人们通常所说的能量转换是指能量形态上的转换，如燃料的化学能通过燃烧转换成热能，热能通过热机再转换成机械能。然而广义地说，能量转换还应当包含以下两项内容：

1）能量的空间转换，即能量的传输。

2）能量的时间转换，即能量的储存。

任何能量的转换过程都必须遵循自然界的普遍规律——能量转换和能量守恒定律，即

输入的能量 − 输出的能量 = 储存能量的变化

使用最多、最普遍的能量形式是热能、机械能、电能。它们都可以由其他形态的能量转换而来，它们之间也可以相互转换。然而任何能量的转换过程都需要一定的转换条件，并在一定的设备或系统中才能实现。表 1-3 为能量转换过程及转换设备和系统。

表 1-3 能量转换过程及转换设备和系统

能源	能量形式转换过程	转换机械或系统
石油、煤炭，	化学能→热能	炉子，燃烧器
天然气等矿物质	化学能→热能→机械能	各种热力发动机
燃料	化学能→热能→机械能→电能	热机，发电机，磁流体发电，EGD 发电（压电效应）
氢和酒精等	化学能→热能→电能	热力发电机，热电子发电
二次能源	化学能→电能	燃料电池

（续）

能源	能量形式转换过程	转换机械或系统
水能，风能，潮汐能，海流能，波浪能	机械能→机械能 机械能→机械能→电能	水车，风车，水力发电机，波力发电，风力发电，潮汐发电，海流发电
太阳能	辐射能→热能 辐射能→热能→机械能 辐射能→热能→机械能→电能 辐射能→热能→电能 辐射能→电能 辐射能→化学能 辐射能→生物能 电磁波→电能	热水器，采暖，制冷，光化学反应，太阳灶 太阳热发动机 太阳热发电 热力发电，热电子发电 光电池，光化学电池 光化学反应（水分解） 光合成 充电转换器
海洋热能	热能→机械能→电能	海洋温度差发电（热力发动机）
海洋盐差（能）	化学能→电能 化学能→机械能→电能 化学能→热能→机械能→电能	浓度发电 渗透压发电 浓度差发电
地热能	热能→机械能→电能 热能→电能	热力发电机 热能发电
核能	核分裂→热能→机械能→电能 核分裂→热能 核分裂→热能→电能 核分裂→电磁能→电能 核聚裂→热能→机械能→电能	核发电，磁流体发电 核能炼钢 热力发电，热电子发电 光电池 核聚变发电

四、能源品质评价

能源的种类很多，各有优劣。通过对能源进行品质评价，可以了解各种能源利用的难易程度以及对环境的影响程度。评价各种能源的计算指标主要有以下几个方面：

1. 储量

作为能源的一个必要条件是储量要足够丰富。在考察储量的同时还要对能源的可再生性和地理分布作出评价。比如太阳能、风能、水能等都是可再生能源，而煤、石油、天然气则是不可再生的能源。能源的地理分布和使用关系密切，例如我国煤炭资源多在西北，水能资源多在西南，而工业区却分布在东南沿海，因此能源的地理分布对能源的使用起决定性作用。

2. 储能的可能性与供能的连续性

储能的可能性是指能源不用时是否可以储存起来，需要时是否又能立即供应。在这方面，化石燃料容易做到，而太阳能、风能则比较困难。供能的连续性是指能否按需要和所需的速度连续不断地提供能量。

3. 能量密度和能流密度

能量密度是指单位质量的物质释放的能量。煤的能量密度为 2.74J/kg，石油的能量密度为 4.32J/kg，裂变物质的能量密度要比常规燃料大百万倍，如铀 235 的能量密度为

7.49×10^{13} J/kg。能流密度是单位时间内通过单位面积的能量，主要用来评价可直接利用的能源，如太阳能、风能等。风的能流密度从每平方米几十瓦到几百瓦，太阳能的能流密度用年辐射总量表示，范围在 300～800kJ/($cm^2 \cdot a$)。

4. 开发费用和利用能源的设备费用

太阳能、风能不需要任何成本即可得到。各种化石燃料从勘探、开采到加工都需要大量投资。但利用能源的设备费用则正好相反，太阳能、风能、海洋能的利用设备费用(按每千瓦计)远高于利用化石燃料的设备费用。核电站的核燃料费用远低于燃油电站，但其设备费用却高得多。

5. 运输费用与损耗

太阳能、风能和地热能等很难输送出去，但化石燃料却很容易从产地输送至用户。核电站核燃料的运输费用极低，因为核燃料的能量密度是煤的几百万倍，而燃煤电站的输煤费用就是一笔很可观的费用。

6. 能源的品位

能源的品位有高低之分。例如：水能能够直接转变为机械能和电能，它的品位要比由化学能转变为热能，再由热能转换为机械能的化石燃料的品位要高些。在热机中，热源的温度越高、冷源的温度越低，则循环的热效率就越高。

理想热机的效率的表达式为

$$\eta = \frac{W}{Q_1} = \frac{Q_1 - Q_2}{Q_1} = 1 - \frac{T_2}{T_1} \tag{1-1}$$

式中，W 为热机对外做的功(J)；Q_1 为从高温热源的吸热量(J)；Q_2 为向低温热源的放热量(J)；T_1 为高温热源温度(K)；T_2 为低温热源温度(K)。

因此，温度高的热源品位比温度低的热源品位要高。在使用能源时，要适当安排不同品位的能源。可是，在实际生活中，大量的低品位能源未被利用，白白浪费掉。如工业的废热、太阳的热能等。

7. 对环境的影响

对环境的影响不仅是指对环境的污染，还包括开采和开发过程中对生态平衡方面的影响。优良的能源是干净、安全、不破坏生态平衡的能源。

五、能源与经济

能源贯彻在具体的生产与生活的每一个环节中。正因为如此，能源的形式也决定了国家的经济实力、发展模式和发展前途。因此，人类社会发展的每个阶段都与那个阶段能源生产与消费水平有关。

1. 能源与生产

任何生产过程必须有一定的投入。以往人们往往只以原材料、资金和劳动力作为生产的必要条件。随着工业生产的进步与扩大，人们越来越认识到，不投入必要的能源，生产过程是绝对不能实现的。

任何工农业产品的生产都离不开能源，它的需求量不仅表现在生产过程中直接消耗掉的能源，还包括生产设备本身及所耗能源的生产所必需的能源。以矿井采煤为例，勘探、建矿、井下开拓、采掘、通风、提升至地面、传输乃至洗煤，每一步骤都需消耗能源。能够把地下初级资源转变为可满足最终需要的燃料过程，称为能量转化系统，如煤的转化效率为 95.3%，也有的能量转化系统的转化效率极低。

1）2000 年，世界人均一次能源消费量折算标准油 1.50t，其中，美国人均消费 8.17t，英国人均消费 3.89t。

2）亚洲人均消费标准油最高的国家是新加坡，为 6.12t。韩国和日本的人均消费大致相同，分别为 4.10t 和 4.14t。

3）我国人均消费量为 0.735t，不到世界平均水平的 1/2，不足美国的 1/12。

4）广大的农村仍在使用传统的生物质能源，其标准煤消费总量达 2.5 亿 t 以上。

5）人均能源消费量的差异，反映了我国经济发展和人民生活水平同国外一些发达国家的差距。

2. 能源与经济

任何产品（包括精神产品、软件等在内）都离不开能源，所以能源发展水平在一定程度上代表了国家的经济发展水平。

两个指标反映出能源和经济的关系：

1）人年平均产值越高，人年平均能耗就越大。

2）人年平均能源消耗量越高，人年平均国民生产总值就越大。

3. 能源与生活水平

为了估计能源消耗水平与生活水平之间的关系，定义了一个生活质量指数，以它来作为数量评估的基础。

包含平均寿命、文化指数及婴儿死亡率三大类综合成一个 1～100 分的指数，称为生活质量指数。

不论是哪个国家，人均能耗量越多，生活质量指数就越高。人均能耗量达到 1.6t，以后的生活质量指数就趋于平坦。表 1-4 给出的是现代文明社会人均能耗量最低需要估计。

表 1-4　现代文明社会人均能耗量最低需要估计（每年）

项目	所需能耗/MJ①	所需一次能源标准煤/kg②
衣	8.65	108
食	25.98	323
住	25.98	323
行	17.30	215
其他	51.96	646
总计	129.87	1615

①$1MJ=10^6J$。

②标准煤热值为 29.33kJ/kg，kJ/kg 是热值单位。

现代社会，能源在国民经济中的地位和作用是相当高的。国家越发达，现代化程度越高，人们依赖能源的程度也就越大。

六、能源与环境

世界经济的发展和人类赖以生存的环境是不协调的，经济发展和人口增长给环境造成了巨大的压力，对发展中国家这种情况尤为突出。从引起环境问题的源头考虑，环境问题可分为两类：由自然力引起的原生环境问题和由人类活动引起的次生环境问题。第一类环境问题，主要是指地震、洪涝、干旱、滑坡等自然灾害所引起的环境问题，对于这类环境问题，目前人类的抵御能力还很薄弱。第二类环境问题，又可分为环境污染和生态破坏两大类型。能源的大量开发和利用，是造成生态破坏和环境污染的主要原因之一，它属于第二类环境问题。

环境问题是个全球性问题。因为相当数量的污染物可以在生物圈中停留相当长时间，并且通过扩散和漂移输送到离污染源很远的地方。联合国环境规划署的报告表明，整个地球的环境正在全面恶化，其主要表现在：

1）南极的臭氧空洞正以每年一个美国陆地面积的速度扩大，受臭氧空洞的影响，太阳紫外线辐射使人类皮肤癌的发病率不断上升。

2）空气质量严重恶化，全球有 1.25 亿人口生活在污浊的空气中。

3）温室气体的过度释放造成全球气候变暖，沿海低地和一些岛屿国家正面临海水上涨的威胁。

4）全球有 12 亿人口生活在缺水地区，14 亿人口的生活环境中没有生活污水排放装置。

5）全球每年的土壤流失达 20Gt（即 2×10^{10} t），全世界的森林正以每年 4.6×10^{6} ha^2（ha 表示公顷的国际通用符号，$1ha^2=10^4m^2$）的速度从地球上消失。

6）全球有 12%的哺乳动物和 11%的鸟类濒临灭绝；每 24h 就有 150～200 种生物从地球上消失；由于过度捕捞，有超过 40 种鱼类也濒临灭绝。

使用能源一定要考虑对环境的影响。化石燃料对环境的污染很大；太阳能、风能、氢能对环境基本上没有污染。

能源作为人类赖以生存的基础，在其开采、输送、加工、转换、利用和消费过程中，都直接或间接地改变着地球上的物质平衡和能量平衡，并对生态系统产生各种影响，成为环境污染的主要根源。因此，有必要学习、了解对人类基本没有污染的、不会随其本身的转化或人类的利用而日益减少的一种能源——可再生能源。

图 1-1 展示了在不久的将来，利用风能、太阳能、地热能为住宅提供能量的新型住宅模型。

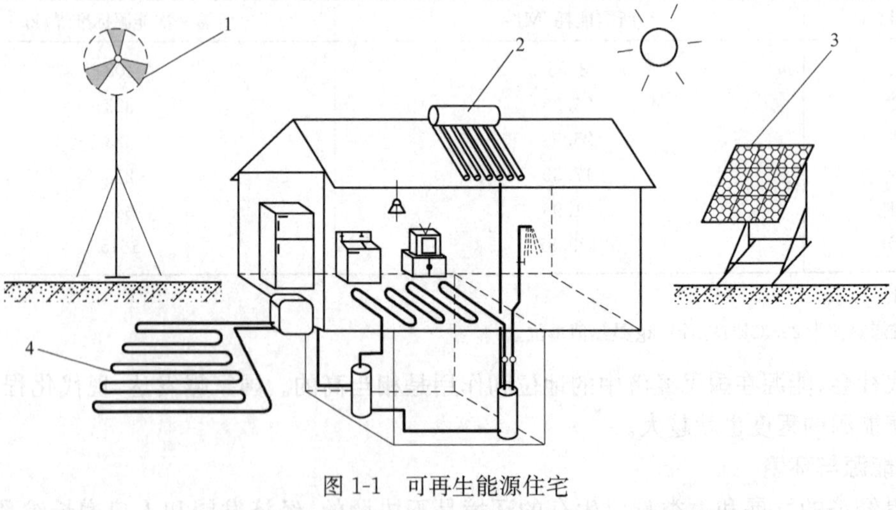

图 1-1 可再生能源住宅

1—风力机 2—太阳能热水器 3—太阳能光电板 4—地热埋管

七、问题和挑战

我国能源与可持续发展面临的问题与挑战：

1. 面临的问题

1）总量不足。

2）结构失衡。

3）效率低下。

4）污染严重。

5）效益不佳。

2. 面临的挑战

1）面临能源需求增长和环境保护的双重压力。

2）人均资源不足，煤的储量为世界平均值的 50%，油为 10%。

3）资源勘探程度低，资源分布不均，煤炭集中分布在西北，水电资源集中分布在西南。

4）人均能耗低，约为世界平均值的 50%。

5）产值能耗高，约为其他发展中国家的两倍。

6）农村能源短缺，生活用能主要靠柴薪。

第二节　可再生能源概述

一、可再生能源的定义

所谓可再生能源，是指不会随其本身的转化或人类的利用而日益减少的一种能量资源。也就是说，这种能源与传统能源的最大不同点在于，取之不尽、用之不竭且对环境没有污染，可以实现持续发展，有利于生态的良性循环。

注意，上述的"取之不尽"、"用之不竭"是相对概念，它是相对于常规的化石能源而言。同理，所述"对环境没有污染，可以实现持续发展，有利于生态的良性循环"，也是相对于常规的化石能源而言。

二、可再生能源的特点

可再生能源共同的特点主要有：

1）能流密度较低，并且高度分散。

2）资源丰富，可以再生。

3）清洁干净，使用中几乎没有损害生态环境的污染物排放。

4）部分可再生能源具有间歇性和随机性，如太阳能、风能、潮汐能等资源。

5）开发利用的技术难度大。

三、可再生能源的种类

1）联合国开发计划署（简称 UNDP）把可再生能源分为三大类：

① 大中型水电。

② 新兴可再生能源，包括小水电、太阳能、风能、现代生物质能、地热能和海洋能等。

③ 传统生物能。

2）《中华人民共和国可再生能源法》第 2 条定义：本法所称可再生能源，是指风能、太阳能、水能、生物质能、地热能、海洋能等非化石能源。同时又指出，水力发电对本法的适用，由国务院能源主管部门规定，报国务院批准。并且还指出，通过低效率炉灶直接燃烧方式利用秸秆、薪柴、粪便等，不适用本法。

第三节 可再生能源发展趋势

一、 能源消费现状与趋势

图 1-2 所示为 2006 年世界与我国的一次能源消费构成图。在 1995 年我国的煤炭消费曾占一次能源的 74.6%，同世界能源消费结构相比，我国属低质型能源消费结构。这种以煤为主的能源消费结构，是客观上造成我国与国外相比，能源经济利用效率低、污染严重、产品能源成本高、市场竞争能力差的根本原因。

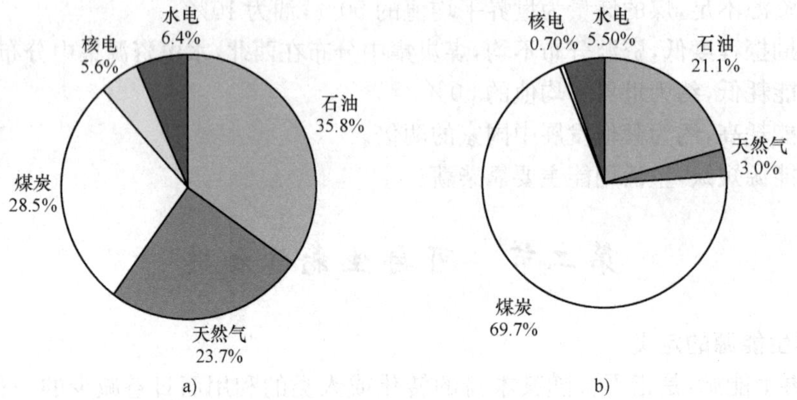

图 1-2 一次能源消费构成图

a) 2006 年世界一次能源消费构成 b) 2006 年中国一次能源消费构成

二、世界可再生能源利用状况

世界一次能源使用中可再生能源比例达到 17%，其中包括传统生物质、大型水力发电及新兴可再生能源(图 1-3)。传统生物质能主要用于家庭炊事和取暖，其在全球一次能源使用中比例为 9%。由于出现了更高效的使用方式或新的能源形式，传统生物质能所占比例增长缓慢，甚至在某些地区呈下降趋势。大型水力发电多见于发展中国家，所占比例接近 6%，也同样增长缓慢。新兴可再生能源所占比例为 2%，但它在发达国家和部分发展中国家保持飞速增长。显然，这三种形式的可再生能源具有各自的特点和发展趋势。

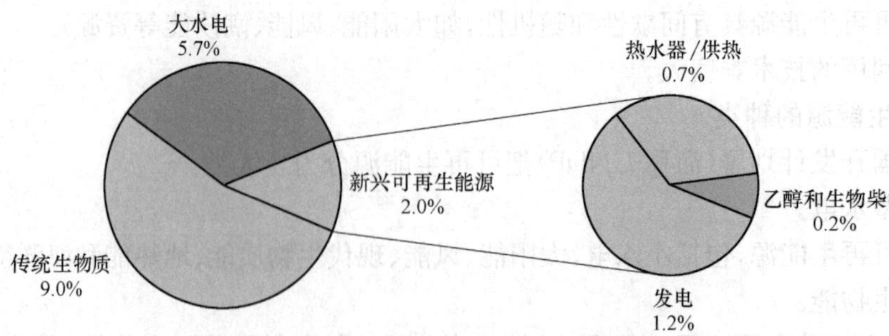

图 1-3 2004 年可再生能源占一次能源份额

表 1-5～表 1-8 为国外几种应用最广的可再生能源技术的成本数据，仅供参考。

表 1-5 可再生能源发电技术的特点与成本

技术名称	特点	成本/[美分/(kW·h)]	成本走向及降低情况
大水电	电站容量:10～18000MW	3～4	稳定
小水电	电站容量:1～10MW	4～7	稳定
陆地风能	风机功率:1～3MW 叶片尺寸:60～100m	4～6	全球装机容量每翻一番,成本降低 12%～18%,现已降至 1990 年的一半。风机功率相对于 10 年前的 600～800kW 亦有较大提升。未来将通过优选风场、改良叶片/电机设计和电子控制设备来降低成本
近海风能	风机功率:1.5～5MW 叶片尺寸:70～125m	6～10	市场依然较小。未来将通过培育市场及改良技术来降低成本
生物质发电	电站容量:1～20MW	5～12	稳定
地热发电	电站容量:1～100MW 类型:双流式、单闪蒸式、双闪蒸式、自然蒸汽式	4～7	成本从 19 世纪 70 年代开始降低。通过先进的勘探技术、低廉的钻井手段和高效的热利用,成本可进一步降低
太阳能光伏(组件)	电池类型及效率 单晶硅:17% 多晶硅:15% 薄膜:10%～12%	—	全球装机容量每翻一番,成本降低 20%,每年约降低 5%。2004 年由于市场的影响,成本有所提高。未来将通过在材料、设计、工艺、效率和规模等方面作出改进来降低成本
屋顶光伏	峰值功率:2～5kW	20～40	由于光伏组件价格降低、逆变器及系统平衡部件的改进,成本持续走低
太阳能热发电	电站容量:1～100MW 类型:塔式、碟式和槽式	12～18 (槽式)	相对 19 世纪 80 年代第一座电站的 44 美分/(kW·h),成本已有所降低。通过扩大规模、改进技术,成本将进一步降低

表 1-6 可再生能源农村(离网)能源技术的特点与成本

技术名称	特点	成本/[美分/(kW·h)]	成本走向及降低可能
微小水电	电站容量:100～1000kW	5～10	稳定
超小水电	电站容量:1～100kW	7～20	因效率提升,成本稳步小幅走低
极小水电	电站容量:0.1～1kW	20～40	因效率提升,成本稳步小幅走低
沼气池	尺寸:6～8m^3	—	因建造成本及产出结构的变化,成本稳步小幅走低
生物质汽化器	功率:20～5000kW	8～12	通过技术改良,成本将可能大幅降低
小风机	风机功率:3～100kW	15～30	技术进步可小幅降低成本
户用风机	风机功率:0.1～1kW	20～40	技术进步可小幅降低成本
乡镇规模小电网	系统功率:10～1000kW 后备系统:蓄电池或柴油机	25～100	随太阳能及风能系统部件价格降低,成本也将降低
户用太阳能光伏系统	系统功率:20～100W	40～60	随太阳能系统部件价格降低,成本也将降低

表 1-7 可再生能源热水/供暖技术的特点与成本

技术名称	特点	成本/[美分/(kW·h)]	成本走向及降低可能
生物质供暖	电站容量：1～20MW	1～6	稳定
太阳能热水/供暖	面积：2～5m^2 类型：真空管/平板 功能：热水/采暖	2～25	基本稳定。因规模效益增加、新材料应用、集热器面积增大及质量提升，成本会有小幅降低
地热供暖	电站容量：1～100MW 类型：双流式、单闪蒸式、双闪蒸式、自然蒸汽式、热泵	0.5～5	参见表 1-5 地热发电部分

表 1-8 可再生能源生物质燃料技术的特点与成本

技术名称	特点	成本/[美分/(kW·h)]	成本走向及降低可能
乙醇	原料：甘蔗、糖用甜菜、谷物、小麦(未来将使用纤维素)	25～30	在巴西，生产效率的提高使成本有所降低，现价格为 25～30 美分/(kW·h)(等效汽油，甘蔗提炼)。美国价格则稳定于 40～50 美分/(kW·h)(谷物提炼)。其他原料则成本更高，最高至 90 美分/(kW·h)。来源于纤维素的乙醇成本降低，2010 年后，成本从 53 美分/(kW·h)降至 27 美分/(kW·h)。其他原料的成本会稍微降低
生物质柴油	原料：大豆、油菜子、芥菜籽、废弃植物油	40～80	2010 年后，以油菜子及大豆为原料的生物质柴油的成本降至 35～70 美分/(kW·h)(等效柴油)，而以废弃植物油为原料的成本保持 25 美分/(kW·h)

三、世界可再生能源发展趋势

目前，全国和全球统计数据的可再生能源主要有生物质能、水电、太阳能热利用和光伏发电、风力发电、地热利用。世界可再生能源开发利用量见表 1-9。

表 1-9 世界可再生能源开发利用量

年份	1980	1990	2000	2003	2005	2005 世界之最
一次能源消费量①/Mtce	9612.4	11476.1	12942.1	13915.9	15053.0	美国，3338.0
可再生能源水电/TW·h	1755.0	2229.6	2763.5	2679.3	3009.2	中国，401.0
生物质能/Mtce	1114	1337	1550	1633	1680②	中国，295.6
地热发电/MW	3887	5832	7974	3735	8912	美国，2110
风力发电/MW	10	1930	18450	42090	59247	德国，18427
光伏电池产量/MW	6.5	46.5	288.0	741.0	1760.0	日本，830

① 一次能源消费量不包括非水电可再生能源。

② 为 2004 年值。

由表 1-9 可见，世界可再生能源增长率远远超过常规能源的增长率。1990～2005 年，世界风电装机容量增长近 30 倍，光伏电池产量增长 37 倍。美国可再生能源发电量仍占世界首位。

近几年，可再生能源年增长率明显加快，太阳能光伏电池（并网）年增长率达 60%，风力发电年增长率达 29%，其他如图 1-4 所示。

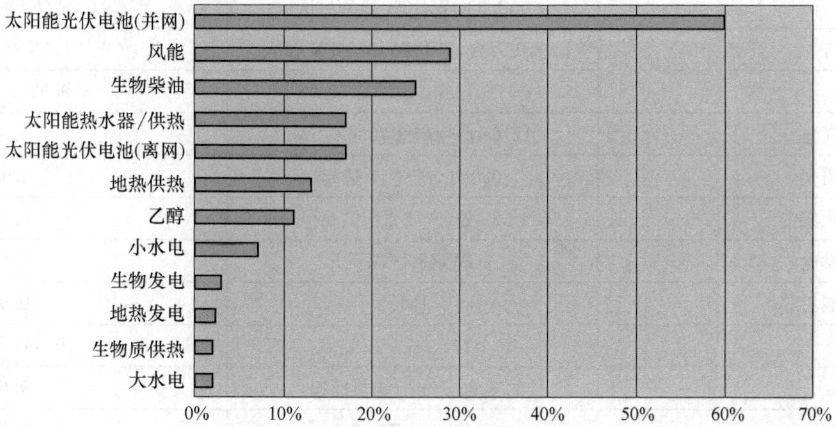

图 1-4　可再生能源总量平均年增长率（2002～2004 年）

四、我国可再生能源利用状况

我国目前是以煤炭为主的能源消耗大国，煤炭占我国一次能源的 69%左右，目前虽然可再生能源的比例占一次能源总消耗量还比较高，但主要是生物质能占了绝对量，农村人口多，其生活用能基本主要依靠烧薪柴、畜禽粪便等，但这种直接燃烧的方式能源利用效率是相当低的。除太阳能应用发展比较快（主要是太阳能热水器）以外，风能、水能、海洋能等应用比例都比较低。

我国可再生能源开发利用有较大进展。1990～2005 年，大中型水电装机容量增长 1.8 倍，新可再生能源产能增长 2.7 倍。我国生物质传统利用、水力发电、小水电、户用沼气池、太阳能热水器等均居世界第一位，见表 1-10、表 1-11。

表 1-10　中国可再生能源开发利用进展

年　份	1990	2000	2005
可再生能源总计	313.4(25.0)	309.4(19.2)	454.5(17.9)
生物质传统利用	262.0(20.9)	219.1(13.6)	295.6(11.6)
大中型水电	34.3(2.7)	53.1(3.3)	96.1(3.8)
可再生能源	17.1(1.4)	37.2(2.3)	62.8(2.5)
一次能源总消费量	1250.9(100.0)	1612.8(100.0)	2541.7(100.0)

注：1. 生物质能传统利用是指薪柴和秸秆直接燃烧。

2. 水电按当年火电厂发电煤耗折算标准煤。

3. 新可再生能源包括小水电，生物质汽化、液化和发电，太阳能热利用和光伏电池，地热直接利用和发电，风力发电。

4. 一次能源总消费量包括非水电可再生能源。

5. 括号内数据为所占百分比。

表 1-11 中国可再生能源开发利用量(2005 年)

类别	开发利用量	
	实物量	标煤量/Mtce
生物质能传统利用	295.6Mtce	295.6
小水电	38.53GW,120.9TW·h	41.47
微水电	8.1 万台,213MW,380GW·h	0.13
生物质能	—	9.32
户用沼气池	1716 万户,产气 70.6 亿 m^3	5.55
大中型沼气	3090 处,产气 15 亿 m^3	1.15
秸秆气化集中	539 处,产气 2.0 亿 m^3	0.03
生物质发电	2GW,4800GW·h	1.67
生物质制乙醇	1Mt	0.92
太阳能	—	10.69
热水器	约 8000 万 m^2(集热面积)	9.60
被动太阳房	约 3000 万 m^2	0.72
太阳灶	68.6 万台	0.34
光伏电池	70MW,78GW·h	0.03
地热	—	0.65
直接利用	0.60Mtce	0.60
发电	28MW,14GW·h	0.05
风力发电	—	0.54
并网风力机	1226MW,1530GW·h	0.53
总计		378.6

表 1-11 中的小水电是装机容量小于 50MW 的水电站,微水电是 0.1～10kW 的微型水电站;生物质发电包括蔗渣、垃圾和垃圾填埋气、农林废弃物和沼气发电;太阳热水器、太阳房、太阳灶提供的能源分别为 120kgce/(m^2·a)、30kgce/(m^2·采暖季)和 500kgce/(台·a);小、微型风力机是容量为 0.1～10kW 的离网风力机;可再生能源发电按 2005 年火电厂平均热耗 343gce/(kW·h)折算标准煤;2005 年中国包括生物质能传统利用和新兴可再生能源的一次能源总消费量为 2541.6Mtce。

由于煤炭属于化石燃料,它会排放有害气体和粉尘,产生的温室效应可使海平面上升,使气候恶化并引发洪水和风暴。有害气体造成酸雨并破坏农田、森林和湖泊,大气中的粉尘、SO_2 和 NO_x 直接危害人体健康。因此,必须控制化石燃料的消耗,使人类的能源使用时期迅速转入清洁的可持续发展能源时期。

五、我国可再生能源发展趋势

我国的能源相对贫乏,其中,石油的可采储备年限只有 15 年,相对丰富的煤炭资源也仅能维持 81 年。再加上我国庞大的人口基数,人均能源占有量与世界平均水平相比就更低了,据统计,我国的人均石油、煤炭、天然气的占有量分别为世界的 6.8%、63%、6.0%。同时,我国是世界上少数几个以煤为主要能源的国家。经过不断努力,我国一次能源消费结构中煤炭的比例已从1990年的76.2%下降至2005年的69.1%。2005年，我国可再生能源利用量占能源消费总量的7.5%。目前，提高可再生能源在能源结构中的比例、推进可再生能源的产业化发展已成为我国的一项基本国策。在2010年，使我国的可再生能源利用量达到3亿吨标准煤，使之在能源消费中的比例达到10%。到2020年，要力争将可再生能源在我国一次能源消费结构中的比例提升到16%。

总之，世界能源结构必将从以煤炭、石油和天然气为主的矿物能源系统转向以可再生能源为基础的持久性的能源系统。虽然这一转化过程需要经过漫长的发展过程，但这是必然趋势。因此，降低矿物能源消费和开发利用可再生能源应成为我国能源政策极为重要的组成部分。开发利用可再生能源是我国实施可持续发展战略的必然选择。

思考题与习题

1-1　什么是能量？什么是能源？能源对整个世界国民经济的影响有多大？

1-2　什么是含能体能源、过程性能源、一次能源、二次能源？

1-3　能量有几种形式？举例说明。

1-4　什么是能流密度？举例说明可再生能源的特点。

1-5　什么是能源品位？举例说明低品位能源(汽车废热、太阳热能等)能否利用？在经济上是否合算？

1-6　能源与环境的关系是怎样的？

1-7　什么是可再生能源？可再生能源与不可再生能源的主要区别是什么？

1-8　2002年我国可再生能源(扣除生物质能外)占一次能源供应的比例为多少？

1-9　按能量消耗的大小，请说出世界及我国主要一次能源消费的顺序及比例？并分析我国能源消费所存在的问题。

1-10　为什么要开展节能减排(尤其在我国)？

第二章 太阳能

第一节 太阳能概述

自人类诞生以来，太阳就是人类生活不可缺少的极其重要的组成部分。地球上的季节更替、风雪云雨乃至“日出而作，日落而息”的生活规律，都与太阳有着紧密的联系。

中国是世界上最早利用太阳能的国家，据春秋时期的《墨经》记载，当时人们用铜制的凹面镜聚光，用以引火。我国古代称这种聚光镜为“阳燧”。西汉时期，淮南王刘安在《淮南子・天文训》中写道：“故阳燧见日，则燃而为火”。在西方，约公元 1 世纪，古埃及的亚历山大城曾有人利用太阳能将空气加热膨胀，把尼罗河水抽取上来灌溉农田。

20 世纪 40 年代，物理学家贝特提出恒星能量生成理论，指出氢是太阳的燃料，太阳上所进行的反应不是一般的化学反应，而是在高温中进行的热核反应。贝特这一理论的提出，使人类对太阳的认识有了突破性进展，也有助于人们进一步认识热核反应原理，对研究天体物理、天体演化起到了极大的推动作用，为此，贝特获得了诺贝尔物理学奖。

一、太阳

太阳是个巨大炽热的气体星球，它的直径约为 1.39×10^6m，质量约为 2.2×10^{27}t，为地球质量的 3.32×10^5倍，体积则比地球大 1.3×10^6倍，平均密度为地球的 1/4。它源源不断地以电磁波的形式向宇宙空间放射能量。而到达地球的这种能量约相当于太阳总辐射量的二十亿分之一，太阳每分钟向地球输送的能量，大约相当于燃烧 4 亿 t 烟煤产生的热量。炽热的太阳，其中心温度高达 1500 万℃，压力也极大。在这样高温、高压条件下，产生核聚变反应，即 4 个氢原子核聚变为 1 个氦原子核。在这个核聚变过程中，太阳要损耗一些质量而释放出大量的能量。使太阳发光的就是这种能量。太阳每秒钟由于核聚变而损耗的质量，大约为 400 万 t。按照这样的消耗速度，太阳在过去的 50 亿年的漫长时间中，只消耗了 0.03%的质量。据天文学家测算，太阳的寿命(即稳定时期)可达 100 多亿年，目前它正处于稳定而旺盛的中年时期，可认为太阳是地球的一个永恒的能量来源。

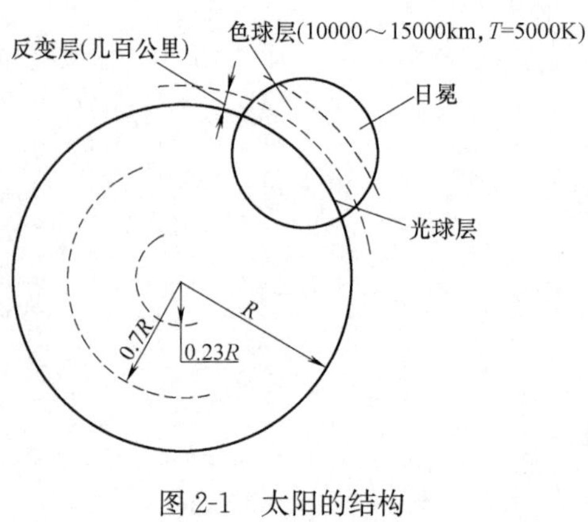

图 2-1 太阳的结构

太阳的结构如图 2-1 所示。在太阳平均半径 23%(0.23R，R 为太阳的半径)的区域内是太阳的内核，其温度约为 8×10^6～4×10^7K，密度为水的 80～100 倍，占太阳全部质量的 40%，总体积的 15%。这部分产生的能量占太阳产生总能量的 90%。氢聚合释放出 γ 射线，当它经过较冷区域时由于消耗能量，波长增长，变成 X 射线或紫外线及可见光。从 0.23～0.7R 的区域称为“辐射输能区”，温度降到 1.3×10^5K，密度下降为 0.079g/cm^3；0.7～1.0R 之间称为“对流区”，温度下降到 5×

10^3K，密度下降到 10^{-8}g/cm^3。

太阳的外部是一光球层，它就是人们肉眼所看到的太阳表面，其温度约为 5762K，厚约 500km，密度为 10^{-6}g/cm^3，它是由强烈电离的气体组成的，太阳的绝大部分辐射都由此向太空发射。光球层外面分布着不仅能发光，而且几乎是透明的太阳大气，称为“反变层”，它是由极稀薄的气体组成的，厚约数十万米，它能吸收某些可见光的光谱辐射。“反变层”的外面是太阳大气上层，称为“色球层”，厚 1～1.5×10^4km，大部分由氢和氦组成。“色球层”外是伸入太空的银白色日冕，温度高达 100 万℃，高度有时达几十个太阳半径。科学家根据 1991 年发射升空用的日本太阳观测卫星“阳光号”发出的信息，得知光球层上的温度达到 1 万℃，而日冕的温度则高达 350 万℃。日冕出现高温的原因是日冕中的磁场能产生极端的环境条件。太阳在短短的 1s 内释放出的能量，就相当于在 1s 内连续爆炸 900 亿颗百万吨级的氢弹所释放出来的能量，这些能量足以把超过 10 亿 m^3 的冰融化成水，这么巨大的能量是目前世界能源总消费量的几万倍。

当然，太阳到达地球大气高层的能量非常少，其中还有大部分能量被大气层反射与吸收掉，有的能量变成了风、雨、霜、雪等，真正辐射到地球陆地上的能量大约只有 17×10^4 亿 kW。地球上的风能、水能、海洋温差能、波浪能和生物质能以及部分潮汐能都来源于太阳；即使是地球上的化石燃料（如煤、石油、天然气等），从根本上说也是远古以来储存下来的太阳能。所以，广义的太阳能所包括的范围非常大，狭义的太阳能则限于太阳能的光热、光电和光化学的直接转换。

二、太阳光

人们眼睛所能看见的太阳光，叫可见光，呈白色。它不是单色光，而是由红、橙、黄、绿、青、蓝、紫 7 种颜色的光所组成的，是一种复色光。太阳不仅发射可见光，同时还发射许多人眼看不见的光，可见光的波长范围只占整个太阳光谱的一小部分。整个太阳光谱包括紫外区、可见区和红外区 3 个部分。但其主要部分，即能量很强的骨干部分，是由 0.3～3μm 的波长所组成的。其中，波长小于 0.4μm 的紫外区和波长大于 0.76μm 的红外区，则是人眼看不见的紫外线和红外线，波长为 0.4～0.76μm 的可见区，就是人们所看到的白光。在太阳光辐射时，这些波段都要受到大气衰减的影响。到达地面的太阳光中，主要是可见光和红外区的光线，分别占 46.43％和 45.54％；上层大气中的臭氧却吸收了大部分紫外光辐射，所以紫外区的光线占的比例很小，大约为 8.03％。

太阳光波长分布在紫外光、可见光和红外光波段。这些波段受大气衰减的影响程度各不相同。可见光辐射的大部分可到达地面，但是上层大气中的臭氧却吸收了大部分紫外光辐射。近年来，由于臭氧层变薄，特别是南极和北极地区，到达地面的紫外光辐射越来越多。入射的红外光辐射，有一部分被二氧化碳、水蒸气和其他气体吸收，这些温室气体在上层大气中的积累，可能会使大气吸收能力增加，从而导致全球气候变暖和天气变得多云。而在夜间来自地球表面的较长波长的红外辐射大部分传到了外太空。

三、太阳能特点

随着社会的发展和人类的文明进步，太阳能将会扮演越来越重要的角色，之所以如此，是因为它有许多独到之处。太阳能与常规能源及核能相比有下列几个特点：

1. 太阳能的广泛性

太阳辐射到处皆是，就地可用，无需运输或输送，可算是“取之不尽、用之不竭”的巨大能源。这对于山区、沙漠、海岛等的偏僻边远地区更显示出其优越性。

2. 太阳能的清洁性

矿物燃料在燃烧时会放出大量的各种气体，核燃料工作时要排出放射性废料，它们都会使环境受到污染。而利用太阳能可以大大减少环境污染，因此称太阳能为清洁能源。

3. 太阳能的分散性

太阳辐射尽管遍及全球，但每单位面积上的入射功率却很小，同时其单位能量密度小，因此要得到较多的能量，就必须要有庞大的受光面积。对于大的太阳能系统就要涉及设备的材料、结构及占用土地等问题。

4. 太阳能的间歇性

太阳高度角在一年甚至一日内不断变化，且与地面的纬度有关，即使没有气象的变化，太阳辐射的变化也相当大。就一地而论，一天 24h 内太阳辐射能变化很大，再加上气象变化，太阳能的可用量是很不稳定的，具有间歇性。利用太阳能发电时，一般配备相当容量的储能设备，如蓄电池组等，这不仅增加了设备及维持费用，而且也限制了功率的规模和降低了整个系统的效率。

5. 太阳能的地区性

辐射到地球表面的太阳能，随地区不同而不同，它不仅与当地的地理纬度有关，还与当地的大气透明度（污染、混浊等）和气象变化等诸多因素有关。

6. 太阳能的永久性

太阳辐射已经进行了几十亿年，据估计太阳的寿命仍有 50 亿年，因此可以认为太阳能是永久性能源。

总的来说，对太阳能的利用优缺点并存，因此在考虑利用太阳能时，不仅应从技术、经济方面，还应从环境保护、生态、居民福利，特别是国家建设的整体方针来全面考虑并进行研究。

第二节　太阳能资源分布状况

一、太阳能的全球分布

太阳能资源的全球分布并不均衡，当北半球春暖花开的时候，南半球还是冰天雪地的冬季。由于日照强度的不同，地球上不同地区的温度也是不同的，太阳能的分布情况也不一样（见表 2-1）。

从全球范围看，亚洲的中东地区，不仅盛产石油，还有丰富的太阳能资源。中东地区的以色列从 20 世纪 70 年代开始，大规模开发、利用太阳能，是该地区太阳能应用比较普及的国家。我国青藏高原，印度和巴基斯坦，非洲大陆北部、南部，大洋洲的澳大利亚、新西兰等地区，太阳能资源也非常丰富，都是利用太阳能的最佳地区。

太阳能资源比较丰富的地区还分布在北美中部、中美地区、南美南部等地区，这些地区利用和发展太阳能有一定的优势。

东亚、南美中北部、东欧、西南欧、北美北部等地区和大洋洲的部分地区、非洲中部地区太阳能资源程度一般，但也可以实现对太阳能的有效利用。

表 2-1 世界各国、各地区太阳能资源量

国家/地区	太阳能资源程度	预测的总能源利用量/Mtoe①			
		1985 年	2000 年	2010 年	2020 年
加拿大	低	200	230	250	280
美国	中/高	1800	2060	2250	2400
西北欧	低	600	685	750	800
西南欧	中	450	515	565	600
东欧	中/低	400	500	580	700
中东	高	150	225	295	375
北非	高	70	105	135	175
中美	中/高	150	225	295	375
南美北部	中	175	260	340	440
南美南部	中/高	120	180	235	300
巴西	中	125	185	240	310
澳大利亚新西兰	高	60	70	75	90
东南亚＋大洋洲	中	150	225	295	375
日本	中/低	450	515	565	700
中国＋朝鲜	中	750	1115	1450	1875
印巴地区	高	400	595	775	1000
中非	中	100	150	195	250
世界总计		7400	9395	11090	13125

① Mtoe 为百万吨标准油。

二、我国太阳能资源

我国幅员辽阔，有着十分丰富的太阳能资源。据估算，我国陆地表面接受的太阳辐射能约为 50×10^{18} kJ/a，全国各地太阳能辐射总量在 335～837kJ/(cm^2 · a)，平均值为 586kJ/(cm^2 · a)。从全国太阳辐射总量的分布来看，西藏、内蒙古南部、青海、新疆、山西、陕西北部、河北、山东、辽宁、吉林西部、云南中部和西南部、广东东南部、福建东南部、海南岛东部和西部以及台湾的西南部等广大地区的太阳辐射总量很大。尤其是青藏高原地区最大，那里平均海拔高度在 4000m 以上，大气层薄而清洁，透明度好，纬度低，日照时间长。例如被人们称为“日光城”的拉萨市，1961～1970 年，年平均日照时间为 3005.7h，相对日照为 68%，年平均晴天为 108.5 天，阴天为 98.8 天，年平均云量为 4.8%，太阳总辐射为 816kJ/(cm^2 · a)，比全国其他省区和同纬度的地区都高。

全国四川和贵州两省的太阳年辐射总量最小，其中尤以四川盆地为最小，那里雨多、雾多。例如素有“雾都”之称的成都市，年平均日照时数仅为 1152.2h，相对日照为 26%，年平均晴天为 24.7 天，阴天达 244.6 天，年平均云量高达 8.4%。其他地区的太阳年辐射总量居中。

我国太阳能资源分布的主要特点有：太阳能的高值中心和低值中心都处在北纬 22°～35°这一带，青藏高原是高值中心，四川盆地是低值中心；太阳年辐射总量，西部地区高于东部地区，而且除西藏和新疆两个自治区外，基本上是南部低于北部；由于南方多数地区云雾雨多，在北纬 30°～40°地区，太阳能的分布情况与一般的太阳能随纬度而变化的规律相反，太阳能不是随着纬度的增加而减少，而是随着纬度的增加而增长。

按接受太阳能辐射量的大小，全国大致上可分为五类地区（见表 2-2）。

表 2-2 我国各地区的太阳能资源及分布

类型	地区	年日照时数/h	辐射量/[kJ/(cm² · a)]
一	西藏西部、新疆东南部、青海西部、甘肃西部	3200～3300	670～837
二	西藏东南部、新疆南部、青海东部、宁夏南部、甘肃中部、内蒙古、山西北部、河北西北部	3000～3200	586～670
三	新疆北部、甘肃东南部、山西南部、陕西北部、河北东南部、山东、河南、吉林、辽宁、云南、广东南部、福建南部、江苏北部、安徽北部	2200～3000	502～586
四	湖南、广西、江西、浙江、湖北、福建北部、广东北部、陕西南部、江苏南部、安徽南部、黑龙江	1400～2200	419～502
五	四川、贵州	1000～1400	335～419

一类地区：全年日照时数为 3200～3300h，辐射量在 670～837kJ/(cm² · a)，相当于 225～285kg 标准煤燃烧所发出的热量。主要包括西藏西部、新疆东南部、青海西部及甘肃西部等地，这是我国太阳能资源最丰富的地区。特别是西藏，地势高，太阳光的透明度也好，太阳辐射总量最高值达 921kJ/(cm² · a)，仅次于撒哈拉大沙漠，居世界第二位。

二类地区：全年日照时数为 3000～3200h，辐射量在 586～670kJ/(cm² · a)，相当于 200～225kg 标准煤燃烧所发出的热量。主要包括西藏东南部、新疆南部、青海东部，宁夏南部、甘肃中部、内蒙古、山西北部及河北西北部等地。此区为我国太阳能资源较丰富区。

三类地区：全年日照时数为 2200～3000h，辐射量在 502～586kJ/(cm² · a)，相当于 170～200kg 标准煤燃烧所发出的热量。主要包括新疆北部、甘肃东南部、山西南部、陕西北部、河北东南部、山东、河南、吉林、辽宁、云南、广东南部、福建南部、江苏北部及安徽北部等地。

四类地区：全年日照时数为 1400～2200h，辐射量在 419～502kJ/(cm² · a)，相当于 140～170kg 标准煤燃烧所发出的热量。主要包括湖南、广西、江西、浙江、湖北、福建北部、广东北部、陕西南部、江苏南部、安徽南部、黑龙江部分地区。春夏多阴雨，秋冬季太阳能资源还可以。

五类地区：全年日照时数约 1000～1400h，辐射量在 335～419kJ/(cm² · a)，相当于115～140kg 标准煤燃烧所发出的热量。主要包括四川、贵州两省。此地区是我国太阳能资源最少的地区。

一、二、三类地区，年日照时数大于 2000h，辐射总量高于 586kJ/(cm² · a)，是我国太阳能资源丰富或较丰富的地区，约占全国总面积的 2/3 以上，具有利用太阳能的良好条件。四、五类地区虽然太阳能资源条件有限，但仍有一定的利用价值。

第三节 太阳能光电技术

太阳光发电是指无需通过热过程直接将辐射能转变为电能的发电方式，是创造可持续能源的一种有效方法，有着巨大的发展潜力和广泛的研究应用领域。因此，这种技术日益受到世界各国的重视。

太阳光发电包括光伏发电、光化学发电、光感应发电和光生物发电。光伏发电是太阳能直接应用的一种形式，是利用太阳能级半导体电子器件有效地吸收太阳光辐射能，并使之转变成电能的直接发电方式，是当今太阳光发电的主流，正在全球范围内逐步得到应用。

在讲述太阳能光伏利用技术之前，有必要先了解一下太阳能光电利用技术的核心部分——光电转化材料的结构、工作原理和性能特点。

一、太阳能光电转化材料

太阳电池根据所用材料的不同，可分为硅系太阳电池、多元化合物薄膜太阳电池、聚合物多层修饰电极型太阳电池、纳米晶化学太阳电池四大类，其中硅系太阳电池是目前发展最成熟的，在应用中居主导地位。

1. 硅系太阳电池

硅系太阳电池分为单晶硅太阳电池、多晶硅太阳电池和非晶硅薄膜太阳电池三种。目前单晶硅太阳电池的光电转换效率为15%左右，最高的达到24%，这是目前所有种类的太阳电池中光电转换效率最高的，技术也最为成熟，但制作成本很高，以至于它还不能被大量广泛和普遍地使用。由于单晶硅一般采用钢化玻璃以及防水树脂进行封装，因此其坚固耐用，使用寿命一般可达15年，最高可达25年。

单晶硅太阳电池是当前开发得最快的一种太阳电池，它的构造和生产工艺已定型，产品已广泛用于空间和地面。这种太阳电池以高纯的单晶硅棒为原料。为了降低生产成本，现在地面应用的太阳电池等采用太阳能级的单晶硅棒，材料性能指标有所放宽。

多晶硅太阳电池的制作工艺与单晶硅太阳电池差不多，但是多晶硅太阳电池的光电转换效率则要降低不少，其光电转换效率为12%左右。从制作成本上来讲，多晶硅太阳电池比单晶硅太阳电池要便宜一些，材料制造简便，节约电耗，总的生产成本较低，因此得到大量发展。此外，多晶硅太阳电池的使用寿命也要比单晶硅太阳电池短。多晶硅太阳电池的生产需要消耗大量的高纯硅材料，而制造这些材料工艺复杂，电耗很大，在太阳电池生产总成本中已超过1/2。加之拉制的单晶硅棒呈圆柱状，切片制作太阳电池也是圆片，组成太阳能组件平面利用率低。因此，20世纪80年代以来，欧美一些国家投入了多晶硅太阳电池的研制。

非晶硅薄膜太阳电池与单晶硅太阳电池和多晶硅太阳电池的制作方法完全不同，工艺过程大大简化，硅材料消耗很少，电耗更低，成本低，重量轻，转换效率较高，便于大规模生产。它的主要优点是在弱光条件也能发电，有极大的潜力。但非晶硅薄膜太阳电池存在的主要问题是光电转换效率偏低（目前国际先进水平为10%左右），且不够稳定，随着时间的延长，其转换效率衰减，直接影响了它的实际应用。如果能进一步解决稳定性问题及提高转换率问题，那么，非晶硅薄膜太阳电池无疑是太阳电池的主要发展产品之一。

2. 多元化合物薄膜太阳电池

多元化合物薄膜太阳电池材料为无机盐，其主要包括砷化镓（GaAsⅢ-Ⅴ族化合物）、硫化镉及铜铟硒薄膜电池等。硫化镉、碲化镉多晶薄膜电池的效率比非晶硅薄膜太阳电池效率高，成本比单晶硅电池低，并且也易于大规模生产，但由于镉有剧毒，会对环境造成严重的污染，因此，并不是晶体硅太阳电池最理想的替代产品。GaAsⅢ-Ⅴ族化合物电池的转换效率可达28%。GaAs化合物材料具有十分理想的光学带隙以及较高的吸收效率，抗辐照能力强，对热不敏感，适合于制造高效单结电池。

但是 GaAs 材料的价格不菲，因而在很大程度上限制了 GaAs 电池的普及。而铜铟硒薄膜电池（简称 CIS）适合光电转换，不存在光致衰退问题，转换效率和多晶硅电池一样，具有价格低廉、性能良好和工艺简单等优点，将成为今后发展太阳电池的一个重要方向。但问题是材料的来源，由于铟和硒都是比较稀有的元素，因此，这类电池的发展又必然受到限制。

3. 聚合物多层修饰电极型太阳电池

在太阳电池中，以聚合物代替无机材料是刚刚开始的一个太阳电池制备的研究方向。其原理是利用不同氧化还原型聚合物的不同氧化还原电势，在导电材料（电极）表面进行多层复合，制成类似无机 PN 结的单向导电装置。其中一个电极的内层由还原电位较低的聚合物修饰，外层聚合物的还原电位较高，电子转移方向只能由内层向外层转移；另一个电极的修饰正好相反，并且第一个电极上两种聚合物的还原电位均高于后者的两种聚合物的还原电位。当两个修饰电极放入含有光敏化剂的电解波中时，光敏化剂吸光后产生的电子转移到还原电位较低的电极上，还原电位较低电极上积累的电子不能向外层聚合物转移，只能通过外电路通过还原电位较高的电极回到电解液，因此外电路中有光电流产生。

由于有机材料具有柔性好、制作容易、材料来源广泛、成本低等优势，从而对大规模利用太阳能，提供廉价电能具有重要意义。但以有机材料制备太阳电池的研究仅仅刚开始，不论是使用寿命，还是电池效率都不能和无机材料特别是硅系太阳电池相比，能否发展成为具有实用意义的产品，还有待于进一步研究探索。

4. 纳米晶化学太阳电池

在太阳电池中，硅系太阳电池无疑是发展最成熟的，但由于成本居高不下，远不能满足大规模推广应用的要求。为此，人们一直不断在工艺、新材料、电池薄膜化等方面进行探索，而这当中新近发展的纳米 TiO_2 晶体化学太阳电池受到国内外科学家的重视。

自瑞士 Gratzel 教授研制成功纳米 TiO_2 晶体化学太阳电池以来，国内一些单位也正在进行这方面的研究。纳米晶化学太阳电池（简称 NPC 电池）是由一种窄禁带半导体材料修饰、组装到另一种大能隙半导体材料上形成的，窄禁带半导体材料采用过渡金属 Ru 以及 Os 等的有机化合物敏化染料，大能隙半导体材料为纳米多晶 TiO_2 并制成电极，此外 NPC 电池还选用适当的氧化—还原电解质。纳米多晶 TiO_2 工作原理：染料分子吸收太阳光能跃迁到激发态，激发态不稳定，电子快速注入紧邻的 TiO_2 导带，染料中失去的电子则很快从电解质中得到补偿，进入 TiO_2 导带中的电子最终进入导电膜，然后通过外回路产生光电流。

纳米多晶 TiO_2 太阳电池的优点在于其廉价的成本和简单的工艺及稳定的性能。其光电效率稳定在 10%以上，制作成本仅为硅系太阳电池的 1/5～1/10，寿命能达到 20 年以上。但由于此类电池的研究和开发刚刚起步，估计不久的将来会逐步走上市场。

以上几种太阳电池的比较见表 2-3。

5. 太阳电池的优缺点

(1) 太阳电池的优点

1) 属于可再生能源，不必担心能源枯竭。

2) 太阳能本身并不会给地球增加热负荷。

3) 运行过程中低污染、平稳无噪声。

4) 发电装置需要极少的维护，寿命可达 20 年。

5) 所产生的电力既可供家庭单独使用，也可并入电网。

6）用途广泛。

（2）太阳电池的缺点

1）受地域及天气影响较大。

2）由于太阳能分散、密度低，发电装置会占去较大的面积。

3）光电转化效率低，致使发电成本比传统方式偏高。

表 2-3 几种太阳电池的比较

种类	材料	太阳能单电池	太阳电池模	主要制备方法	优点	缺点
硅系太阳电池	单晶硅	15%～24%	13%～20%	表面结构化，发射区钝化	效率最高，技术成熟	工艺繁琐
	多晶硅	10%～17%	10%～15%	化学气相沉积法，液相外延法	无效率衰退问题，成本远低于单晶硅	效率低于单晶硅
	非晶硅	8%～13%	5%～10%	反应溅射法，PECVD 法	成本较低，转换效率较高	稳定性不高
多元化合物薄膜太阳电池	砷化镓	19%～32%	23%～30%	MOVPE 和 LPE 技术	效率较高，成本比单晶硅低，易于规模生产	原材料镉有剧毒
	碲化镉	10%～15%	7%～10%			
	铜铟硒	10%～12%	8%～10%	真空蒸镀法和硒化法	价格低廉，性能良好，工艺简单	原材料来源比较有限
纳米晶化学太阳电池		8%～11%	5%～8%	溶胶凝胶法，水热反应溅射法	成本低廉，工艺简单	
聚合物多层修饰电极型太阳电池		3%～5%	—	处于研发当中	易制作，材料广泛	寿命短

二、太阳能光伏发电原理

“光伏发电”是将太阳光能直接转换为电能的一种发电形式。1839 年，法国科学家贝克勒尔首先发现了“光生伏打效应(Photovoltaic Effect)”。然而，第一个实用单晶硅光伏电池(Solar Cell)直到一个多世纪后的 1954 年才在美国贝尔实验室研制成功。20 世纪 70 年代中后期开始，光伏电池技术不断完善，成本不断降低，带动了光伏产业的蓬勃发展。

光伏技术的核心部分是光电池，即光伏转化材料，为了更好地说明光伏材料的工作原理，以图 2-2 为例进行阐述。

PN 结两侧因多数载流子(N 区中的电子和 P 区中的空穴)向对方扩散而形成宽度很窄的空间电荷区 W，建立自建电场 E_i。它对两边多数载流子是势垒，阻挡其继续向对方扩散；但它对两边的少数载流子(N 区中的空穴和 P 区中的电子)却有牵引作用，能把它们迅速拉到对方区域。稳定平衡时，少数载流子极少，难以构成电流和输出电能。但是，如图 2-2 所示，光伏电池受到太阳光子的冲击，在光伏电池内部产生大量处于非平衡状态的电子—空穴对，其中的光生非平衡少数载流子(即 N 区中的非平衡空穴和 P 区中的非平衡电子)可以被内建电场 E_i 牵引到对方区域，然后在光伏电池中的 PN 结中产生光生电场 E_{PV}，当接通外电路时，即可流出电流，输出电能。把众多这样小的太阳能光伏电池单元通过串并联的方式组合在一起，构成光伏电池组件，便会在太阳能的作用下输出功率足够大的电能。

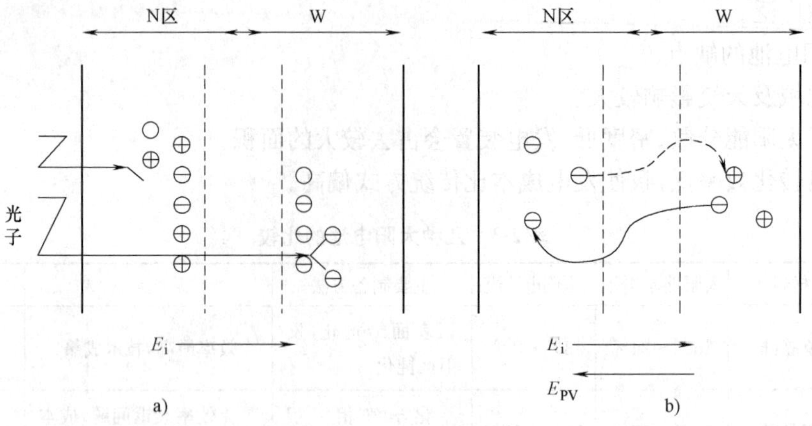

图 2-2　光伏发电原理

a）光子注入　b）光生电场的形成

三、太阳能光伏发电系统

太阳电池单体是光伏转换的最小单元，工作电压为 0.45～0.5V，一般不能单独作为电源使用。为了便于使用，将太阳电池单体进行串并联并封装后形成可以单独作为电源的单元组件，也称为光伏组件。为满足负载所要求的输出功率，将光伏组件再经过串并联就形成了具有一定输出功率的太阳能光伏方阵或太阳能阵列。

光伏发电系统是由光伏方阵、控制器和电能储存及变换环节构成的发电与电能变换系统。太阳辐射能量经由光伏电池板直接转换为电能，并通过电缆、控制器、储能等环节予以储存和转换，提供负载使用。由于太阳能光伏方阵所产生的电压为直流电压，易受到太阳光强度变化的影响。为了得到稳定的可供常规交流负载使用的交流电，通常配合控制器、逆变器、蓄电池等使用，形成稳定的光伏发电系统。图 2-3 所示是一个典型光伏发电系统示意图。

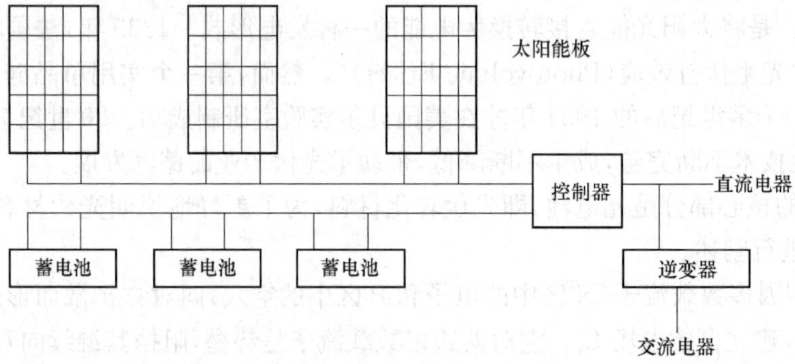

图 2-3　光伏发电系统示意图

太阳能控制器的作用是控制整个系统的工作状态，随着一天光线的变化，调节阵列电流和电压水平，跟踪最大效能点，使阵列效率达到最大。在有蓄电池时它可对蓄电池起到过充电保护、过放电保护的作用，并有许多附加功能。控制器一般装在太阳电池板附近，以减少由太阳电池板引出电缆的敷设量。因此，在设计中应考虑好控制器的安装位置，既要注意隐蔽又要便于检修。

逆变器将光伏发电系统所发出的直流电能转换成交流电能。如一个工程中装有数组朝向不同的太阳电池板，由于其日照量和日照时间都不同，一般每组对应一个逆变器。当太阳电池板供电不足时，由电网向用户供电；若太阳能的发电量大于用户需求，剩余的电可输送到电网。在日本采用光伏并网发电的用户，其公共电网入户处都设有两块电表，一块是供电公司向用户卖电的电表，还有一块是供电公司向用户买电的电表。

光伏发电系统按与电力系统关系分类，通常分为独立光伏发电系统（Stand-Alone PV System）和并网光伏发电系统（Grid-Connected PV System）。

1. 独立光伏发电系统

独立光伏发电系统是不与常规电力系统相连而孤立运行的发电系统，通常建设在远离电网的边远地区或作为野外移动式便携电源，其建设的主要目的是解决无电问题。由于太阳能发电的特点是白天发电，而负荷用电特性往往是全天候的，因此在独立光伏发电系统中储能元件必不可少。一般而言，系统在白天把太阳光转化为电能，通过充电器和蓄电池将电能储存起来，晚上再通过放电器把储存在蓄电池里的电能释放出来适当使用。尽管其供电可靠性受气象环境、负荷等因素影响很大，供电稳定性也相对较差，但对地处边远地区的居民而言，他们往往没有条件连接入公共电网，用电设备也多为低功率级别，独立光伏发电系统因而成为当地安全、可靠的电力供给设备。

2. 并网光伏发电系统

并网光伏发电系统是与电力系统连接在一起的光伏发电系统，像其他类型发电站一样，可为电力系统提供有功电能和无功电能。光伏电池所发的直流电能经变换器变换成与电网相同频率的交流电能，以电压源或电流源的方式送入电力系统。控制器一般由单片机或数字信号处理芯片作为核心器件构成，用以实现光伏电池最大功率点跟踪及控制逆变器并网电流的频率、波形和功率，使向电网转送的功率与光伏阵列所发的最大功率电能平衡。变换器主要是由电力电子开关器件连接电感或电容构成，以脉宽调制方式形成所需电量形式向电网送电。容量可以视为无穷大的公共电网在这里扮演着储能环节的角色。因此并网系统不需要额外的蓄电池，降低了系统运行成本，提高了系统运行和供电稳定性。并网光伏发电系统的电能转换效率要大大高于独立光伏发电系统，成为光伏发电的最合理发展方向。

影响光伏发电的因素有两个方面：一是光伏组件可能接受到的太阳能，二是光伏组件本身的性能。由于太阳能发电的全部能量来自于太阳，因而太阳电池方阵所能获得的辐射量决定了它的发电量。而太阳辐射量的多少与太阳高度、地理纬度、海拔高度、大气质量、大气透明度、日照时间等有关。一年当中四季的变化、一天当中时间的变化、到达地面的太阳辐射的直接辐射分量和漫射辐射分量的比例、地表面的反射系数等因素都会影响太阳能的发电，但这些因素对于具体建筑而言是客观因素，几乎只能被动选择。对于光伏组件而言，光伏方阵的倾角、光伏组件的表面清洁度、光伏电池的转换率及光伏电池的工作环境状态等是应该考虑的。

四、太阳能光伏技术发展现状

1. 太阳能光伏技术的发展历史

自从1954年第一块实用光伏电池问世以来，太阳光伏发电取得了长足的进步。但比计算机和光纤通信的发展要慢得多。其原因可能是人们对信息的追求特别强烈，而常规能源还能满足人类对能源的需求。1973年的石油危机和90年代的环境污染问题大大促进了太阳能光伏发电的发展。其发展过程简列如下：

1839 年，法国科学家贝克雷尔发现“光伏效应”。

1954 年，美科学家恰宾和皮尔松首次制成实用单生将太阳能转换为电能的实用光伏发电技术，效率为 6%。同年，韦克尔发现砷化镓有光伏效应，并在玻璃制成第一块薄膜太阳能电池。

1957 年，硅太阳电池效率为 8%。

1958 年，太阳电池首次在太空应用。

1995 年，高效聚光砷化镓太阳电池效率达到 32%。

1996 年，世界光伏发电高速发展，应用范围越来越广，其中以美国、日本及欧盟等国的政府和组织为代表大力发展太阳能光伏发电技术，光电技术的推广应用走在世界前列。

2. 太阳能光伏技术的发展现状

目前太阳电池主要分为单晶硅电池、多晶硅电池和薄膜电池三种。单晶硅电池技术成熟，光电转换效率高，但其生产成本较高，技术要求高；多晶硅电池成本相对较低，技术成熟，但光电转换效率相对较低；薄膜电池成本低，发光效率高，但目前其在技术稳定性和规模生产上均存在一定的困难。随着技术的进步，未来薄膜电池会有更好的发展前景。在各国政府的大力支持下，太阳能光伏产业得到了快速的发展。2006 年至 2009 年，太阳能光伏电池产量的年均增长率为 60%。由于受到 2008 年金融危机的影响，2009 年前两个季度光伏电池产量的增长速度有所放缓，但随着 2009 年下半年市场需求的复苏，2009 年全年的太阳电池产量达到了 10431MW，比 2008 年增长 42.5%。

当前太阳能光伏发电的成本大约是燃煤成本的 11～18 倍，因此各国光伏产业的发展大多依赖政府的补贴，政府的补贴规模决定着本国的光伏产业的发展规模。在政府的补贴力度上，以德国、西班牙、法国、美国、日本等发达国家的支持力度最大。2008 年，西班牙推出了优厚的光伏产业补贴政策，使其国内光伏产业出现了爆发式发展的态势，一度占据了世界光伏电池产量的三分之一强。2009 年德国光伏组件安装量高达 3200MW，占全球总安装量的 50.4%。

目前，中国已形成了完整的太阳能光伏产业链。从产业布局上来看，国内的长三角、环渤海、珠三角及中西部地区业已形成各具特色的区域产业集群，并涌现出了无锡尚德、江西赛维、天威英利等一批知名企业。2009 年中国太阳电池产量为 9300MW，占全球总产量的 40%以上，已成为全球太阳电池生产第一大国。

3. 太阳能光伏技术在我国的应用

中国光伏发电产业于 20 世纪 70 年代起步，90 年代中期进入稳步发展时期。太阳电池及组件产量逐年稳步增加。经过 30 多年的努力，已迎来了快速发展的新阶段。在“光明工程”先导项目和“送电到乡”工程等国家项目及世界光伏市场的有力拉动下，中国光伏发电产业迅猛发展。2007 年，中国光伏电池产量首次超过德国和日本，居世界第一位。2008 年的产量继续提高，达到了 200 万 kW。我国在光伏发电技术研发方面先后开展了晶体硅高效电池、非晶硅薄膜电池、碲化镉和铜铟硒薄膜电池、多晶硅薄膜电池及应用系统关键技术的研究。特别是“十五”期间，国家通过科技攻关和 863 计划安排支持了一批增强现有装备生产能力的项目，大幅度提高了光伏发电技术和产业的水平，缩短了光伏发电制造业与国际水平的差距。无锡尚德太阳能电力有限公司，通过国家“十五”科技攻关和产业化扶持，2005 年的生产能力达到了 150MW，2006 年已是达到 300MW，其光伏组件效率达到 16%以上。在深圳建成了兆瓦级低压并网光伏发电站一座；在拉萨建成了 100kW 的高压并网发电站一座，为我国 2010 年至

2020年屋顶光伏并网发电和沙漠电站技术的规模化发展积累了经验。在产业化方面，国内光伏发电的主要产品是晶硅电池及少量非晶硅电池。截至2006年年底，我国已建成十多个具有一定规模的光伏电池专业生产厂，光伏电池组件的年生产能力超过200MW。尤其是晶体硅光伏电池组件的封装能力大大加强，10MW规模及以上的光伏电池封装技术及其配套装备已经成为商业化的工业装备。但是，我国商品化生产的单晶硅、多晶硅和非晶硅电池的效率分别为11%～14%、10%～12%和4%～6%，与发达国家相比，要低1～2个百分点。另外，截至2006年，中国还没有用于光伏系统的专用蓄电池。逆变器的生产也仅仅停留在小功率级别，大功率逆变器的研发水平与国外差距较大。

我国光伏发电市场已经涉及如下几个方面：

(1)太空方面　光伏电池最早的应用领域是在太空，作为人造卫星的电源。我国神舟五号载人飞船所用电能就是太阳电池提供的。

(2)太阳能灯　太阳能灯是一种利用太阳辐射作为能源的灯，只要阳光充足就可以就地安装，不受供电线路影响，不用开沟埋线，不用消耗常规电能，是绿色环保产品。2008年北京奥运村道路两旁90%的照明用这种对周围有极好点缀和装饰效果的太阳能灯。

(3)太阳能车、游艇及飞机　这类设备是以光伏发电装置为直接驱动力或以蓄电池储存电能再驱动的车辆、船只及飞机。由于不污染水质、大气，不排放二氧化碳，不需其他能源，随着电池和控制技术提高，这类设备已经得到了飞速发展。

(4)交通设施方面　在高速公路上远离城市电网的服务区中建设光伏电站、紧急电话系统、视频监视器、警示灯等。目前我国沿海从南到北基本实现航标太阳能光伏电池化，公路上的警示灯、信号灯、标志灯等均得到很大发展。

(5)通信方面。通信领域是太阳能光伏电源系统应用的强项，已广泛应用于微波中继站、光缆维护站、电力/广播/通信/寻呼电源系统、农村载波电话光伏系统、通信机、士兵GPS供电。

(6)家电方面　光伏发电特别适用于无电地区，如我国深圳生产的太阳能手提电源，已为成千上万农牧民解决了用电困难。便携式家电有太阳能计算器、太阳能钟表、太阳能收音机、太阳能照相机、太阳能电视、太阳能手机充电器等。绿色家电的应用，有利环保。

(7)其他方面应用　如光伏水泵、畜牧围栏、植物保护、森林防火、太阳能玩具，钢铁结构、钢铁管道的阳极保护以及石油、化工、运输等行业。今后几十年，是人类迈向太阳能时代的历史时期，太阳能源时代的即将来临，对我国现代化事业是巨大的机遇。石化资源的枯竭、生态环境的破坏都显示出传统能源发展的障碍，采用新的能源是唯一可行之路。

第四节　太阳能光热技术

太阳能光热技术是指将太阳能转化为热能进行利用的技术，主要包括太阳能集热器、太阳能热水系统、太阳能热泵及太阳能光热发电。

一、太阳能集热器

太阳能集热器(简称集热器)是太阳能热利用装置中承担能量转换的核心部件，即吸收太阳能并向工质(水、油、空气)传递热量的装置，是太阳能光热转换技术的核心部件，其担负着两项主要功能，一是吸收太阳能，二是将热量传递给工质。目前，很多国家已广泛使用太阳能热水器。例如，以色列政府规定楼高 27m 以上的建筑必须安装太阳能热水器，太阳能热水器的普及率已达 70%。在日本，大约 15%的家庭已安装太阳能热水器，2001 年日本太阳能热水器的保有量超过 730 万 m^2。在欧洲，自 1985 年以来，平均每年新装集热器的面积增长率为 13.6%，保有量年均增长 11.7%。2002 年，欧盟的集热器新装量为 119 万 m^2，保有量为1075 万 m^2。

1. 集热器的分类

集热器是吸收太阳辐射并将产生的热能传递到传热工质的装置，是太阳能热利用的关键部件，用于吸收太阳能并将产生的热能传递到传热工质。集热器大致有平板型集热器（直晒式、透明盖板式）、真空管型集热器、聚焦型集热器（点聚焦式和线聚焦式）等基本类型。集热器的基本类型如图 2-4 所示。

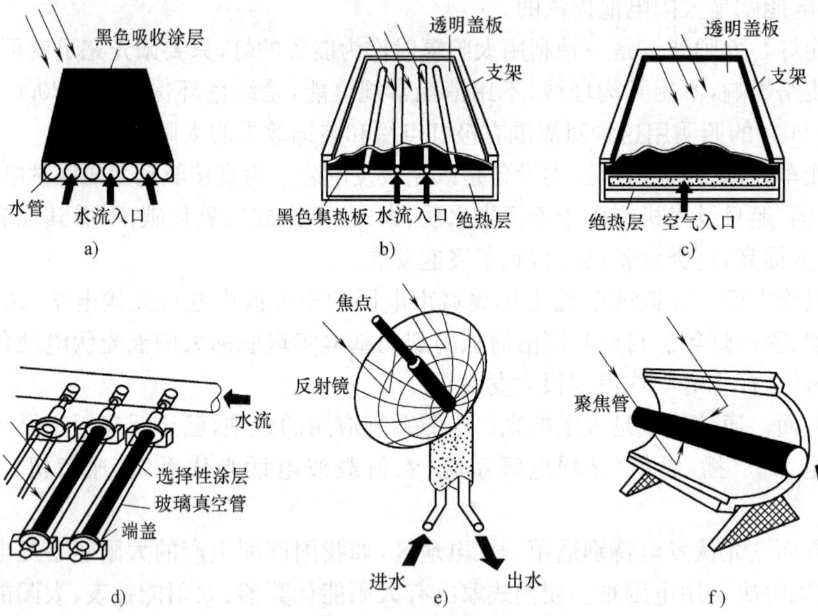

图 2-4 集热器的基本类型

a)直晒式平板集热器，温升 0～10℃ b)透明盖板集热器（水），温升 0～50℃
c)透明盖板集热器（空气），温升 0～50℃ d)真空管集热器，温升 10～150℃
e)点聚焦集热器，温升 > 100℃ f)线聚焦集热器，温升 50～150℃

（1）按集热器的传热工质类型分类 集热器可分为液体集热器（用液体作为传热工质）和空气集热器（用空气作为传热工质）。液体集热器一般用水作为工质，也就是太阳能热水器，是目前太阳能热利用中最重要的一种方式，其商业化程度也最广，应用范围广泛，如洗浴、供暖等，发展前景广阔。

（2）按进入采光口的太阳辐射是否改变方向分类 集热器可分为聚光型集热器和非聚光型集热器。聚光型集热器是利用反射器、透镜或其他光学器件将进入采光口的太阳辐射改变方向并汇聚到吸热体上的集热器。聚光型集热器主要应用于太阳能中高温热利用领域，如太阳能热发电、太阳灶等。非聚光型集热器是进入采光口的太阳辐射不改变方向也不集中射到吸热体上的集热器。

(3)按集热器内是否有真空空间分类 集热器可分为平板型集热器和真空管集热器。平板型集热器的发展比真空管集热器要早,以其简单、价廉和安装方便在全世界获得了广泛的应用。但由于材料的限制,近年来发展较为缓慢。

真空管集热器是在平板型集热器的基础上发展起来的一种新型太阳能集热装置,由于其卓越的集热性能和耐候性,在国内的市场份额已远远超过了平板型集热器。真空管集热器分为全玻璃真空管集热器和热管式真空管集热器。真空管集热器可以在中高温下运行,也能在寒冷地区的冬季及日照与天气多变地区运行,扩大了应用领域。

(4)按集热器上的吸热材料分类 分为非选择性吸收涂层是指其光学特性与辐射波长无关的吸收涂层;选择性吸收涂层则是指其光学特性随辐射波长不同有显著变化的吸收涂层,对太阳辐射短波来讲,它具有很高的吸收比,而对其本身温度下的低温长波(红外线区)辐射,发射比很低。

2. 集热器的工作原理

根据集热器的发展历程,集热器可分为简易型集热器、平板型集热器、真空管集热器、热管型集热器和聚光型集热器。下面分别介绍集热器的结构、工作原理及其性能特点。

(1)简易型集热器 简易型集热器大多属于太阳能热水器早期产品,以家庭自制居多,主要是通过一较大储水容器进行闷晒,热效率非常低,且受天气影响很大。目前,该类产品处于逐渐被淘汰的趋势,但一些热带国家因为太阳能资源极其丰富对热水器效率要求不高,所以仍然具有相当市场。

(2)平板型集热器 平板型集热器主要由透明盖板、吸热体、保温层和外壳等部件组成,其结构如图 2-5 所示。吸热体是用以吸收透过盖板的太阳能,并转变为热能,加热传热介质,提高其温度。常用的材料有铜、铝合金及薄钢板。铜及铜合金的导热性好,易加工,但价格较贵;薄钢板导热性稍差,不耐腐蚀,寿命短,但价格便宜。现在平板型集热器的吸热体大多采用铜铝复合材料。金属材料的发射比高,吸收比低,为改善其性能,一般都是在金属表面上加刷涂料。该类型集热器尽管易于吸收太阳能,但热损耗率也较高,热效率要低一些。由于成本和价格较低,因而在低纬度或温度较高地区较受欢迎。平板型集热器主要用于太阳能低温利用领域,简单价廉,是以往太阳能市场的主导产品。

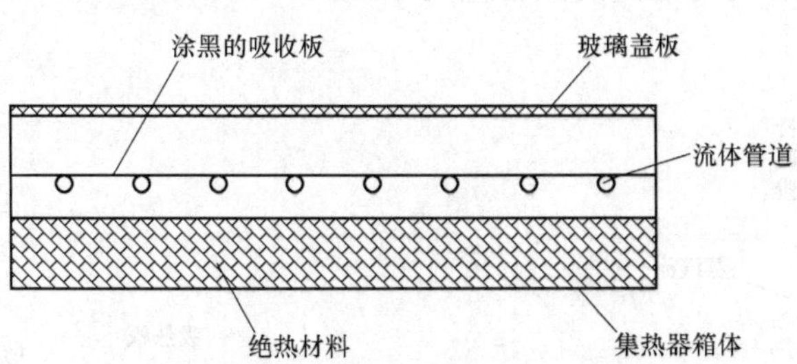

图 2-5 平板型集热器的结构示意图

(3)真空管集热器 真空管集热器的核心元件是玻璃真空集热管,它采用了真空技术,消除了气体的对流与传导热损失,并应用选择性吸收涂层,使玻璃真空集热管的辐射热损降到最低。

玻璃真空集热管分为“全玻璃”与“玻璃和金属结构”两大类。太阳光能转变为热能,可通过联集管内的传热工质或先通过热管与传热工质进行热交换将热能输送到储热箱。全玻璃真空集热管结构简单，制造方便，可靠性强，成本低，具有许多突出的优点。它像一个拉长变细的暖瓶，有一个一端封闭的内玻璃管和一个同轴的外玻璃管。内、外玻璃管的开口端熔封在一起，而其管间的夹层抽成高真空，并封入带支架的吸气剂，一方面支撑内玻璃管的封闭圆头，另一方面当吸气剂蒸散后，吸收真空集热管在存放及工作过程中所释放的微量气体，选择性吸收涂层沉积在内玻璃管的外表面。全玻璃真空集热管与玻璃和金属结构真空集热管相比，两者都具有优良的集热性能，但前者具有更低的热损失，可靠性强，寿命长，成本也相对较低。真空管集热器的热损耗率最低，热效率最高，适合于高纬度或寒冷但不缺乏太阳能资源的地区使用。全玻璃真空管集热器的结构如图 2-6 所示。

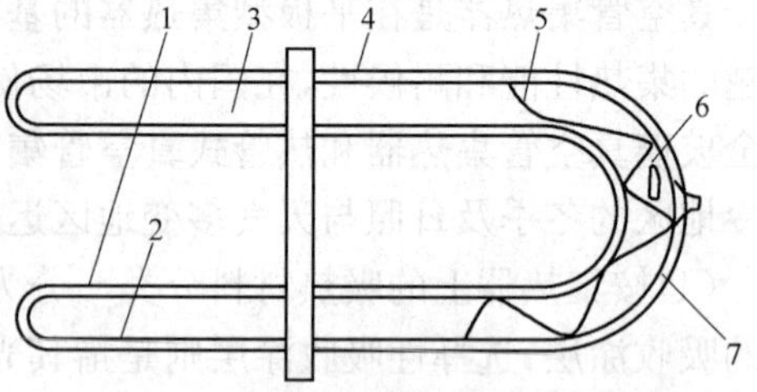

图 2-6 全玻璃真空管集热器

1—内玻璃管 2—选择性吸收涂层 3—真空腔 4—外玻璃管 5—弹簧支架 6—吸气剂 7—封闭圆头

(4)热管型集热器 热管型集热器是一种具有很高热传输性能的元件，集沸腾与凝结于一身，一般是由管壳、管芯(起毛细管作用的多孔结构物)、工作液组成的一个封闭系统，具有较高集热效率、较低热损耗率，热效率最高，适合于特殊场合的地区使用。热管沿轴向分为蒸发段、绝热段和冷凝段。加热蒸发段内的液相工质并使其蒸发。气相工质在冷凝段凝结。当冷源和热源隔开时，绝热段管内吸液芯的毛细作用使液相工质由冷凝段回流到蒸发段。两相闭式热虹吸管是热管的一种类型，又称重力热管，简称热管。与普通热管不同的是，热管内没有吸液芯，冷凝液从冷凝段返回到蒸发段不是靠吸液芯所产生的毛细力，而是靠冷凝液自身的重力，因此热虹吸管的工作有一定的方向性，蒸发段必须置于冷凝段的下方，这样才能使冷凝液返回到蒸发段。热管的工作原理如图 2-7 所示。

热管真空管的结构如图 2-8 所示。太阳光透过玻璃管照射在吸热板上，太阳能选择吸收膜将太阳能转化为热能。吸热板吸收的热量迅速将热管内少量工质汽化，并上升到冷凝端，放出汽化热后冷凝成液体，在重力作用下流回热管蒸发端。利用热管内少量工质的汽—液相变循环过程可连续地将吸收的太阳能传递到冷凝端加热水。为使热管内冷凝后的液体工质流回蒸发端，热管真空管工作时与地面的倾角应大于 10°。

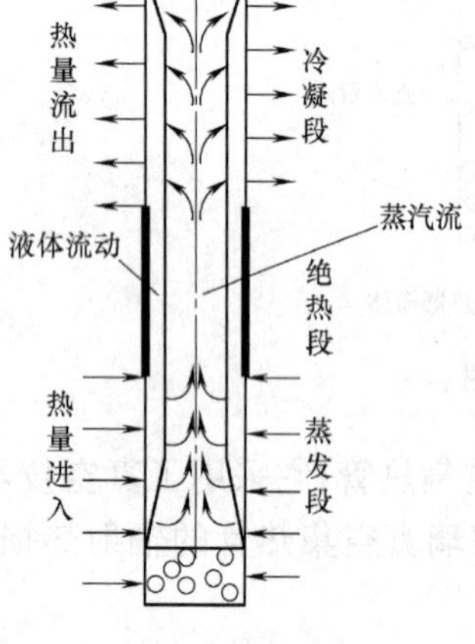

图 2-7 热管的工作原理

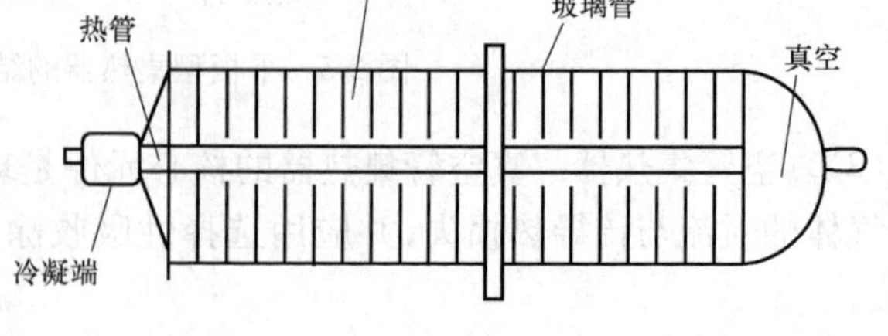

图 2-8 热管真空管的结构

上述集热器均为非聚光的集热器，这些集热器的优点是加工简单，价格便宜，使用与维修都很方便。但它们是低温集热装置，通常用在热水系统、房屋采暖和低温动力系统等方面。特别是在动力系统使用时，由于整个系统运行在比较低的温度水平上，从而系统总效率很低。这些集热器共同的特点是直接采集自然阳光，集热面积等于散热面积，所以理论上不可能运行在较高的温度。为了更有效地利用太阳能，就必须提高入射阳光的能量密度，使之聚焦在较小的集热面上和对集热面进行表面处理以降低热损失，使得在较高的集热温度下，同时得到较高的集热效率。要做到这些，就需要聚集技术。

(5)聚光型集热器　平板型集热器获得的热能量虽然很大，但是温度却不高；而聚光型集热器是将一定面积上的太阳能集中到更小面积(例如光斑)上，因而获得高温的热能(也称为优质热能)。在需要高温热能的太阳能热利用系统，如需要高达几百摄氏度高温热能的太阳能热发电系统就用到聚光型集热器。

聚光型集热器是由聚光器以反射或折射的方式将投射到光孔上的太阳光集中到接收器上形成焦面，接收器将辐射能转换为热能，再由介质带走。由于接收器上的能流密度可能很高，所以能够达到比平板型集热器高得多的温度，这就为太阳能的热利用提供了更为有利的条件。

聚光型集热器主要由聚光器、吸收器和跟踪系统三大部分组成。按照聚光原理区分，聚光型集热器基本可分为反射聚光和折射聚光两大类，每一类中按照聚光器的不同又可分为若干种。图 2-9 所示为几种聚光型集热器。

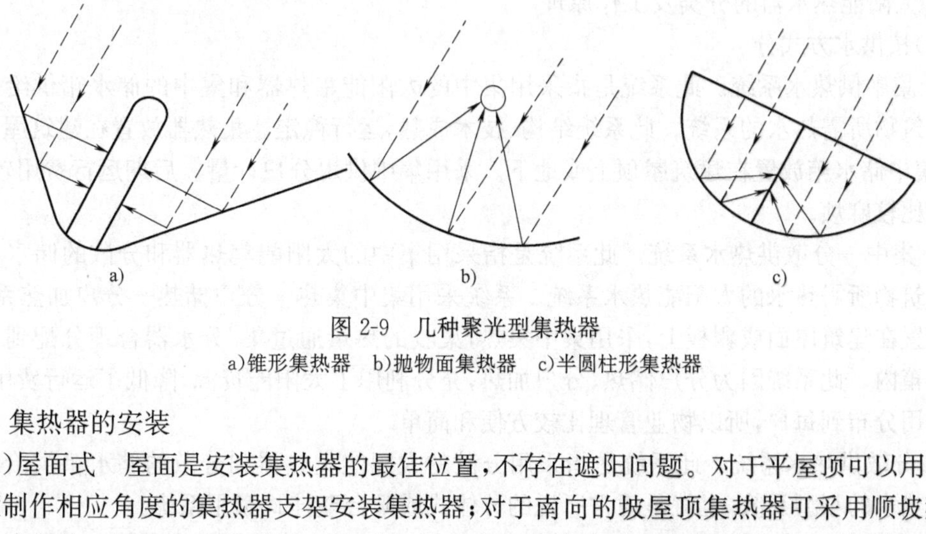

图 2-9　几种聚光型集热器

a)锥形集热器　b)抛物面集热器　c)半圆柱形集热器

3. 集热器的安装

(1)屋面式　屋面是安装集热器的最佳位置，不存在遮阳问题。对于平屋顶可以用根据当地纬度制作相应角度的集热器支架安装集热器；对于南向的坡屋顶集热器可采用顺坡型安装或嵌入式安装。屋面上集热器的安装不仅不会破坏建筑的造型及外观美，反而会增添建筑的亮点。但无论是平屋顶的安装还是坡屋顶的安装，均不能破坏结构的防水功能，并对固定支架、穿屋面的套管做好相应的防水。

(2)阳台式　集热器可以与楼房阳台封装结合为一体，带保温壳体的储水箱安装在阳台上或卫生间内。通过自来水的压力将热水分供到各个用水点。在阳台安装的热水器应综合考虑阳台栏板的功能，形成多功能建筑构件，力求实现太阳能热水器和建筑的完美结合，且能最大限度地利用太阳光照，满足多种形式的供水需求。

(3)遮阳棚式　还可以将集热器与门窗上的遮阳棚相结合。这种热水器的特征在于将集热器安装在窗口上方的遮阳托架上，在起到遮阳作用的同时为用户提供热水，有效地利用了空间。需要注意的是要确保安装牢固,以免集热器落下伤人,而由于集热器多是玻璃材质,要考虑在集热器上方加适当的保护措施防止重物砸坏集热器。

(4)屋面飘板式　对高层、小高层建筑,还可以充分利用建筑屋面上的飘板造型,将集热器安装在屋面的飘板上,既不影响其使用功能及外观,又增加了建筑的亮点。

针对不同的建筑,这几种布置和运行方式,也完全可以结合使用,以满足不同客户的总体需求。而且各系统方案各有优势,在选择和使用过程中应结合具体实际情况,择优考虑。

二、太阳能热水系统

1. 我国太阳能热水系统现状

热水是建筑物中排在供暖、空调和照明之后的第四大能耗。充分利用太阳能热水器产生的热水是降低建筑物能耗的有效手段之一。太阳能热水器是太阳能热利用技术中最成熟、应用最广泛、产业化发展最快的领域。我国在太阳能热水器领域内的研究取得了丰硕成果,已基本形成了具有中国特色的太阳能热利用技术,并具备了规模化推广应用的初步条件。太阳能热水系统已经步入产业化,并逐渐成为家庭生活的必需品。

太阳能热水系统部件由太阳能集热器、水箱、循环管道组成。太阳能热水系统(或工程)也称太阳能热水器或太阳能热水装置,但严格来说是有区别的。按国家标准 GB/T 18713—2002 和行业标准 NY/T 513—2002 的规定,太阳能热水器储热水箱的容水量在 0.6t 以下的称为家用太阳能热水器,大于 0.6t 的则称为太阳能热水系统或太阳能热水工程。

2. 太阳能热水器的分类及工作原理

(1)按供水方式分

1) 集中供热水系统。此系统是指采用集中的太阳能集热器和集中的储水箱供给一幢或几幢建筑物所需热水的系统。此系统结构、技术成熟,运行稳定。集热器放置在建筑屋面或飘板上,集中储水箱放置在建筑屋顶上或地下。采用集中供水分户计量。后期运行费用较高,物业管理比较麻烦。

2) 集中—分散供热水系统。此系统是指采用集中的太阳能集热器和分散的储水箱供给一幢建筑物所需热水的太阳能热水系统。系统采用集中集热—分户储热—分户加热系统,集热器放置在建筑屋面或飘板上,采用集中集热,集收的热量通过集/分水器合理分配到每户的储热水箱内。此系统因为分户储热、分户加热,充分利用了太阳能资源,降低了运行费用,并将运行费用分布到每户,所以物业管理比较方便和简单。

3) 分散供热水系统。此系统是指采用分散的太阳能集热器和分散的储水箱供给各个用户所需热水的小型系统,也就是通常所说的分体式或阳台壁挂式家用系统。

(2)按系统运行方式分

1) 自然循环式。此种太阳能热水器储水箱置于收集器上方,水在收集器中接受太阳辐射热,温度上升,造成收集器及储水箱中水温不同而产生密度差,形成的浮力推动水在储水箱及收集器中自然流动。由于密度差的关系,水流量与收集器的太阳能吸收量成正比。此种太阳能热水器因不需循环水,维护甚为简单,故已被广泛采用。

2) 强制循环式。强制循环式热水系统用水泵使水在收集器与储水箱之间循环。当收集器顶端水温高于储水箱底部水温时,控制装置将起动水泵使水流动。水入口处设有止回阀以防止夜间水由收集器逆流,引起热损失。在同样设计条件下,其比自然循环式具有可以获得较高水温的优点。

3）直流式。该系统是传热工质一次流过集热器加热后，进入储水箱或用热水处的非循环太阳能热水系统。直流式系统一般可采用非电控温控阀控制方式及温控器控制方式。直流式系统通常也可称为定温放水系统。

目前在我国，通常见到的家用太阳能热水器和小型太阳能热水系统多用自然循环式，储水器在集热器上方。为了适应建筑一体化的要求，实现水箱集热器的分离，承压强制循环式才是未来的发展方向。

(3)按照集热器和储水箱位置分

1）整体式。所谓整体式(也称闷晒式)，其集热器即是水箱。

2）分体式。分体式则是水箱和集热器分开设置。集热管在室外，水箱在室内或者其他位置。它的原理是利用热媒在集热管和水箱中的循环带走热量，加热水箱中的水，属于间接式热交换。

3）紧凑直插式。紧凑直插式是水箱直接安装在集热器相邻位置上，两者都暴露在外，集热管深入水箱内，利用水在集热管中加热和水箱中的冷水自然循环达到加热的目的。

由于经济原因，目前在国内家庭安装的太阳能热水器绝大部分是紧凑直插式。但紧凑直插式太阳能热水器很不适合在屋面上安装：一是由于大水箱带来的视觉效果不好，影响建筑美观，很难与建筑进行完美的结合；二是在屋面上安装该热水器较危险，加之该热水器本身无法解决的一些问题，如真空管易结垢、易炸管碎管、不承压、不易自动控制等，限制了其推广和使用。

分体式太阳能热水器是一种间接式热交换、强迫式双循环的分离式承压热水系统。热水系统的集热器可以安装在屋面、墙壁、阳台等位置，能够实现太阳集热器与建筑的完美结合，而且储水箱的安装位置很灵活，还有真空管不结垢、不炸管、承压、全天候供应热水、自动运行等诸多优点，但是由于现在的价格较高，限制了其在家庭中的应用。但分体式太阳能热水器代表了太阳热水器的发展方向，并且应用会越来越广泛。

实际上，大部分太阳能热水系统都是一个复合系统，即是上述几种运行方式组合在一起的系统。例如，一套系统既是强制循环系统，又是内置加热系统，同时也是定时自动起动系统，还是集中集热和集中供水系统。复合的系统越多，说明系统的功能越强，使用也越方便。

3. 太阳能热水工程

具体到每种建筑类型来说，需要采用不同的供水方式，选用的系统也不同。比如学校、宾馆等公共建筑，比较适宜的是区域式、联集管太阳能锅炉；别墅中用到的大多是分户式，其私人屋顶面积足以满足集热器的需要；高层住宅或写字楼单屋顶面积尚不能满足集热需要，可以有多种方案选择。

宾馆饭店、大专院校、机关单位、工矿企业、经营性浴室等建筑对热水的需求量比较大，使用太阳能热水系统会大大降低建筑的运行成本。此类公共建筑的生活热水系统使用特点是：用水量大，需要持续供水，可以集中采集、集中供应。

图 2-10 所示的太阳能热水工程通常叫做“太阳能锅炉”。因为其使用领域与传统的燃油、燃气、燃煤等热水锅炉相同，故得此名。除了具备与常规能源锅炉一样的优势，即安全、干净、全自动运行、不占用建筑物内部空间等特点外，其经济性的表现更为突出，一般当年或 2～3 年即可通过减少常规能源支出收回全部投资。

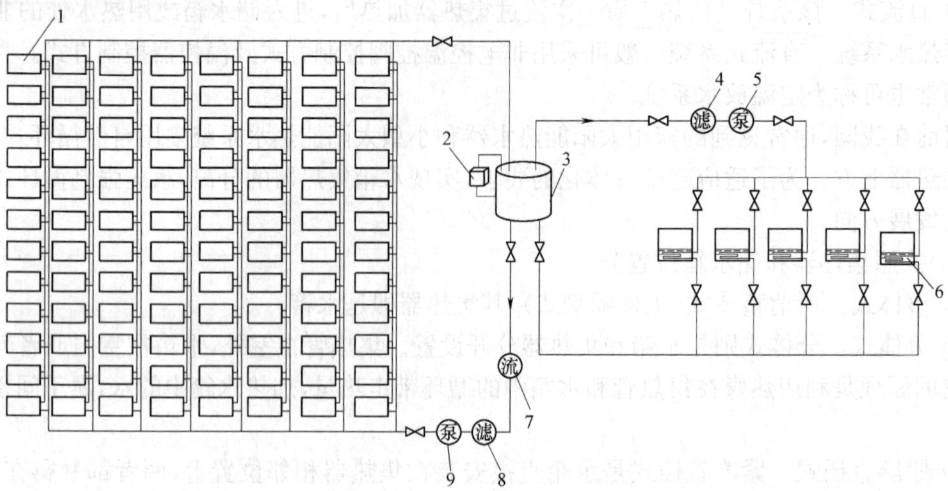

图 2-10　太阳能热水工程示意图

1—集热器　2—膨胀箱　3—换热器　4—过滤阀　5—泵　6—散热器　7—流量计　8—过滤器　9—泵

太阳能热水工程利用太阳能热水器产生的热水量大，既可用于生活热水供应、采暖供应，也可用于洗浴热水供应。它也由集热器、储热水箱、循环水泵、管道、支架、控制系统及相关附件组成。

(1)超大型家用太阳能热水器串并联式　该类型太阳能中央热水系统具有运行简单、操作方便、故障率极低等特点，多适用于平顶房安装且安装空间充足、不便设专职人员看管的医院、学校、宾馆、部队、收费站等单位和集体用热水。运行原理如图 2-11 所示，该系统可根据需要将多台超大型家用太阳能热水器串并联，冷水经水位控制箱进入太阳能热水器内进行加热，然后流入保温水箱进行储存。控制柜可实现对保温水箱的水温、水位显示和自动电加热功能，保持水箱温度恒定。

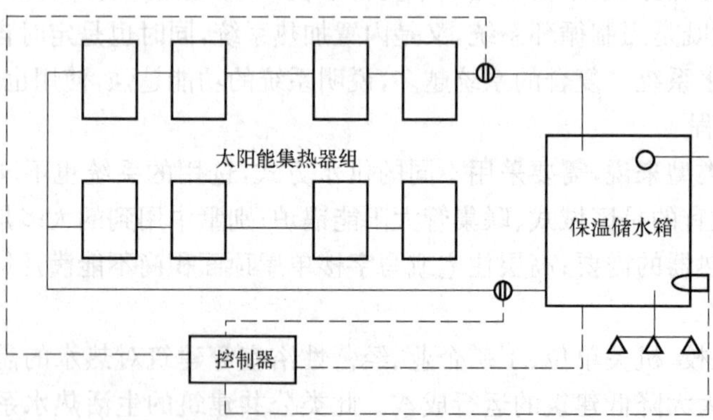

图 2-11　超大型家用太阳能热水器串并联式运行原理

(2)联集管式太阳能集热器单元组合式　该类型太阳能中央热水系统自动化程度高，对安装条件限制小，主要适用于用热水量大、楼顶结构较复杂、安装空间受限的医院、学校、宾馆、部队、住宅小区、收费站等单位和集体使用。运行原理如图 2-12 所示，该系统通过设定集热系统出口温度和保温水箱内温度，可实现循环泵自动启闭，使保温水箱内冷水不断进入太阳能集热器，太阳能集热器内热水被顶入保温水箱，使水箱内水温不断升高。该系统还可与其他辅助能源（电、气、油等）相配接，实现全天候供热水。

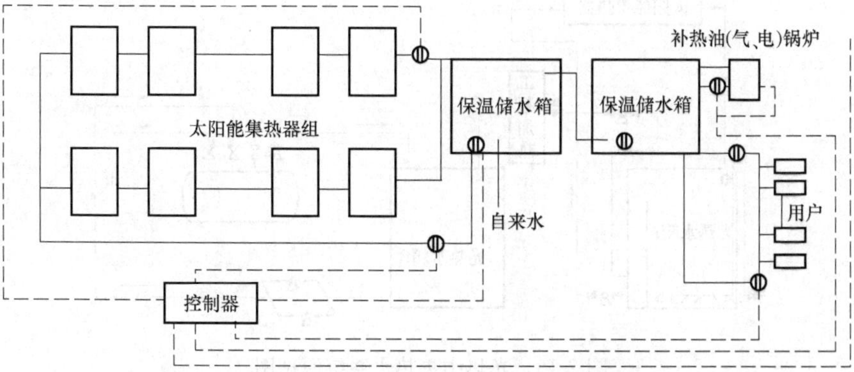

图 2-12　联集管式太阳能集热器单元组合式运行原理

4．太阳能热水器工程应用实例

（1）天普工业园新能源示范建筑　2003 年建成的北京市大兴区天普工业园拥有建筑面积为 8000m^2 的生态建筑。这座示范建筑是一座集公寓住宅、餐饮娱乐、游泳健身、展览会议、办公商务活动等多功能于一体的综合楼，五层框架结构，地下一层，附半地下游泳池。建筑生活热水系统全部由安装在南墙的真空集热器提供，大型太阳能集热器模块与建筑斜屋面一体化。供采暖和制冷空调的热源由采光面积为 1200m^2 的真空管集热器提供，真空管集热器由 U 形管和热管两部分组成，将 32 支真空管半包灌固于硬质聚氨酯泡沫基板中，构成每片 4m 的无边框集热器模块，将近 300 块模块无间隙地附贴在斜屋面上。这一工程安装后已通过两年考验。双端出口的真空管集热器与建筑南墙一体化结合。示范建筑生活热水由镶嵌于南墙上的真空管热水器供应。该热水器由 72 个模块组成，每个模块采用直径 0.102m、长度 3.6m 的 5 支半包灌固于聚氨酯泡沫板内。该热水器的特点是采用双端开口的螺旋直通储热式，不设置水箱，生产热水与储存热水兼于一身，没有机架和边框，又能给建筑立面提供外观装饰美。日产 45℃热水 10t，可满足示范建筑 24h 热水供应。

（2）杭州下沙高教园太阳能热水配套工程　杭州下沙高教园河海光热中央热水系统采用热管—真空管集热模块技术，设计开发了一种低成本、省能源、安全环保、使用方便、功能完善的中央热水系统。学生公寓分为 G、K 两个区，每个区共 25 栋楼，为六层结构，每个宿舍住 4 人，卫生间内设有淋浴龙头，每个区共有学生 13000 人。热水系统分为 G、K 两套独立的系统，由采热系统、加热系统、室外管网、室内管网组成。采热系统安装在食堂和综合楼屋顶，屋顶高度为 22m，采热系统采用 U 形铜管和真空集热管。机房包括 1 个太阳能储水箱，1 个供热水箱，4 台工频感应电锅炉，水泵和 PLC 自控系统。

光热中央热水系统原理图，如图 2-13 所示。太阳能采热循环系统中，当屋面采热管内循环水温度（光热水箱 A 内水温）大于 30℃时，太阳能循环水泵起动，系统开始循环，并逐步将屋面采热管内的热能传至光热水箱 A 内，并储存，实现辐射能的采集；屋面采热管内循环水温度小于 2℃时，循环水泵停止运行。在每日 23:00～7:00、11:00～13:00 低谷电时段内，光热水箱 A 向光热水箱 B 辅助加热过水，工频感应电锅炉按水温控制开启若干台，并通过水量回流调节控制加热器出口水温，直至光热水箱 B 达到设定水位，以供第二天为用户供水。热水供应系统为24h恒温供水，由变频恒压供水系统恒温恒压供水。

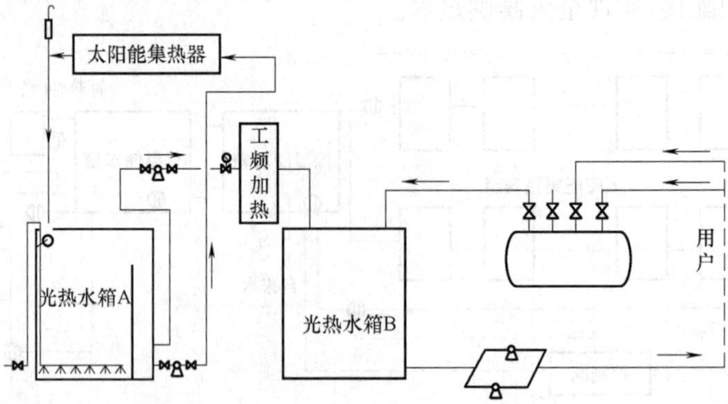

图2-13 光热中央热水系统原理图

三、太阳能热泵系统

由于太阳能受季节和天气影响较大、热流密度低，导致各种形式的太阳能直接热利用系统在应用上都受到一定的限制。随着生活水平的提高，热用户对供热的要求也越来越高，太阳能利用的一些局限性日益显现出来：

1) 在太阳辐照时间少的国家和地区，其应用受到很大限制。

2) 白天集热板板面温度的上升会导致集热效率下降。

3) 在夜间或阴雨天没有足够的太阳辐射时，无法实现24h的连续供热，如采用辅助加热方式，势必又要消耗大量的其他能源。

4) 加热周期较长。

5) 传统的太阳能集热器与建筑不易结合，在一定程度上影响了建筑的整体美观。

6) 常规的太阳能热水器需要在房顶设水箱，在夜间气温较低时，储水箱和集热器向外界散热造成大量的热损失。

为克服太阳能利用中的上述问题，人们不断探索各种新的更高效的能源利用技术，热泵技术在此过程中受到了相当的重视，近年来迅速发展并在建筑冷热源中广泛采用。热泵能够利用少量的高品位热能提升低品位能量(如空气、土壤、水中所含的热能、太阳能、工业废热等)的品质，从而达到节约部分高品位能量的目的，是一种高效的制热装置。

1. 太阳能热泵系统分类

太阳能热泵是一种把太阳能作为低温热源的特殊热泵。在太阳能热泵中，太阳能技术和热泵技术相结合，弥补了两种系统各自的缺点，并以其节能、高效等诸多优点引起了人们的注意。

太阳辐射热量随季节、昼夜、天气情况具有很大的不稳定性；太阳能制冷空调、太阳能采暖和热水系统因热源温度的需要，使得太阳能集热器蒸发温度较高，而这对集热器的集热效率不利。同时蒸气压缩式热泵在实际应用中也遇到了问题，最为突出的就是当冬天大气温度很低时，热泵系统的效率比较低。充分利用太阳能系统中的集热器在低温时集热效率较高，以及热泵系统在其蒸发温度较高时系统效率较高的特性，采用太阳能加热系统作为热泵系统的热源可以有效地实现优势互补，达到节能的目的。

按照太阳能和热泵系统的连接方式，太阳能热泵系统分为串联系统、并联系统和混合连接系统，其中串联系统又可分为传统串联式太阳能热泵系统和直接膨胀式太阳能热泵系统。

(1)串联系统　在传统串联式太阳能热泵系统中，如图 2-14 所示，太阳能集热器和热泵蒸发器是两个独立的部件，它们通过储热器(中间换热器)实现换热，储热器用于存储被太阳能加热的工质(如水或空气)，热泵系统的蒸发器与储热器换热使制冷剂蒸发，通过冷凝将热量传递给热用户。这是最基本的太阳能热泵的连接方式。

直接膨胀式太阳能热泵系统如图 2-15 所示。该系统的太阳能集热器内直接充入制冷剂，太阳能集热器同时作为热泵的蒸发器使用，集热器多采用平板式。最初使用常规的平板型集热器，后来又发展为没有玻璃盖板，但有背部保温层的平板型集热器，甚至还有结构更为简单的，既无玻璃盖板也无保温层的裸板式平板型集热器。目前直接膨胀式太阳能热泵系统因其结构简单、性能良好，日益成为人们研究关注的对象，并已经得到实际的应用。

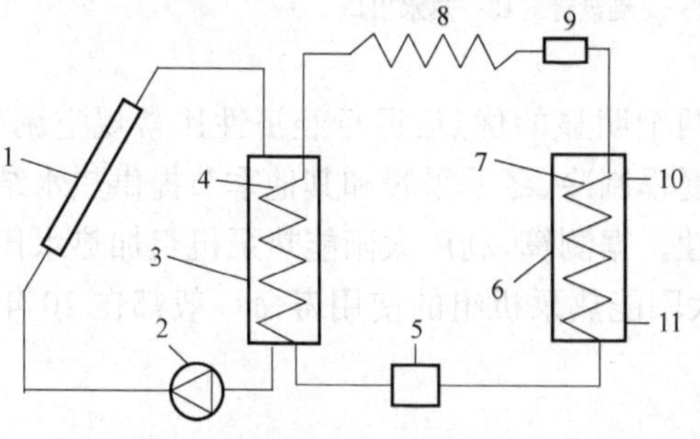

图 2-14　传统串联式太阳能热泵系统

1—平板集热器　2—水泵　3—中间换热器　4—蒸发器
5—压缩机　6—水箱　7—冷凝盘管　8—毛细管
9—干燥过滤器　10—热水出口　11—冷水入口

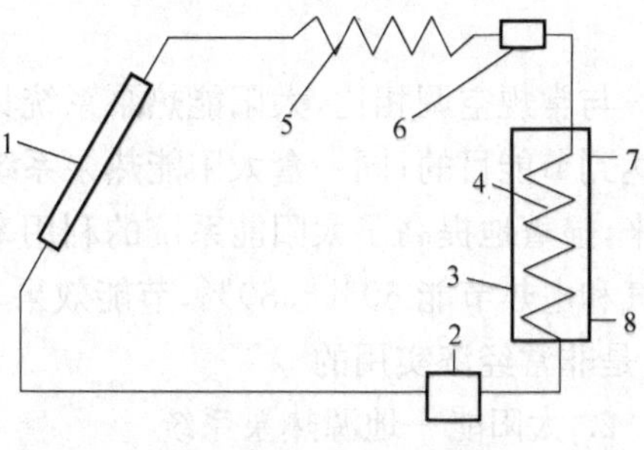

图 2-15　直接膨胀式太阳能热泵系统

1—平板型集热器　2—压缩机　3—水箱　4—冷凝盘管
5—毛细管　6—干燥过滤器　7—热水出口　8—冷水入口

直接膨胀式太阳能热泵系统工作时，工质在太阳能蒸发集热器里吸收热量，定压蒸发为低温低压的蒸气，被压缩机绝热压缩为高温高压气体；高温高压气体在置于冷凝水箱里的冷凝器中定压冷凝，变为高温高压液体；高温高压液体流经膨胀阀绝热节流膨胀，变为低温低压的气液混合物；气液混合物进入蒸发器里定压吸收热源热量，并在往复循环的工作过程中，太阳能热泵不断地将热源的热能传递给冷凝水。

(2)并联系统　并联式太阳能热泵系统如图 2-16 所示。该系统是由传统的太阳能集热器和热泵两个系统共同组成，它们各自独立工作，互为补充。热泵系统的热源一般是周围的空气。当太阳辐射足够强时，只运行太阳能系统，否则，运行热泵系统或两个系统同时工作。

(3)混合式太阳能热泵系统　混合式太阳能热泵系统也叫双热源系统，实际上是串联和并联系统的组合，如图 2-17 所示。该系统设置两个蒸发器，一个以大气为热源，另外一个以太阳能为热源。根据室外具体条件的不同，有三种不同的工作模式：当太阳辐射强度足够大时，不需要开启热泵，直接利用太阳能即可满足要求；当太阳辐射强度很小，以至于水箱中的水温很低时，开启热泵，使其以空气为热源进行工作；当外界条件介于两者之间时，使热泵以水箱中被太阳能加热了的工质为热源进行工作。

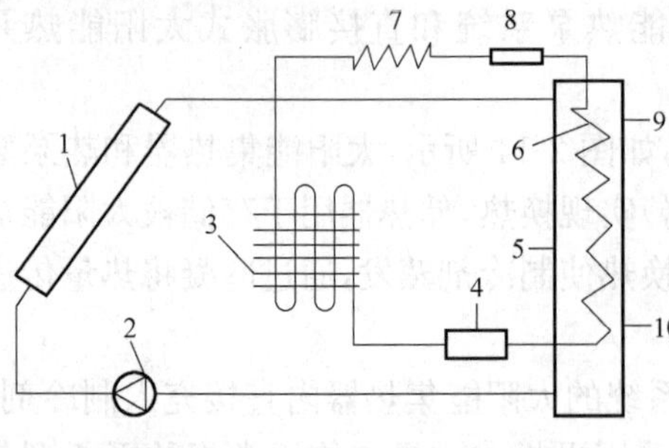

图 2-16　并联式太阳能热泵系统

1—平板型集热器　2—水泵　3—蒸发器　4—压缩机　5—水箱　6—冷凝盘管　7—毛细管　8—干燥过滤器　9—热水出口　10—冷水入口

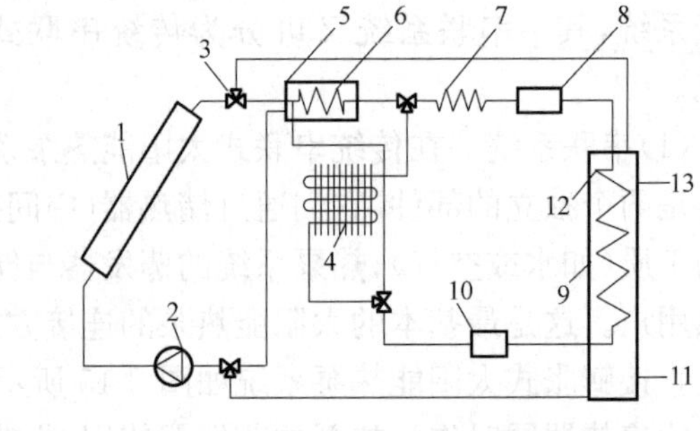

图 2-17　混合式太阳能热泵系统

1—平板型集热器　2—水泵　3—三通阀　4—空气源蒸发器　5—中间换热水箱　6—水或空气源蒸发器　7—毛细管　8—干燥过滤器　9—水箱　10—压缩机　11—冷水入口　12—冷凝盘管　13—热水出口

与常规空调相比，太阳能热泵系统具有以下两个明显的优点：运行经济性比常规空调好，易达到节能目的；同一套太阳能热泵系统可以将夏季制冷、冬季采暖和其他季节提供热水结合起来，显著地提高了太阳能系统的利用率和经济性。据测算，利用太阳能热泵机组加热水比用燃气和电热节能 60%～80%，节能效果非常好，太阳能热泵机组的使用寿命一般都在 10 年以上，是非常经济实用的。

2. 太阳能—地源热泵系统

单独的太阳能热泵系统需要的集热器面积较大，且运行不稳定，若要长期的运行必须靠辅助热源才可以满足。若地源与太阳能结合，既可以克服热泵长期连续从土壤取热（或蓄热），使土壤的温度场长期得不到有效恢复，从而造成土壤温度不断降低（或升高）的局限性，又可以克服太阳辐射受昼夜、季节、纬度和海拔高度等自然条件的限制和阴雨天气等随机因素的影响的局限性。太阳能—地源热泵系统有明显的优点：①采用太阳能集热器辅助热源供热时，机组的蒸发温度提高，使得热泵压缩机的耗电量减少，节省运行费用；②在冬季运行时由于蒸发温度提高，使得用户侧出水或空气出口温度上升，舒适性提高；③对于我国北方主要以热负荷为主的地区，在系统设计时，地源热泵系统可以按照夏季工况进行设计，从而减小了地下换热器的容量，减少了地源热泵地下部分的投资；④由于太阳能的辅助供热作用，可以实现系统向地下排热与取热的平衡，从而使得地下温度场保持稳定的变化，机组运行工况稳定。

（1）太阳能—地源热泵供热空调系统　太阳能—地源热泵供热空调系统是一种使用可再生能源的高效节能、环保型的系统。系统由太阳能集热器、储热水箱、地源换热器、热泵机组及其附属设备组成，系统联合运行原理图如图 2-18 所示。

1）过渡季节空调系统运行流程。在初夏季节，建筑物的冷负荷要求较小，而且经过冬季的储冷可直接将地热换热器的出水作为风机盘管系统的进水，因此可以推迟热泵起动的时间，节省能源。在初冬季节，系统采用太阳能集热器系统进行供暖。

2）夏季空调系统运行流程。热泵经过初夏季节的运行，地热换热器不断将热量排入土壤中，使得地温逐渐升高，不能满足建筑物的冷负荷要求，此时应起动热泵进行制冷循环。在制冷循环中包含三套循环系统：①载冷剂循环，地热换热器中的载冷剂将热泵冷凝器释放出的热量排入土壤，并吸收土壤中冷量回到热泵冷凝器；②制冷剂循环，热泵中的制冷剂将蒸发器中的热量转移到冷凝器中；③水循环，风机盘管系统中的水将吸收室内的热量转移到热泵蒸发器中。地源热泵夏季空调运行方式包括连续运行和间歇运行，夏季制冷时，宜采用间歇运行方式，这样土壤温度场可以得到及时恢复，从而提高热泵的制冷系数。

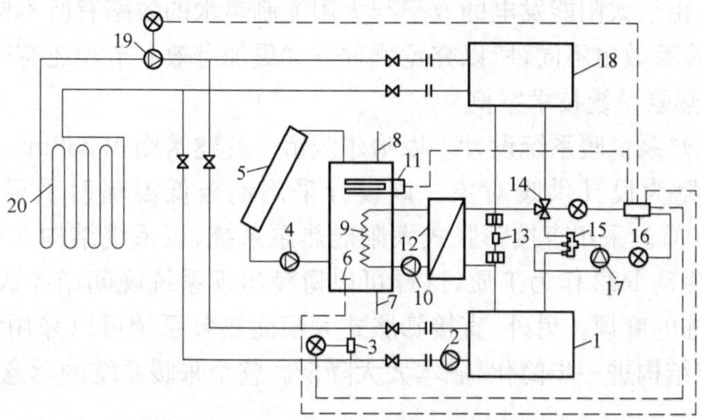

图 2-18　太阳能—地源热泵供热空调系统联合运行原理图

1—蒸发器（冷凝器）　2—冷冻水循环泵　3—风机盘管　4—集热器循环水泵　5—太阳能集热器　6—温度传感器　7—冷水进口　8—热水出口　9—热水储水箱　10—热水循环水泵　11—电加热器　12—换热器　13—节流元件　14—空调优先转换器　15—四通换向阀　16—控制阀　17—压缩机　18—冷凝器（蒸发器）　19—地源水循环水泵　20—地下埋管

3）冬季供暖系统运行流程。冬季建筑物热负荷较大，而此时太阳辐射照度低，集热器的集热量和集热效率降低，使得太阳能提供的能量不能满足建筑物的热负荷要求。可见单独采用太阳能进行供暖存在热量供需不平衡的现象。

（2）太阳能—地源热泵组合空调的类型

1）以太阳能为主制冷型。夏季直接利用太阳能制冷和提供生活用水，并将多余的热量储存于土壤中，冬季从太阳能集热器和土壤中取热供暖并提供生活用水。夏季直接利用太阳能制冷和提供生活用水是指在夏季时主要应用太阳能系统通过太阳能集热器将自来水加热，利用太阳能转换的热能驱动进行制冷，这部分热水主要提供给吸收式或吸附式制冷机来满足负荷要求，机组的制冷系数可达 0.8。这种制冷方式技术要求高，但成本低、无噪声、无污染，现采用的主要是这种方式。夏季太阳辐射强度大，太阳能集热器收集的能量主要用来供空调运行，余热可提供洗浴和生活热水，剩余热量和冷却水含有的热量就通过蓄热井储存在地下，以备冬季使用。夏季阳光不足时，可依靠地源热泵系统从土壤中取冷满足空调的负荷要求。

到了冬季，太阳辐射强度明显达不到要求，此时就可以用地源热泵系统作为太阳能系统的辅助热源从土壤中取出热量。冬季利用太阳能集热器加热热水作为采暖系统热源的一部分为建筑供暖。冬季建筑物热负荷较大，而此时太阳辐射照度低，集热器的集热量和集热效率降低，使得太阳能热泵所能提供的热量不能满足建筑物的热负荷要求，因此单独采用太阳能热泵进行供暖存在着热量供需不平衡的现象。针对这种情况，采用地源热泵与其联合运行，利用土壤的蓄热性能、温度的延迟性及稳定性等特点，来保证热量的供需平衡。

2）以地热为主制冷型。夏季利用太阳能来发电和提供生活用水，剩余热量储存于土壤中，另一方面从土壤中取冷供冷，冬季从土壤中取热供热和提供生活用水。一部分太阳能板用来发电，实现光—电转换，再用电力驱动地源热泵机进行制冷和供热，这种方式原理简单，容易实现，但成本高，青岛海尔集团就生产过这种太阳能冰箱和空调。另一部分太阳能板主要用于提供生活用水并将夏季剩余的热量储存于土壤中冬季使用。

与第1种类型的空调相比较，这种空调好像因没有采用吸收式或吸附式制冷机而节约了一部分初投资，但是由于太阳能发电的效率与太阳能制热水的效率有所不同，热泵机与吸收或吸附式制冷机的制冷系数也不同，所以究竟哪种方式更加有效和节能还有待实践研究。

3. 我国太阳能热泵系统技术案例

(1)别墅太阳能热泵供暖系统设计　以哈尔滨市一套建筑面积 $238m^2$、使用面积 $160m^2$ 的两层节能型私人别墅为设计供暖对象。该设计采用地板低温辐射采暖方式，给水温度为45℃，回水温度为30℃。采用直接膨胀式太阳能热泵系统，该系统结构简单、性能良好，在集热器中直接充入制冷剂 R22 作为工质，这样可以避免出现系统晚间结冰破坏部件的现象，也省去了每天放水防冻的麻烦。另外，直接膨胀式太阳能热泵系统可以采用结构比较简单的平板型集热器，使系统结构进一步简化，成本大大降低。整个采暖系统的示意图如图 2-19 所示。

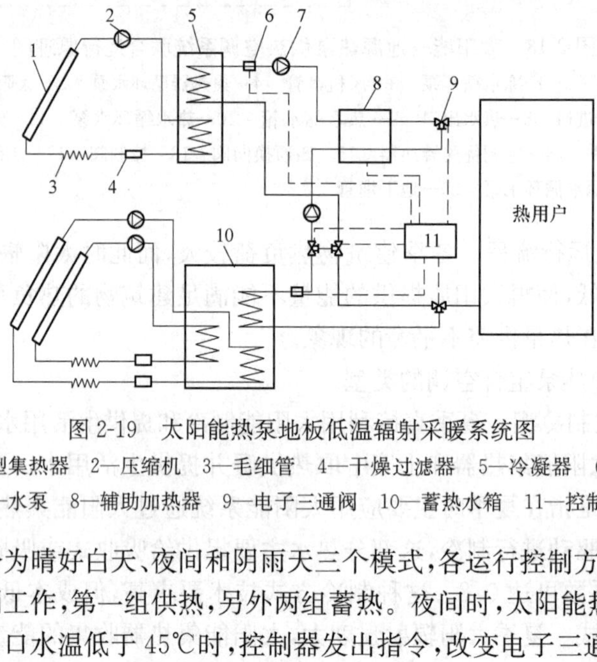

图 2-19　太阳能热泵地板低温辐射采暖系统图

1—平板型集热器　2—压缩机　3—毛细管　4—干燥过滤器　5—冷凝器　6—温度传感器　7—水泵　8—辅助加热器　9—电子三通阀　10—蓄热水箱　11—控制器

该系统的运行分为晴好白天、夜间和阴雨天三个模式，各运行控制方案如下：晴好白天时，三组太阳能热泵共同工作，第一组供热，另外两组蓄热。夜间时，太阳能热泵停止工作，当温度传感器测得冷凝器出口水温低于45℃时，控制器发出指令，改变电子三通阀的流向，系统开始从蓄热水箱取热；当遇到天气变化，导致以上两种供热模式不能满足采暖需要时，可不同程度的使用辅助加热器进行辅助加热，以保证室内采暖需要。阴雨天时，当温度传感器测得冷凝器和蓄热水箱出口水温都低于45℃时，控制器关闭所有水泵，同时改变电子三通阀的流向，采暖系统变为完全由辅助加热器供热。

(2)哈尔滨市某建筑太阳能地源热泵式空调系统　哈尔滨市某建筑采用太阳能地源热泵式空调系统，该建筑物为朝向正南的平顶民房，共有两大两小四个房间，建筑面积约为 $100m^2$，房屋高度为3m。系统中太阳能集热系统主要用于冬季采暖和夏季生活用水加热，地源热泵系统主要用于夏季制冷和冬季采暖。该系统供暖和制冷共用一套装置，末端装置采用风机盘管。冬季供暖循环水温在30～45℃之间，夏季制冷循环水温在15～25℃之间。系统能满足房间冬季供暖温度不低于18℃，夏季制冷温度不高于26℃的要求。太阳能地源热泵式空调系统的运行原理如图 2-20 所示。

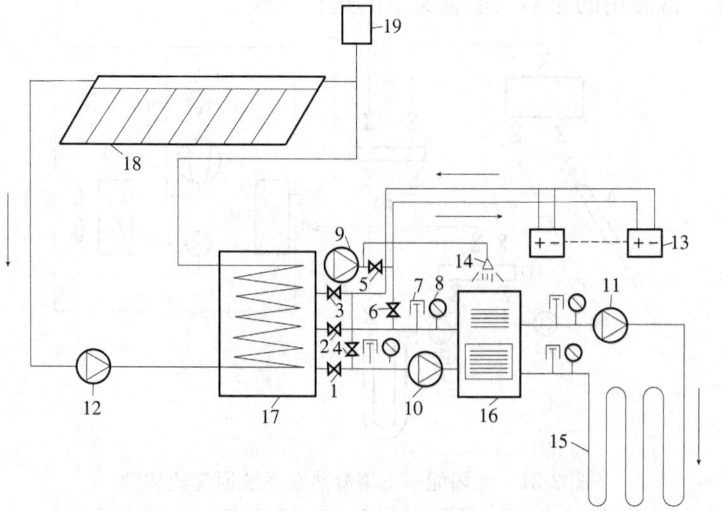

图 2-20 太阳能地源热泵式空调系统的运行原理

1、2、3、4、5、6—阀门 7—温度计 8—流量表 9、10、11、12—循环泵 13—风机盘管 14—淋浴装置 15—埋地换热器 16—地源热泵 17—换热储热水箱 18—太阳能集热器 19—膨胀箱

本系统运行时，太阳能集热器 18 将太阳能被集热循环系统中的液体吸收，通过埋地换热器将热量交换并储存到换热储热水箱 17 中。太阳能部分的换热循环采取温差控制，在太阳能集热器和换热储热水箱中安装感温探头，当太阳能集热器中的液体温度比换热储热水箱中的水温高 10℃时，循环泵 12 开始运行，二者温差下降到 2℃时循环泵 12 停止运行。

冬季供热工况时，将阀门 4 和 6 关闭，埋地换热器 15 与地源热泵 16 的蒸发器相接，换热储热水箱与冷凝器相接，通过制冷剂循环，从地下土壤中吸取热量为室内供热。地源热泵机组和循环泵 10、11 的运行由换热储热水箱中感温探头探测到的温度来决定，当温度低于 30℃时地源热泵机组和循环泵 10、11 开始运行。循环泵 9 的运行由感温探头感测到的室内温度来控制，当室内温度低于 18℃时循环泵 9 开始运行，通过风机盘管 13 将热量释放到房间内；当温度高于 22℃时，循环泵 9 和风机盘管 13 停止运行。

夏季制冷工况时，阀门 4 和 6 打开，将阀门 1、2、3、5 关闭，地源热泵机组切换到逆向循环，蒸发器变为冷凝器，冷凝器变为蒸发器，从而埋地换热器与热泵机组冷凝器相接，室内冷冻水管与蒸发器相接，通过制冷剂循环，不断地将室内热量释放到地下土壤中。此时地源热泵和循环泵 10、11 的运行由感温探头感测到的室内温度来控制，当室内温度高于 26℃时，地源热泵机组和循环泵 10、11 开始运行，通过风机盘管 13 将冷量释放到房间内；当室内温度低于 22℃时，地源热泵机组、循环泵和风机盘管停止运行。在夏季，太阳能集热器采集来的热量主要供应生活用热水。

(3)长江中下游地区太阳能—土壤源热泵系统 长江中下游地区全年温度相差不是很大，所以冬季建筑热负荷相对较小，利用太阳能—土壤源热泵系统进行供暖比较经济有效。

太阳能—土壤源热泵系统主要由太阳能集热器、储热水箱、地下埋管换热器、热泵机组及其附属设备组成，系统原理流程图如图 2-21 所示。该系统包含两层含义，即太阳能和土壤热同时作为热泵的低位热源在运行时间内联合的运行方式，以及太阳能和土壤热分别作为热泵的低位热源在运行周期内联合的运行方式。在第一层含义下，其运行一般出现在早晨和傍晚太阳辐射较弱的时刻，运行工况的确定需考虑土壤源热泵的运行时间及在运行周期内土壤温度场的恢复情况。常使用的是第二层含义下的运行方式。

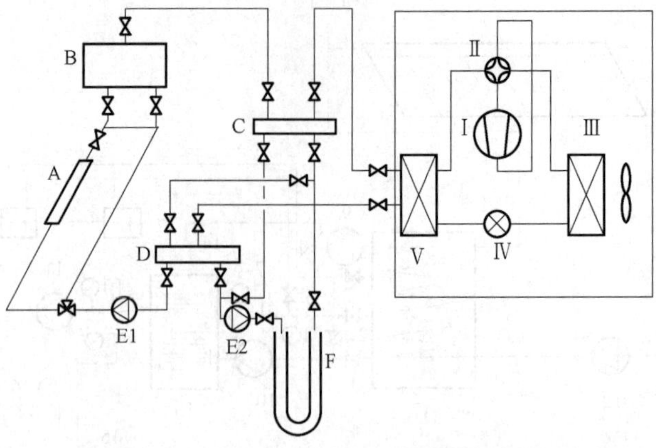

图 2-21 太阳能—土壤源热泵系统原理流程图

Ⅰ—压缩机 Ⅱ—四通换向阀 Ⅲ—冷凝(蒸发)器 Ⅳ—节流阀 Ⅴ—蒸发(冷凝)器

A—太阳能集热器 B—储热水箱 C、D—分(集)水器 E1、E2—循环水泵 F—地下埋管换热器

四、太阳能光热发电

太阳能光热发电技术是指先将太阳能聚集起来,将工质加热到一定的温度,再将热能转换成机械能,带动发电机发电。利用太阳热能发电是一门综合性的高新技术,涉及太阳能利用、储能、新型材料技术、高效汽轮机技术和自动控制系统等问题。按集热器类型不同,太阳能热力发电系统可分为四类,即槽式系统、塔式系统、烟囱式系统和碟式系统。与其他几种发电系统相比较,塔式系统获得的关注最为广泛,所建成的示范电站也最多。

1. 槽式太阳能热力发电系统

槽式太阳能热力发电系统(图 2-22)全称为槽式抛物面反射镜太阳能热力发电系统,是将多个槽式抛物面聚光集热器经过串并联的排列,产生高温,加热工质,产生蒸汽,驱动汽轮机发电机组发电的系统。槽式太阳能热力发电系统具有规模大、寿命长、成本低等特点,非常适合商业并网发电。整个系统包括聚光集热子系统、换热子系统、发电子系统、蓄热子系统和辅助能源子系统。

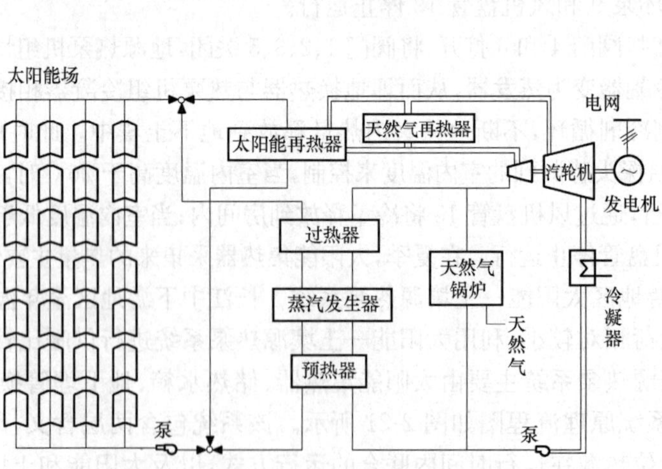

图 2-22 槽式太阳能热力发电系统原理图

聚光集热子系统是槽式太阳能热力发电系统的核心，由聚光镜、接收器和跟踪装置构成。

换热子系统：当系统工质为油时，采用双回路。即接收器中工质油被加热后，进入换热子系统中产生蒸汽，蒸汽进入发电子系统发电。换热子系统一般由预热器、蒸汽发生器、过热器和再热器组成。直接采用水为工质时，可简化此子系统。

发电子系统、蓄热子系统和辅助能源子系统的功能与塔式太阳能热发电基本相同。

槽式太阳能热力发电技术路线的主要特点是采用大量抛物面槽式聚光器收集太阳直射光并将其转换成热能。每个集热器由槽式抛物面聚光镜及位于其焦线的集热元件组成，每只集热元件是一支真空集热管，单个集热器串联成一条集热组合体，有专门的传感器以及计算机控制跟踪系统，传热介质为导热油，它在真空集热管中受热后，通过一组换热器使水变成高温高压蒸汽，去驱动蒸汽轮机发电。由于太阳能是随机的，在工质的回路中增设一个使用常规燃料（通常为天然气）的辅助锅炉，以备急用。槽式太阳能热力发电系统的核心部件是高精度槽式抛物型聚光镜和真空管集热器件。由于金属管壁的温度在400℃以上，故选择性涂层的性能稳定性、真空度的保持及玻璃与金属管的封接等都是工艺上较难的问题。

在20世纪70年代末和80年代初，美国、一些欧洲国家、以色列和日本等都对槽式太阳能热力发电系统作了很多研究开发工作，取得了较大的进展，特别是美国在20世纪90年代初有了9座大型槽式系统投入商业并网运行，总装机容量达354MW。槽式太阳能热力发电系统虽然在美国已取得了大规模商业化运行的经验，但主要问题是当系统集热温度高于400℃后，峰值集热效率急剧下降。温度为500℃时的集热效率比250℃时的集热效率约降低22.5%。由于其几何聚光比低及集热温度不高等条件的制约，槽式太阳能热力发电系统中动力子系统的热转功效率偏低，通常在35%左右。因此，单纯的槽式太阳能热力发电系统在进一步提高热效率、降低发电成本方面的难度较大。

2. 塔式太阳能热力发电系统

（1）系统组成及工作原理　太阳能塔式热力发电（Solar Power Tower，SPT）概念于20世纪70年代就已提出，并于20世纪80年代初开始在美国、意大利、法国、日本等建成示范电站，该系统主要由聚光集热、蓄热、动力及控制等子系统组成，主要设备有定日镜阵列、高塔、受热器、传热流体、换热部件、蓄热器、汽轮机和发电机等组成，属于太阳能、蓄热与发电三大技术的创新性组合应用，系统原理图如图2-23所示。其基本原理是利用太阳能集热系统将太阳热能转换并储存在传热介质（水、熔盐或空气等）中，再用该高温传热介质加热蒸汽至10MPa，500℃以上，驱动常规Rankine循环汽轮发电机组发电。这种发电方式无需常规能源，其动力的供给完全来自集热系统内因太阳辐射所产生的高温传热介质。

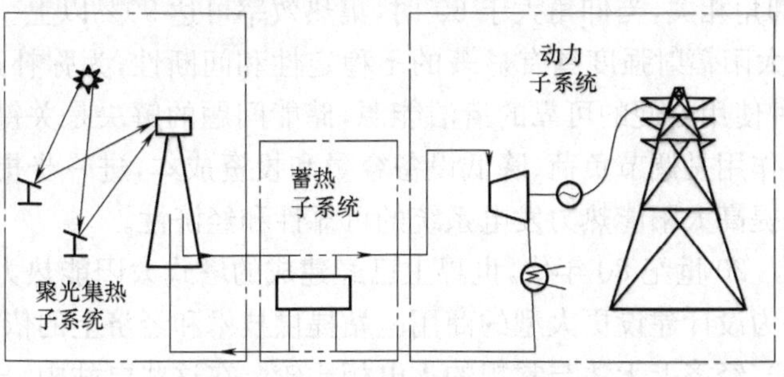

图2-23　塔式太阳能热力发电系统原理图

大型受热器位于一高塔上，定日镜群以高塔为中心，呈圆周状分布，以便将太阳光精确地聚焦到高塔顶部的受热器上，将受热器中的传热介质加热至500℃以上，存入高温储罐。需要时用泵将高温传热介质泵入蒸汽发生器内，与给水进行热交换产生10MPa、500℃以上的蒸汽，最后利用该高温高压蒸汽驱动循环汽轮发电机组发电。汽轮机排汽经冷凝器冷凝后泵回给水系统，供蒸汽发生器重复循环利用。高温传热介质在蒸汽发生器中经热交换后，温度降至250～300℃，被泵入低温储罐储存，需用时，再泵送回高塔上受热器内加热。传热介质沿受热器→高温储罐→蒸汽发生器→低温储罐循环流动，所发生的能量转换过程为：太阳热能（定日镜场）→传热介质热力学能（受热器）→蒸汽动能（蒸汽发生器）→电能（汽轮发电机）。

（2）系统特点　SPT采用成熟的常规能源技术，仅热能供给部分由太阳能取代化石燃料，从而降低了技术难度和投资风险。其他特点还包括：

1）定日镜采用双轴跟踪，将太阳光精确地聚焦到位于高塔顶部的受热器上，聚光倍数高达500以上，易达到较高温度，但跟踪控制系统复杂，代价太高，目前技术条件下，难以实现商业化。

2）能量集中过程是靠定日镜反射太阳光线一次完成，且受热器散热面积相对较小，因而光—热转换效率较高。与其他几种太阳能热力发电系统相比，该系统需要的土地面积小。发电效率除与辐射强度有关外，还随定日镜面积和塔高的增加而提高，为获得较高的效率和经济性，须构建大功率（如100MW）的电站。

3）备有足够大的高温储能系统，延长了发电时间，蓄热系统白天吸热，阴天或夜晚将所储存的热量释放出来加热蒸汽，使电站在夜间能够持续发电，减少了对天气的依赖性，且不需要化石燃料。

4）集热器安装在高塔上，安装、维修、操作等不便，而且输送管路系统复杂，热损失较大。

（3）主要相关设备

1）定日镜。定日镜是一种安装在刚性金属结构上可双轴自动跟踪太阳的聚焦型反射镜，由控制系统根据太阳的位置进行方位和角度的调整，以保证将太阳光精确地汇集到高塔顶部的受热器外表面上，并能自动翻转、收拢，以防大风、尘土、冰雹等对其造成损坏。定日镜围绕高塔按一定规律布置成群，用量及占用面积与发电功率有关，布置方案应以年均太阳热利用最优为目标函数。

2）受热器。受热器（又称太阳锅炉）位于中央高塔顶部，是SPT电站中光—热转换的关键部件，其作用是将定日镜群汇集来的太阳光能转换为热能，加热工作介质至500℃以上。塔高与定日镜反射光仰角相关，当仰角大于60°时，集热效率可达90%以上。

3）蓄热系统。太阳辐射强度具有显著的不稳定性和间断性，为弥补这一不足，使之从辅助能源最终变为一种使用方便的可靠的清洁能源，储能问题的解决是关键的一环。对于太阳能热力发电，储能的作用是调节负荷、降低设备容量和投资成本，进一步提高太阳能资源利用效率和设备利用率，提高太阳能热力发电系统的可靠性和经济性。

（4）存在的问题　20世纪80年代，世界上已经建成的塔式太阳能热力发电系统基本上都是试验电站，目的是为设计建设更大型的商用电站提供技术和经济上的依据，这些电站的建设费用都是相当昂贵的，经济上无法与常规的火电相比较。在这些电站中，日本的仁尾电站和法国的THEMIS电站，由于当地的日照条件较差，系统利用率低，经济效益差，在运行两三年取得一定的试验数据后即停运。美国的 Solar One 是性能发挥得最好的电站，自电站建成后，经过两年的初试和评估期后并入南州电网进行发电。1994 年 10 月，美国完成了 Solar Two 电站的设计，并于 1996 年 4 月投入并网发电。Sofar Two 电站去掉了 Solar One 电站全部水—蒸汽热传输系统（包括吸热器、管路和热交换器）和砂石—导热油的蓄热系统，安装了新的熔融硝酸盐系统（包括吸热器、两个箱式储热系统与蒸汽发生器系统），增添了部分定日镜，并改进了主控系统。Solar Two 系统的成功实施，提高了吸热器出口的蒸汽品位，验证了高温熔融硝酸盐作为热传输介质的可行性，使塔式太阳能热力发电系统的发电效率有了进一步的提高。

塔式太阳能热力发电系统与槽式太阳能热力发电系统相比，其集热温度更高，易生产高参数蒸汽，因此热动装置的效率相应提高。塔式太阳能热力发电系统的主要障碍是，当定日镜场的集热功率增大时，即单塔的太阳能热力发电系统大型化后，定日镜场的集热效率随之降低。目前，Solar One 是较为成功的塔式太阳能热力发电系统，电厂发电量为 10MW，定日镜场的年均集热效率为 58.1%。

3. 碟式太阳能热力发电系统

碟式太阳能热力发电系统也称为盘式系统，主要特征是采用盘状抛物面镜聚光集热器，其结构从外形上看类似于大型抛物面雷达天线，如图 2-24 所示。由于盘状抛物面镜是一种点聚焦集热器，其聚光比可以高达数百到数千，因而可以产生非常高的温度。这种系统可以独立运行，作为无电边远地区的小型电源，一般其功率为 10～25kW，聚光镜直径为 10～15m。碟式太阳能热力发电系统也可以做成较大的系统，即可以将多台装置并联起来，组成小型太阳能热力发电电站，为用户提供电力需求。

图 2-24 碟式太阳能热力发电系统

目前，碟式太阳能热力发电系统规模小，高效的发电技术还不成熟，处于试验阶段，在这三种太阳能热力发电技术的开发中，风险最大且投资成本最高。

碟式、槽式、塔式三种太阳能热力发电系统，又都属于聚光类发电系统，其性能和特点比较列在表 2-4 中。

表 2-4 三种太阳能热力发电系统性能和特点比较

项目	槽式系统	碟式系统	塔式系统
理想电站规模	100MW 以上	100kW（单台）	100MW 以上
目前电站最大规模	80MW	50kW（单台）	10MW
聚光比	10～30	500～6000	500～3000
吸热器	空腔式、真空管式	空腔式	空腔式、外露式
运行温度/℃	200～400	800～1000	500～2000
工质	油/水	水油/甲苯	氦气熔盐/水、空气
跟踪方式	单轴	双轴	双轴
可否蓄能	可以	可以	可以

（续）

项目	槽式系统	碟式系统	塔式系统
可否有辅助能源	可以	可以	可以
可否全天候工作	有限制	可以	有限制
目前最高效率(%)	28	29.4	28
年平均效率(%)	17	—	—
最低发电成本/[美分/(kW·h)]	8	—	—
应用方式	可并网	可独立、可并网	可并网

4. 太阳能烟囱发电系统

(1)发电原理　太阳能烟囱发电系统由太阳能集热棚、太阳能烟囱和风力涡轮发电机组三个基本部分所构成，发电原理如图2-25所示。

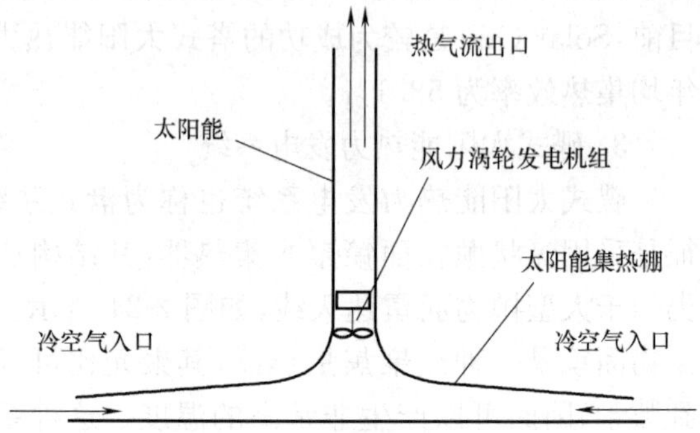

图 2-25　太阳能烟囱发电原理

太阳能集热棚建设在一块太阳辐射强、绝热性能比较好的土地上。集热棚和地面有一定的间隙，集热棚采用透光性能好且隔热的材料制成，用来吸收太阳能量使棚内空气温度升高；集热棚中间离地面一定距离处装着烟囱，在烟囱底部装有热能风力涡轮机；位于集热棚中央的烟囱，高达数百米至上千米，在烟囱的抽吸力和集热棚内热空气压力的联合作用下，烟囱引导集热棚内空气形成强大气流，驱动涡轮机带动发电机发电，并且可以让周围空气进入系统；太阳光照射集热棚，集热棚下面的土地吸收透过覆盖层的太阳能，并加热土地和集热棚覆盖层之间的空气，使集热棚内空气温度升高，密度下降，并沿着烟囱上升，集热棚周围的冷空气进入系统，从而形成空气循环流动。在空气流动过程中，伴随着三个能量转换的过程，首先空气被加热，太阳能转化为空气热力学能；由于空气在烟囱内的上升流动，热力学能转变为动能；当空气流到涡轮机时，气流推动涡轮机转子转动，动能又转化成所需的电能。因此，太阳能热气流发电的热力循环过程本质上是一个热机循环过程。热能风力涡轮机与一般的风力机不同，它是一种带膨胀的热能风力机，桨叶通道呈收缩型，空气经过桨叶压力降低，热能、压力能转化为热能风力涡轮机的机械功。烟囱越高，压差越大，压力能转化就越大。

(2)技术特点　太阳能烟囱发电是实现大规模开发和利用太阳能的一种新的途径，是解决我国能源危机的有效途径之一。同时，《国家中长期科学和技术发展规划纲要》中也把太阳能热力发电技术作为重点研究技术之一。根据太阳能烟囱发电的基本原理，它具有以下基本特点：

1) 设备比其他发电技术简单，而且运行费用低。太阳能烟囱发电系统是集热棚、烟囱、风力涡轮发电机等传统技术的集成。这种电站不像其他太阳能电力系统，它不需要高技术的设备和人才，发电设备简单，维修简便。这种电站不需要燃料，也不需要冷却水，发电的能源直接来自太阳辐射，发电系统的做功工质来自空气，系统运行简便易行，只占用沙漠和戈壁滩等荒芜土地。建造集热棚和烟囱的材料是玻璃、水泥、沙石和钢材等常规材料。因此，电站的建设成本不高,一次性投资与建造同容量水电站相当,不存在侵占耕地、破坏资源及库区移民等问题。一旦电站建成,这种电站将运行很长时间。烟囱本身可用 100 年或更长的时间。由于运动部件很少,所以这种电站的维护费用很低。作为主要运动组件的涡轮将安装在稳定的空气流中,因此比安装在强度和方向具有很大随机性的风力涡轮机所承受的应力小得多,便于维护电站。

2)太阳能来源广泛,更适合于人口稀少的地区。太阳能烟囱发电与传统热力发电相比,不需要冷却水源,适宜于太阳能资源丰富而又缺水的国家和地区,如沙漠。地球上的太阳能资源一般以全年总辐射量和全年日照总时数表示,就全球而言,美国西南部、非洲、澳大利亚、中国西藏、中东等地区的全年总辐射量或日照总时数最大,为世界太阳能资源最丰富的地区。我国具有居世界第二的丰富太阳能资源,辐射量的平均值为 5.19GJ/(m^2·a)。其中,宁夏北部和南部、甘肃北部和中部、新疆南部和东南部、青海西部和东部、西藏西部和东南部、河北北部、山西北部、内蒙古等地区年日照时数大于 3000h,辐射平均值高于6GJ/(m^2·a)。这些西部地区人口稀少,荒漠面积大,适合建造太阳能烟囱式热力电站。

3)良好的环境效应,不污染环境。太阳能烟囱发电技术具有良好的环境效应,电站运行过程中,使用太阳辐射热能为动力源,空气为驱动载体,既不会产生化石能源所带来的 SO_2、NO_x 等污染气体,也不会产生 CO_2、CH_4 等温室效应气体,更没有固体废弃物的排出,对当地生态环境不产生负面影响,还可能利用其温室效应等改善局域环境,社会效益显著。

4)供电连续性好,对天气的依赖性相对较小。太阳能集热器无论是直射辐射还是散射辐射都能充分吸收能量,晴天和多云天气下都能运行;而其余三类太阳能热力发电系统因采用聚焦型集热器,仅能利用太阳直射辐射生产蒸汽来驱动热机发电。同时集热棚地表或棚内装设的特殊蓄热装置(如水箱等)能够起到自然储能作用,在太阳充足时吸收大量热量,在阴天或夜间仍会不断释放热量对空气加热,使系统能够持续发电,减少了对天气的依赖性。

5)效率较低。与其他太阳能热力发电相比,太阳能烟囱发电因未采用太阳能聚光器,太阳能至电能的转换效率低,须达到 100MW 级规模才能产生较佳的经济效益,需要更大面积的土地。发电效率除与当地太阳能辐射强度有关外,还随集热棚面积和烟囱高度的增加而提高,为获得较高的效率和经济性,须修建大规模的电站。

太阳能烟囱发电技术自从 1978 年在西班牙建设的第一座示范工程以来,至今仍没有建成大规模的太阳能发电站,主要因为该技术还存在以下缺点:

① 集热棚的透明材料,很容易被尘土盖上,不易清洗,使透明材料的热交换效率下降。

② 在大风下,透明材料易被破坏。

③ 超高烟囱的防风防震等的安全问题也值得进一步探讨,目前世界上最高的人工建筑物是加拿大的多伦多电视塔,高 550m。

④ 与普通的风力机相比,大结构的太阳能烟囱内的涡轮发电机在经济上是不合算的。

(3)技术应用 德国斯图加特大学的 Schiaich 教授提出太阳能烟囱发电这一构想后,世界上第一座太阳能烟囱实验性电站就是在 Schiaich 教授及其助手设计的基础上,在德国国家研究所(BMFT)与西班牙公共电力公司的资助下,投资 1400 万马克,1982 年在西班牙马德里南部 150km 处的 Manzanares 附近的 Lancha 沙漠地区建造的。该实验性电站的烟囱高 195m,直径 10m,与烟囱相连的集热棚直径 240m,其边缘处与地面间隙约 2m,中间处距地面 8m。基于试验目的,该电站安装了 144 个传感器,以测试自然气象条件下各部件对涡轮发电机输出功率和电站效率的影响。白天涡轮机转速为1500r/min,产生100kW的电量。晚上集热棚下的地面把白天吸收的热释放出来,从而产生流动气流推动涡轮机以1000r/min的速度运行,发电量为40kW。该电站自1982年建成投运,至1989年停运,共运行了7年,结果表明:发电成本可控制在0.11马克/kW,可靠率超过95%。据报道,还要再建立一个烟囱高达900m、最大输出电量可达1000MW的电站。

自从西班牙建成了第一座太阳能烟囱示范发电站后,美国、日本、德国、南非等国的专家对太阳能烟囱发电站表现出浓厚兴趣。从20世纪80年代开始一直到21世纪初,美国、德国、西班牙、印度、澳大利亚、埃及、摩洛哥和南非等一些国家对太阳能烟囱发电及相关技术开展了一系列研究。美国先后建立了多个不同形式的太阳能热气流发电模型电站,开展了一系列基础性研究。1983年,美国科学家Krisst在康涅狄格州首府哈特福德市建成了一座烟囱高度为10m、集热棚直径为6m、输出功率为10W的庭院式太阳能烟囱发电装置。

澳大利亚和美国合作,准备在澳大利亚的新南威尔士州建筑一座200万kW的太阳能烟囱发电站。烟囱设计高度为1000m,直径为130m,底部厚度为1m,顶部厚度为0.25m。集热棚直径为7000m,占地达$38\times10^3m^2$。日间可发电20万kW,夜间可发电8万kW,年发电量预计为7亿kW·h。投资预算为6亿~7亿澳元。

五、太阳能制冷

利用可再生能源和其他余热可有效缓解世界范围内的能源紧张和环境污染问题。太阳能是一种清洁、可再生能源,长期以来一直受到科技界的重视。利用太阳能制冷与空气调节是太阳能应用的一个重要方面,是一个极具发展前景的领域,也是当今制冷界技术研究的热点。时至今日,制冷研究者已在太阳能制冷这一领域进行了大量的研究工作,提出了各种不同的制冷方法并取得了初步进展。实现太阳能制冷有两条途径:一是太阳能光电转换,以电制冷,如光电制冷、热电制冷;二是光热转换,以热制冷,如吸收式制冷、喷射式制冷、吸附式制冷。光电转换的制冷方法由于成本较高,所以虽研究较多,但实际推广应用较少,而以热制冷方法备受青睐。以热制冷的方向有三个,分别是太阳能吸收式制冷、太阳能喷射式制冷和太阳能吸附式制冷。

太阳能制冷之所以能成为制冷技术研究的热点,是因为它具有自己独特的优点。首先是节能,国际上用于民用空调所耗电能占民用总电耗的50%,而太阳能是取之不尽,用之不竭的,太阳能制冷用于空调,将大大减小电力消耗,节约能源;其次是环保,根据《蒙特利尔议定书》,目前压缩式制冷机主要使用的CFC类工质因为对大气臭氧层有破坏作用应停止使用,太阳能制冷一般采用非氟烃类的物质作为制冷剂,臭氧层破坏系数和温室效应系数均为零,适合当前环保要求,同时减少燃烧化石能源发电带来的环境污染。

太阳能制冷系统主要包括吸收式、吸附式、喷射式、除湿式以及各种混合式系统等。

1. 太阳能吸收式制冷原理及其特点

吸收式制冷是利用溶液浓度的变化来获取冷量的,即制冷剂在一定压力下蒸发吸热,再利用吸收剂吸收制冷剂蒸气。太阳能吸收式制冷系统简图如图2-26所示。自蒸发器出来的低压蒸汽进入吸收器并被吸收剂强烈吸收,吸收过程中放出的热量被冷却水带走,形成的浓溶液由泵送入发生器中被热源加热后蒸发产生高压蒸汽进入冷凝器冷却,而稀溶液减压回流到吸收器完成一个循环。它相当于用吸收器和发生器代替压缩机,消耗的是热能。热源可以利用太阳能、低压蒸汽、热水、燃气等多种形式。

吸收式制冷系统的特点与所使用的制冷剂有关,常用于吸收式制冷机中的制冷剂大致可分为水系、氨系、乙醇系和氟利昂系四个大类。吸收式空调采用溴化锂或氨水制冷机方案，虽然技术相对成熟，但系统成本比压缩式高，主要用于大型空调，如中央空调等。

太阳能吸收式制冷系统由于利用太阳能，所以其发生温度低，即便采用特殊的集热器，也只有100℃多一些。因此，其制冷循环方式都是采用单效方式。再细分下去，有单效单级和单效双级两种。迄今为止，国外的太阳能空调制冷系统通常都采用热水型单级吸收式溴化锂制冷机。该类制冷机在热源温度足够高及冷却水温度比较低的场合，性能良好；若热源温度较低而冷却水温度较高，它的效率将大大下降，甚至不能正常制冷。因此，国外太阳能空调制冷系统普遍采用高温运行的方式，有的甚至在120～130℃下运行，需要采用聚光式集热器，这就影响了太阳能制冷空调的推广使用。单级吸收式制冷机还有一个很大的缺点，就是热源的可利用温差小，一般只有6～8℃。

这种系统最常规的配置是：采用平板或热管型真空管集热器来收集太阳能，用来驱动单效、双效或双级吸收式制冷机，工质主要采用溴化锂—水，当太阳能不足时可采用燃油或燃煤锅炉来进行辅助加热。系统主要构成与普通的吸收式制冷系统基本相同（图2-26），唯一的区别就是在发生器处的热源是太阳能而不是通常的锅炉加热产生的高温蒸汽、热水或高温废气等热源。该系统的工作原理是利用太阳能集热器采集热量加热热水，再以热水加热发生器中的溶液产生制冷剂蒸汽，制冷剂经过冷却、冷凝和节流降压在蒸发器中由液体汽化吸热实现制冷，之后制冷剂蒸汽被吸收器中的吸收溶液吸收，吸收完成后再由泵加压将含有制冷剂的溶液送入发生器进行加热蒸发，完成一个制冷循环。

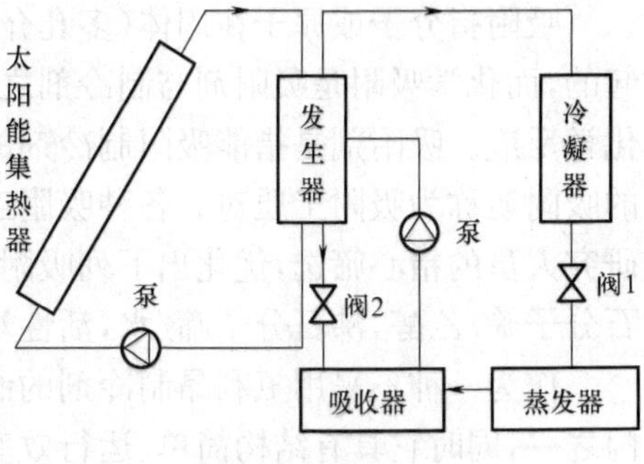

图2-26　太阳能吸收式制冷系统

吸收式制冷是出现最早的制冷方法，技术相对成熟。目前，太阳能溴化锂吸收式制冷机已广泛地应用在大型空调领域。例如，我国首座大型太阳能空调系统，制冷能力可达100kW，冷源水温度在6～9℃，热源水温在60～75℃，能很正常地制冷，COP初步预算大于0.4，可以满足面积超过600m² 的办公和会议室的空调需求。对于吸收式太阳能空调系统，虽然其与常规空调比，具有季节性适应好，利于环保，同一套系统可实现夏季制冷、冬季采暖和全年热水供应，因而大大提高了系统的利用率和经济性等优点。但其成本较高，且目前应用的产品大都是大型的制冷机，只适用于单位的中央空调。为了使溴化锂—水吸收式制冷系统得到更为广泛的应用，向广阔的家用空调领域发展，必须积极研究开发各种小型的高效低成本的制冷机，使系统实现空冷化和小型化。

2. 太阳能吸附式制冷原理及其特点

太阳能吸附式制冷系统的制冷原理是利用吸附床中的固体吸附剂（如活性炭）对制冷剂（如甲醇）的周期性吸附、解吸附过程实现制冷循环。太阳能吸附式制冷系统主要由太阳能吸附集热器、冷凝器、蒸发储液器、风机盘管、冷媒水泵等部分组成，如图2-27所示。太阳能固体吸附制冷的工作原理是：利用一

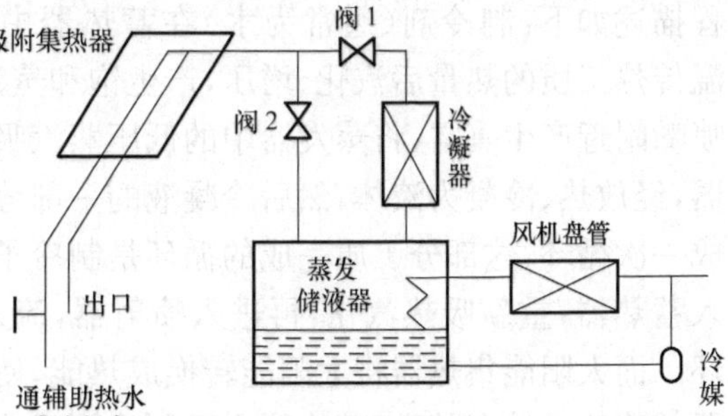

图2-27　太阳能吸附式制冷系统

定的固体吸附剂(如沸石、活性炭等)对某些工质(如水、氨、甲醛等)气体的吸附能力随温度不同而不同的特点,加热吸附剂时析出制冷剂气体,并使之凝为液体,而在冷却吸附剂时,制冷剂蒸发,产生制冷作用。白天太阳辐照充足时,太阳能吸附集热器吸收太阳能后,吸附床温度升高,使制冷剂从吸附剂中解吸,太阳能吸附集热器内压力升高。解吸出来的制冷剂进入冷凝器,经冷却介质冷却后凝结为液态,进入蒸发储液器,这个过程称为受热解吸过程。这样,太阳能就转化为吸附势能储备起来。夜间或太阳辐照不足时,环境温度低,太阳能吸附集热器通过自然冷却后,吸附床的温度下降,吸附剂开始吸附制冷剂,产生制冷效果,这个过程称为吸附制冷过程。冷量一部分以冷媒水的形式从风机盘管输出,另一部分储存在蒸发储液器中。

当吸附集热只有一个吸附床时,系统为间歇型制冷系统;当采用两个吸附床时,系统为连续型制冷系统。按照被吸附剂与制冷剂之间吸附力的不同,吸附可分为物理吸附和化学吸附。

吸附指分子或原子在固体(多孔介质)表面的吸着浓缩。物理吸附是分子间范德华力所引起的,而化学吸附是吸附剂与制冷剂之间通过化学键起作用的结果,吸附与解吸过程都伴随有化学反应。吸附剂是指能吸附制冷剂的固体多孔介质,吸附质即制冷剂。吸附剂和其能吸附的吸附质称为吸附工质对。各种吸附工质对工作性能和应用范围各不相同,各具优缺点。经研究人员的精心筛选,优化出下列吸附工质对:硅胶/水,沸石分子筛/氨,沸石分子筛/甲醇,沸石分子筛/乙醇,沸石分子筛/水,活性炭/氨,活性炭/甲醇,活性炭/乙醇,等等。

作为一种不采用氟利昂制冷剂的制冷技术,太阳能固体吸附式制冷成为制冷界研究的热门之一,同时它具有结构简单、运行效率高、不消耗常规能源(如煤、电和化石燃料等),而且噪声小、寿命长、安全性好、无须考虑腐蚀问题等优点。许多先进的太阳能固体吸附式制冷循环(如连续回热循环、热波循环和对流热波循环等)具有良好的特性。太阳能固体吸附式制冷技术存在热导率低、传热效果差、解析周期长、单位质量吸附剂制冷功率小、设备庞大、系统热量利用率不高、性能系数低以及难以长期保证系统的高真空度等缺点。

3. 太阳能喷射式制冷原理及其特点

太阳能喷射式制冷系统的原理如图 2-28 所示,制冷系统主要由太阳能集热器和蒸汽喷射式制冷机两大部分组成,太阳能集热器循环由太阳能集热器、锅炉、储热水槽等几部分组成,蒸汽喷射式制冷机循环由喷射器、冷凝器、蒸发器、泵等几部分组成。整个制冷循环基本上由三个子循环组成,即制冷子循环、动力子循环和太阳能转换子循环。具体工作过程描述如下:制冷剂(通常为水)在蓄热器中吸收高温传热工质的热量后汽化、增压,产生饱和蒸汽,蒸汽进入喷射器,经过喷嘴高速喷出膨胀,在喷嘴附近产生真空,将蒸发器中的低压蒸汽吸入喷射器,经过喷射器出来的混合气体进入冷凝器,经放热、冷凝为液体,然后冷凝液的一部分通过节流阀进入蒸发器吸收热量后汽化制冷,完成一次循环,这部分工质完成的循环是制冷子循环。冷凝液的另一部分通过循环泵升压后进入蓄热器,重新吸热汽化,再进入喷射器,流入冷凝器冷凝后变为液体,该子循环称为动力循环。而太阳能集热器将太阳能转换成热能,使集热器内传热工质吸热汽化,传热工质流经蓄热器并将热量储存其中,蓄热器中因制冷剂吸热而被冷却的传热工质通过循环泵重新回到集热器吸收太阳能热量,此为太阳能转换子循环。整个系统中,循环泵是唯一的运动部件,系统设

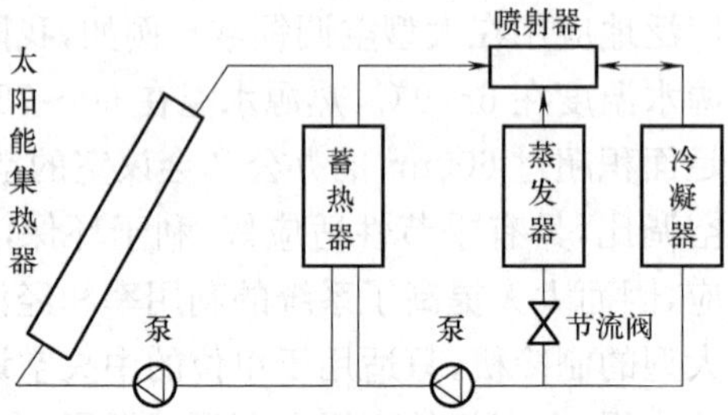

图 2-28 太阳能喷射式制冷系统

置比吸收式制冷系统简单，且具有运行稳定、可靠性较高等优点。其缺点是性能系数较低。

4. 太阳能液体除湿空调系统

太阳能液体除湿空调系统通常采用除湿塔作为除湿部件，利用再生器对除湿溶液进行浓缩，即除湿剂的再生。其原理如图 2-29 所示。在太阳能液体除湿空调系统中，环境空气进入除湿器 7 与除湿溶液相接触，由于存在水蒸气分压差，而将空气中的部分水分除去；对干燥后的空气经气体换热器 8 冷却，再进入绝热加湿器 9，控制适宜的温度和湿度，从而达到空气调节的目的。另外，浓溶液自储液箱 3 经换热器 4 由浓溶液泵 6 打入除湿器中，在除湿器中浓溶液由于吸收了空气中的水分而变稀，同时除湿过程中释放出的汽化热使除湿溶液的温度有所升高。稀除湿溶液在失去除湿能力后被稀溶液泵输送至太阳能再生器 1 中，在太阳能的作用下除去部分水分而成为浓除湿溶液从而完成一个循环。太阳能液体除湿空调系统能直接吸收空气中的水蒸气，可避免压缩式空调系统为了降低空气的湿度，首先必须将空气降温到露点以下，然后对空气再热处理，从而造成系统效率的降低。其次，系统用水做工作流体，消除了对环境的破坏，且以太阳能作为主要能源，耗电量少。该系统还可以单独控制处理空气的温度和湿度，能满足多用途的需要。如有足够的再生面积，它还可以储备浓溶液，以备夜间使用，能改善太阳能利用所受的限制。

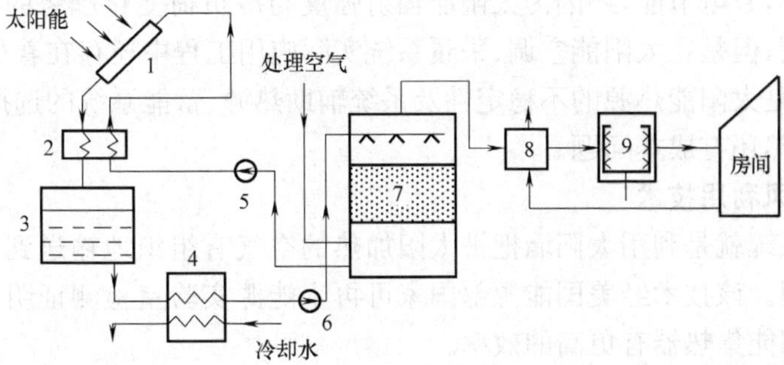

图 2-29 太阳能液体除湿系统

1—太阳能再生器 2—热交换器 3—浓溶液储液箱 4—换热器 5—稀溶液泵 6—浓溶液泵 7—除湿器 8—气体换热器 9—绝热加湿器

目前可用来进行液体除湿的常用工质，见表 2-5。

表 2-5 太阳能液体除湿空调常用工质

无机工质	有机工质
LiCl，LiBr	LiBr
LiBr+LiSCN，LiBr+$ZnBr_2$	LiBr+LiI+$C_2H_6O_2$
LiBr+$CaCl_2$，LiBr+$ZnCl_2$	
LiBr+LiI+LiCl+$LiNO_3$	
LiCl+$CaCl_2$+$Zn(NO_3)_2$	

其中，在溴化锂溶液中加入各种有机或无机物质是为了改善其特性，比如提高溴化锂的溶解度，减少溴化锂对金属材料的腐蚀作用等。

一般来说，太阳能液体除湿空调从大的运行方式上可分为两类，即闭式循环系统和开式循环系统。在闭式循环系统中，太阳能部分只将溶液加热，浓缩溶液则在后续的装置中进行。在开式循环系统中，加热与浓缩同时在太阳能装置中进行，具有装置简单、运行成本低等优点。特别在环境温度高及环境空气相对湿度低的晴好天气下，开式循环系统更具优势。

溶液除湿蒸发冷却空调系统跟吸收式制冷系统一样，都是利用溶液浓度的变化来制取冷量，但相对于吸收式制冷方式，溶液除湿蒸发冷却空调系统有着显著的优势：①需要的驱动热源温度低，一般 55～75℃均能满足系统运行要求，能有效地利用如太阳能、工业余热、废气余热等低品位热源；②空调系统所有装置设备均在大气压环境下运行，无真空密封要求；③系统主要部件少，结构简单；④系统风量大，温湿度容易控制调节，新风量大，空气品质好。

第五节　太阳能其他利用技术

一、太阳能空调利用技术

很早以前，人们就开始了太阳能的利用研究，其中研究最早最广泛的是太阳能热水器或采暖。但若要满足建筑的空调需求，必须再安装夏季所需的空调设备，将太阳能采暖、空调和生活热水功能合三为一，这样整个系统既可以空气调节，又可以供热，其优点是清洁无污染，减少了对大气层的破坏，省电节能，还因为太阳能辐射强度与冷负荷变化趋势的一致性，大大降低了设备的投资费用；但是在太阳能空调、采暖系统实际应用工程中还存在着很多难以克服的困难，最突出的问题是太阳能热源的不稳定性及系统辅助热源、蓄能系统的选择以及整个系统的安全控制问题，当然还有成本问题。

二、太阳能通风利用技术

太阳能通风系统就是利用太阳墙把被太阳加热的空气有组织地输送到室内，起到通风和输送新风双重作用。该技术经美国能源部国家可再生能源实验室检测证明，太阳墙加热系统比传统的玻璃太阳能集热器有更高的效率。

太阳墙是一种与建筑结构融为一体的新型太阳能集热系统，能够做到高效采暖、有效通风，同时很好地解决了太阳能建筑设计一体化的问题，实现了技术与艺术的有机结合。

太阳能通风系统工作原理：太阳能通风系统包括太阳能集热组件、通风系统、空气处理和控制元件三部分。太阳能集热组件主要是金属的太阳能穿孔集热板。经过集热板加热后的空气通过风扇和风管输送到室内。集热板上的辅助构件主要有集热板的固定、支撑骨架和集热板上部、下部的防雨雪盖板等，通风系统包括保持一定风速的进风口风扇和风扇前后用来输送和分配热空气的风管以及通风系统中常用的节气阀。空气处理和控制元件主要包括机械定时器和温度感应器。铝材或镀锌钢板材料的穿孔集热板用来收集太阳能，加热进入空腔的空气。风扇单元通过风扇动力使空气进入空腔后上升，从屋顶部位的进风口风扇进入建筑。空腔中由于风扇的作用为负压区，风扇入口处为正压区。风扇后部风管的作用是将加热后的新鲜空气分配到室内各个部分。系统节气阀有夏季节气阀、室内循环空气节气阀和普通节气阀几种。在系统运行时，温度感应器的功能是控制节气阀和辅助加热设备的工作，当系统不需要工作时，温度感应器的功能是在外界空气温度达到预先设定的温度后，停止系统的工作。

太阳墙系统的工作原理简单，其独特之处就在于使用了金属穿孔集热板来收集太阳能，不像以供热为目的的太阳能集热板中普遍应用的玻璃盖板。深色太阳能集热板上的小孔把室外空气吸进室内，并且在这个过程中加热空气，空气通过太阳能集热板和建筑墙体中间的空腔上升，经过风扇后再通过分配热量的风管进入室内的各个部分。该系统具有很高的太阳能收集效率，这是因为穿孔集热板的温度仅仅比室外气温高几摄氏度，即集热板的外界辐射和对流热损失很小，因此大部分的太阳辐射都能被利用。

三、太阳能建筑一体化

建筑作为人类日常生活必需的物质载体，每年消耗着大量的能源，占一个国家总能耗的30%～40%，因此建筑节能和在建筑中使用太阳能是关系到一个国家和社会的可持续发展的重大问题。人类在建筑中利用太阳能经历了一个认识和技术发展的过程，在建筑中的太阳能利用技术主要包括太阳能热利用技术、太阳能发电技术和太阳能空调技术。目前，太阳能与建筑的一体化结合已经成为发展趋势，通过与建筑同步设计、同步施工，使太阳能利用系统完美地融入建筑，做到美观性和功能性统一，实现建筑节能。太阳能与建筑一体化结合，具有很多优势和重要意义。

1）太阳能与建筑一体化结合，能有效地减少建筑对常规能源的消耗，实现建筑节能，同时又使绿色能源技术与现代建筑有机地融为一体，而不会破坏建筑景观和城市景观。

2）太阳能与建筑一体化结合，安装在建筑屋顶或南立面上，不需要额外占地，节省了大量的土地资源。

3）太阳能与建筑一体化结合，就地安装、就地发电上网和供应热水，不需要另外架设输电线路和热水管道，节省了大量的经费。

4）太阳能产品没有任何噪声，没有污染物排放，不消耗常规的化石燃料，是清洁的绿色能源，公众易于接受。

思考题与习题

2-1 影响太阳电池效率的主要因素有哪些？

2-2 简述太阳能光电转换的原理、类型、技术现状和发展趋势。

2-3 分析平板型集热器和聚光型集热器的热量平衡。

2-4 简述玻璃真空管集热器和热管真空集热器的工作原理。

2-5 太阳能热水器按辅助热源设备位置的不同可分为哪两类？各有哪些优点？

2-6 自然循环式太阳能热水器有哪些缺点？

2-7 简述太阳墙的工作原理。

2-8 简述太阳能制冷系统的种类。

2-9 简述太阳能固体吸附制冷的工作原理。

2-10 太阳能—土壤源热泵系统由哪些部分组成？

第三章 风 能

第一节 风能概述

风能是流动的空气所具有的能量。风是由太阳辐射热引起，太阳照射到地球表面，地球表面各处受热不同，产生温差，从而产生气压差，引起大气的对流运动形成风。据估计，到达地球的太阳能中虽然只有大约2%转化为风能，但全球的风能约为2.74×10^9MW，其中可利用的风能为2×10^7MW，比地球上可开发利用的水能总量还要大10倍。风能在20世纪70年代中叶以后日益受到重视，其开发利用也呈现出不断升温的势头，有望成为21世纪大规模开发的一种可再生清洁能源。

一、风能利用的发展过程

人类利用风能的历史可以追溯到公元前。埃及人被认为是最先实际利用风能的，约在公元前2800年，他们就开始用风帆来协助奴隶们划桨，后来又使用风帆来协助役畜做诸如磨谷和提水等工作。公元前2世纪，古波斯人就利用垂直轴风车碾米。公元10世纪，人们用风车提水，11世纪风车在中东已获得广泛的应用。欧洲的第一台风力机出现在公元1100年左右，当时用于磨面和抽水。1887年到1888年间，美国人Charles F. Brush建造了第一台风力机，当时可为12组电池、350盏白炽灯、2盏碳棒弧光灯和三个发动机提供电力。到了19世纪末，Poul la Cour建造了几个试验风力机，并对风洞进行了研究。Poul la Cour的试验风力机至今仍保留在丹麦的Askov。在20世纪的前50年间，风力机不断面临着来自燃煤发电厂和国家电网的竞争压力。然而，第二次世界大战期间由于燃煤和石油的缺少使人们对风电的需求又开始增长。1957年，Johannes Juul建造了Geder风力机，该风力机已初具现代风力机的雏形。Gedser风力机由一个发电机和三个旋转叶片组成。1979年，维斯塔斯(Vestas)为其客户交付了第一批风力机，并开始致力于可再生能源领域的投资。2004年初，维斯塔斯与NEG Micon合并，成为风电行业的全球领导者。

我国是世界上最早利用风能的国家之一。公元前数世纪我国人民就利用风力提水、灌溉、磨面、舂米和用风帆推动船舶前进。宋朝是我国应用风车的全盛时代，当时流行的垂直轴风车一直沿用至今。近几年来我国的风能开发利用有了更大的发展。据报道，截至2010年年底，我国风电机组累计装机容量达44733.29MW，成为世界风电装机第一大国。我国现代风力机械的兴起和发展大体经历了以下五个阶段：

第一阶段：老式风车应用阶段(1949～1959年)

这一时期各地群众在20世纪50年代末期兴起的农具技术革新热潮中，为了摆脱原始的劳动方式和改善生活条件而研制了许多类型的风力机，主要用于发电或提水。与此同时，古老而具有中国特色的立轴风力机——“走马灯”式风车在江苏、吉林等省也仍然在使用。1959年，仅江苏省在运行的风力提水机组约有20余万台，这些机组都是农民自制的木结构布篷传统简易风车，主要用于提水制盐、农田灌溉。后来由于我国能源结构的变化和技术等方面的原因，这一时期的风力机无一保留到今天，但技术人员对风力机的风轮形式以及控制方式做的大量理论探索和实践，对后来风力机械的研究起到了一定的借鉴作用。

第二阶段：现代风力机械起步阶段(1960～1977年)

在这一阶段，农业机械部组织有关科研单位重点探讨我国牧区及沿海地区风力资源状况、需求及科研重点，并投入资金进行产品开发。根据当时牧区的需要，有关单位研制了30W、100W及1kW、2kW、10kW、12kW、18kW、30kW风力发电机组和6m、7m、8m直径的风力提水机组。其中30W、100W、2kW风力发电机组，投入了小批量生产，满足了牧民的需求，受到牧民的欢迎。在这一阶段，研究单位与生产企业合作从自行设计到仿制国外机组，研制成功几种离网型风力发电机组和风力提水机组，为以后我国风力机械的研制工作积累了丰富的经验。

第三阶段：科研攻关和示范应用阶段(1978～1983年)

1978年，原国家科委在国家重点科技攻关项目中投入150万元，专门用于风力发电机组和风力提水机组的开发和研制，主要研制了50W、150W、500W、3kW的风力发电机组及5m直径的风力提水机组。原机械工业部也在科研和新产品计划中支持开发了50W、100W、200W、500W风力发电机组，这些产品是以后在我国推广使用的主要机型。从此离网型风力发电机组和风力提水机组的研制工作得以稳定、健康地发展。到1983年，研制的产品有三十多种，其中有十多种通过了技术鉴定，投入了批量生产和应用。

与此同时，原国家科委、原机械工业部还在几个地区开展了风能利用的中间试验，如在内蒙古西苏旗等地建立了100W级风力发电机组的三个应用示范点，积累了实际使用经验，为离网型风力发电机组的大批推广做了充分的准备。

第四阶段：技术成熟和实用推广阶段(1984～1989年)

1984年，由当时的国家科委、能源部、机械工业部组织召开了全国离网型风力发电机工作座谈会，制定了有关政策，制定了联合攻关计划，明确了技术鉴定、示范和推广的重要性，同时当时的国家计委科技司在国家"七五"科技攻关计划中继续支持风力机械的研制和开发，继续对100W、200W、300W风力发电机组进行完善，并结合引进国外的技术或样机研制了500W、1kW、2kW、5kW、55kW风力发电机组和6m、7m直径风力提水机组，除55kW机组外，都已投入批量生产。

1984年初，内蒙古自治区确定在全区十个牧业镇进行新能源民办公助试点工作，扩大了示范成果，并从1986年开始对牧民购买风力发电机组实行补贴政策。其他如甘肃、青海、宁夏、新疆等地区也在推广应用环节及时制定了扶持政策。这进一步促进了我国离网型风力发电机组的推广与应用。从此，我国离网型风力发电机组进入了成熟发展和实用推广阶段。

第五阶段：调整、巩固、走向稳定发展的阶段(1990年以后)

进入20世纪90年代以后，我国离网型风力发电机组的销售出现了波动。由于内蒙古自治区政府对离网型风力发电机组减少了补贴额，再加上国内的原材料价格上涨，风力发电机组售价提高，使机组在一段时期销售量有所下滑。一些风力发电机组的生产厂，由于产品质量不过关，销售量减少或利润太少而导致亏损，逐渐停止了离网型风力发电机组的生产。与此同时，呼和浩特市博洋可再生能源有限公司等少数企业，不断改进、提高了产品质量,并认真做好售后服务工作,扩大了销售渠道和应用范围,成为我国离网型风力发电机组生产的主导企业。

我国并网型风力发电机组的开发应用是从1985年开始的,由原机械工业部投资在海南省东方县引进了1台丹麦维斯塔斯公司生产的55kW并网型风力发电机组,进行并网发电。1986年10月,在福建省平潭风力发电场引进了4台比利时温德马斯特(Windmaster)公司的200kW机组;在新疆达坂城引进了1台丹麦维康(Vincon)100kW机组。从此我国并网型风力发电机组逐渐发展起来,到1998年底,全国19个风力发电场共安装了530台风力发电机组,装机容量为22.36万kW。机组容量从30kW到600kW,以600kW机组为主。安装最多的是新疆达坂城风力发电场,共安装了137台机组,总装机容量为6.6万kW;内蒙古自治区的风力发电场,共安装了110台机组,总装机容量为4.5万kW;广东省南澳风力发电场共安装了111台机组,总装机容量为4.3万kW。

通过上述几个阶段的发展,我国的科研院所、大专院校、制造厂家培养了一批从事研究、开发的专业人才,他们长期坚持国产风力发电机组的研制与开发,掌握了部分设计制造技术,积累了丰富的经验。制造企业也在与国外的合作中,在风力发电机组部分部件的制造过程中,得到了锻炼和提高,为进一步开发和研制工作打下了良好的基础。

二、风能利用的基本术语

风力机(wind turbine):将风的动能转换为另一种形式能的旋转机械。

叶片(blade):风力机的部件。叶片上的每个剖面设计成翼形,从叶根到叶尖,其厚度、扭角和弦长有一定分布规律,具有良好的空气动力外形。

叶尖速度比(tip speed ratio):叶尖速度与风速之比。

切入风速(cut-in wind speed):风电机组开始发电时,轮毂高度处的最低风速。

额定风速(rated wind speed):风电机组达到额定功率输出时轮毂高度处的设计风速。

切出风速(cut-out wind speed):风电机组保持额定功率输出时,轮毂高度处的最高风速。

三、风能的特点及性质

风能就是空气流动所产生的动能。风速为9～10m/s时,吹到物体表面上的压力约有0.1kPa;风速为20m/s时,吹到物体表面上的压力可达0.5kPa左右。台风的风速可达50～60m/s,它对物体表面上的压力,可高达2.0kPa以上。汹涌澎湃的海浪是被风激起的,它对海岸的冲击力是相当大的,有时可达200～300kPa,最大时甚至可达600kPa。

风不仅能量很大,而且在自然界中所起的作用也是很大的。风可使山岩发生侵蚀,造成沙漠,还可在地面做输送水分的工作,水汽主要是由强大的空气流输送的,从而影响气候,形成雨季和旱季。风中含有的能量,比人类迄今为止所能控制的能量高得多。全世界每年燃烧煤炭得到的能量,还不到风力在同一时间内所提供给人类能量的1%。可见,风能是地球上重要的能源之一。

与常规能源相比,风能在利用上有五大优点,三大困难。

1. 风能利用的五大优点

(1)取之不尽,用之不竭　风能是太阳能的一种转化形式,全球边界层内风的总能量为1.3×10^{15}W,一年中约为1.14×10^{18}kW·h电力的能量。长远来看,人类为免除矿物燃料资源枯竭的威胁,将目前的矿物燃料能源结构转变成可再生能源结构,已是势在必行。

(2)就地取用,不需运输　矿物能源煤炭和石油资源地理分布不均匀,和工业布局的不均衡造成了煤炭和石油运输的不均衡。这些必须经过开采后长途运送到目的地，给交通运输带来压力。即使能够靠电力供电，但对一些高山、孤岛、草原和高原等电网不易到达的地方，充分利用气象能源这一优点，会带来方便。

(3)分布广泛，分散使用　如果将 10m 高处，密度大于 150～200W/m^{2}的风能，作为有利用价值的风能，全世界约有 2/3 的地区能够达到。

虽然风能资源分布也有一定的局限性，但与矿物能、水能和地热能等相比较仍可视为分布较广的一种能源。如世界石油资源在地球上的分布极不均匀，世界探明的石油储量，仅中东地区就占世界总储量的 57%。而有些消费石油较多的国家拥有的石油储量和产量却相对较少。有的甚至不生产石油。煤炭资源分布也极为不均，世界煤炭资源的绝大部分埋藏在北纬 30°以上的地区，前苏联、美国和中国三国煤炭储量约占世界煤炭储量的 90%。我国煤炭资源颇为丰富，但在地理分布上也不均匀，在山西、内蒙古合计占全国 61%左右。水资源也是如此，我国水能理论蕴藏量为 6.8 亿 kW，西南地区的水能蕴藏量约占全国的 70%，故风能与这些能源的不均匀性相比，具有分布较广的优点。

(4)不污染环境，不破坏生态　人类利用矿物燃料的过程中，必然释放出大量有害物质，使人类赖以生存的环境受到了破坏和污染。

但风能在利用中不会给空气中带来污染，也不破坏生态，是一种清洁安全的能源。

(5)周而复始，可以再生　在自然界可以不断生成并有规律地得到补充的能源，称为可再生能源。风能就是属于这种能源。煤炭、石油和天然气等是经过几十亿年形成的。当今世界消耗石油、天然气和煤炭的速度比大自然生成它们的速度要快一百万倍，也就是说几十亿年生成的矿物能源在几个世纪就会消耗掉。

2. 风能利用的三大困难

风能尽管在理论上有上述的五大优点，但在利用时也存在着三大困难。

(1)能量密度低　这是风能的一个重要缺陷。由于风能来源于空气的流动，而空气的密度是很小的，因此风力的能量密度也很小。从表 3-1 可以看出，在各种能源中，风能的含能量是极低的，给其利用带来一定的困难。

表 3-1　各种能源的能流密度

能源类别	风能(风速 3m/s)	水能(流速 3m/s)	波浪能(浪高 2m)	潮汐能(潮差 10m)	太阳能	
					晴天平均	昼夜平均
能量密度/(kW/m^2)	0.02	20	30	100	1.0	0.16

可见，风能是一种能量密度极其小的能源，也就是单位面积上所获得的能量小，而且还不能像水那样，可以用水库来控制、积蓄起来，所以给利用带来困难。

(2)能量不稳定　由于气流瞬息万变，因此风的脉动、日变化、季变化以至年变化都十分明显，波动很大，极不稳定。

风能对天气和气候非常敏感，所以它是一种随机能源。虽然各地区风的特性在一较长时间内大致上有一定的统计规律性可循，但是其强度都在不断地变化之中，不但各年间有变化，甚至在很短时间内还有无规律的脉动变化。

(3)地区差异大　由于地形的影响，风力的地区差异非常明显。一个邻近的区域，有利地形下的风力往往是不利地形下的几倍甚至几十倍。

第二节 风能资源分布状况

一、风能资源分布的一般规律

风能资源是存在于地球表面大气流动形成的动能资源。自然界中的风能资源是丰富的。地球上某一地区风能资源的潜力是以该地的风能密度及可利用小时数来表示。在风能利用中，风速及风向是两个重要因素。风速与风向每日、每年都有一定的周期性变化。估算风能资源必须测量每日、每年的风速、风向，了解其变化的规律。

1. 风向

地球上某一地区的风向首先是与大气环流有关，与其所处的地理位置(离赤道或南北极远近)、地球表面不同情况(海洋、陆地、山谷等)也有关。

太阳辐射造成地球表面受热不均，引起大气层中压力分布不均，在不均压力作用下，空气沿水平方向运动就形成风。风的形成是空气流动的结果。空气运动，主要是由于地球上各纬度所接受的太阳辐射强度不同形成的。赤道和低纬度地区，太阳高度角大，日照时间长，太阳辐射强度大，地面和大气接受的热量多，温度较高；高纬度地区，太阳高度角小，日照时间短，地面和大气接受的热量小，温度低。这种高纬度与低纬度之间的温度差异，形成了南北之间的气压梯度，使空气作水平运动，风垂直于等压线从高压向低压吹。地球自转，使空气水平运动发生偏向的力，称为地转偏向力，这种力使北半球气流向右偏转，南半球气流向左偏转，所以地球大气运动除受气压梯度力外，还要受地转偏向力的影响。大气真实运动是这两力综合影响的结果。地面上的风不仅受这两个力的支配，还受海洋、地形的影响。山隘和海峡能改变气流运动的方向，还能使风速增大；而丘陵、山地摩擦大，使风速减少；孤立山峰却因海拔高而获得更大的风速。

在海陆气流有差异的地区，海陆差异对气流运动也有影响。冬季，陆地比海洋冷，陆地气压比海洋高，风从陆地吹向海洋；夏季相反，陆地比海洋热，风从海洋吹向内陆。这种随季节转换的风，称为季风。在海边，白天陆地上空气温度高、气压低，空气上升，海面上温度低、气压高，空气从海面吹向陆地；夜晚海水降温慢，陆地降温快，形成海面空气温度高、气压低，空气上升，陆地上温度低、气压高，空气从陆地吹向海面，此为海陆风。

在山区，由于白天山坡受热快，温度高于山谷上方同高度的空气温度，坡地上的暖空气从山坡流向谷地上方，谷地的空气则沿着山坡向上补充流失的空气，这时由山谷吹向山坡的风，称为谷风。夜间，山坡因辐射冷却，其降温速度比同高度的空气较快，冷空气沿坡地向下流入山谷，称为山风。

2. 风速

从地球表面到 10000m 的高空层内，空气的流动受到涡流、粘性和地面摩擦等因素的影响，靠近地面的风速较低，离地面越高风速越大。风速随高度的变化，可用指数公式或对数公式计算。工程上通常使用指数法，其公式为

$$v = v_1\left(\frac{h}{h_1}\right)^n \tag{3-1}$$

式中，h 为欲知的离地面的高度(m)；h_1 为已知的离地面的高度(m)；v_1 为 h_1 处的风速(m/s)；v 为 h 处的风速(m/s)。

式(3-1)为经验公式，指数 n 与地面的平整程度(粗糙度)、大气的稳定度等因素有关，其值为 0.125～0.5；在开阔、平坦、稳定度正常的地区约为 0.14；中国气象部门通过在全国各地测量各种高度下的风速得出的平均值约为 0.16～0.20，一般情况下可用此值估算出各种高度下的风速。

风随时间的变化，包括随机变化、每日的变化和季节的变化。通常自然风是一种平均风速与瞬间激烈变动的湍流相叠加的风。如果用自动记录仪来记录风速，就会发现风速是不断变化的，紊乱气流所产生的瞬时高峰风速也叫阵风风速。一般所说的风速是指变动部位的平均风速。通常一天之中风的强弱在某种程度上可以看做是周期性的，如地面上夜间风弱，白天风强；高空中正相反是夜间风强，白天风弱。这个逆转的临界高度为 100～150m。由于季节的变化，太阳和地球的相对位置也发生变化，使地球上存在季节性的温差。因此，风向和风的强度也会发生季节性变化。我国大部分地区风的季节性变化情况是：春季最强，冬季次之，夏季最弱。当然也有部分地区例外，如沿海温州地区，夏季季风最强，春季季风最弱。

二、风能资源的表征

1. 风向方位

为了表示一个地区在某一时间内的风频、风速等情况，一般采用风玫瑰图来反映一个地区的气流情况。风玫瑰图是以“玫瑰花”形式表示各方向上气流状况重复率的统计图形，所用的资料可以是一月内的或一年内的，但通常采用一个地区多年的平均统计资料，其类型一般有风向玫瑰图和风速玫瑰图。风向玫瑰图又称风频图，是将风向分为 8 个或 16 个方位，在各方向线上按各方向风的出现频率，截取相应的长度，将相邻方向线上的截点用直线连接的闭合折线图形，如图 3-1a 所示。在图 3-1a 中，该地区最大风频的风向为北风，约为 20%(每一间隔代表风向频率 5%)；中心圆圈内的数字代表静风的频率。

如果用上述方法表示各方向的平均风速，就成为风速玫瑰图。风玫瑰图还有其他形式，如图 3-1b 和图 3-1c 所示。其中图 3-1c 为风频风速玫瑰图，每一方向上既反映风频大小(线段的长度)，又反映这一方向上的平均风速(线段末段的风羽多少)。

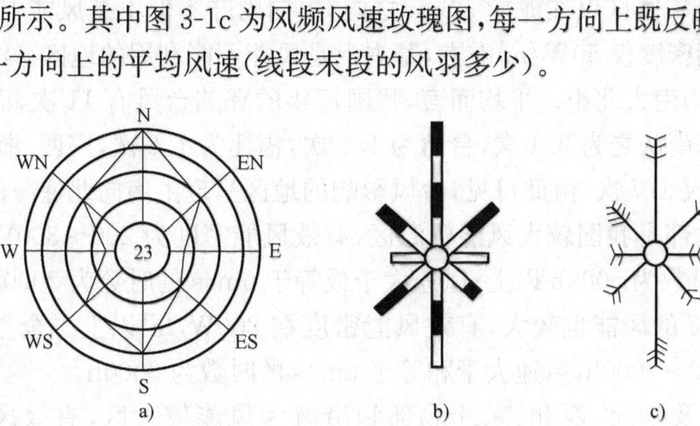

图 3-1 风玫瑰图

通过风玫瑰图，可以准确地描绘出一个地区的风频和风量分布，从而确定风力发电场风力发电机组的总体排布，进行风力发电场的微观选址，这在风力发电场建设初期设计中起到很重要的作用。

2. 风能密度

垂直穿过单位截面的流动空气所具有的动能，见式(3-2)。

$$W=\frac{1}{2}\rho v^{3} \tag{3-2}$$

式中,W 为风能密度(W/m^2);ρ 为空气密度(kg/m^3);v 为风速(m/s)。

由于风速是变化的、风能密度的大小也是随时间变化的,一定时间周期(例如一年)内风能密度的平均值称为平均风能密度。

在实际的风能利用中,风力机械只是在一定的风速范围内运转,对于一定风速范围内的风能密度视为有效风能密度。中国有效风能密度所对应的风速范围是 3~20m/s。

3. 风速频率分布

按相差 1m/s 的间隔观测 1 年(1 月或 1 天)内吹风总时数的百分比,称为风速频率分布。风速频率分布一般以图形表示,利用风速频率分布可以计算某一地区单位面积上全年的风能。

三、中国风能资源

根据中国气象局估算,我国风能资源潜力约为每年 1.6×10^9 kW,其中约 1/10 可开发利用,我国风能资源的分布与天气气候背景有着非常密切的关系。我国风能资源丰富和较丰富的地区主要分布在两个大带里:沿海及其岛屿地区丰富区和三北(东北、华北、西北)地区丰富区。

沿海风能丰富区,其形成的天气气候背景与三北地区基本相同,所不同的是由海洋与陆地两种截然不同的物质所组成,二者的辐射与热力学过程都存在着明显的差异。大气与海洋间的能量交换大不相同。海洋温度变化慢,具有明显的热惰性;陆地温度变化快,具有明显的热敏感性。所以,冬季海洋比陆地温暖,夏季比陆地凉爽。在这种海陆温差的影响下,在冬季每当冷空气到达海上时风速增大,再加上海洋表面平滑,摩擦力小,一般风速比陆地增大 2~4m/s。

在风能资源丰富的东南沿海及其附近岛屿地区,有效风能密度大于或等于 200W/m^2 的等值线平行于海岸线,沿海岛屿有效风能密度在 300W/m^2 以上,全年中风速大于或等于 3m/s 的时数为 7000~8000h,大于或等于 6m/s 的时数为 4000。但是在东南沿海,由海岸向内陆是丘陵连绵,所以风能丰富区仅在海岸 50km 之内,再向内陆不但不是风能丰富区,反而成为全国最小风能区,风能密度仅 50W/m^2 左右,基本上是风能不能利用的地区。沿海地区风能资源的另一个分布特征为南大北小。平均而言,我国每年的登陆台风有 11 次,而广东每年登陆台风最多为 3.5 次,海南次之为 2.1 次,台湾为 1.9 次,福建为 1.6 次,广西、浙江、上海、江苏、山东、天津、辽宁合计仅 1.7 次,由此可见,台风影响的地区呈现由南向北递减的趋势。

内蒙古、甘肃北部是我国较大风能资源区,有效风能密度为 200~300W/m^2,全年风速大于或等于 3m/s 的时数为 5000h 以上;风速大于或等于 6m/s 的时数为 2000h 以上。黑龙江和吉林东部及辽东半岛的风能也较大,有效风能密度在 200W/m^2 以上。全年风速大于和等于 3m/s 的时数为 5000~7000h,风速大于和等于 6m/s 的时数为 3000h。

青藏高原北部及华北、西北、东北北部和沿海为风能较大区,有效风能密度在 150~200W/m^2 之间,全年风速大于和等于 3m/s 的时数为 4000~5000h,全年风速大于和等于 6m/s 的时数为 3000h。其中青藏高原全年风速大于和等于 3m/s 的时数可达 6500h,但青藏高原海拔高,空气密度小,所以有效风能密度也较低。如在 4000m 高空的空气密度大致为地面的 67%,也就是说,同样是 8m/s 的风速,在平原上风能密度为 313.6W/m^2,而在 4000m 高空只为 209.9W/m^2,所以仍属风能一般地区。

总体而言,云南、贵州、四川、甘肃、陕西南部、河南、湖南西部、福建、广东、广西的山区及新疆塔里木盆地和西藏的雅鲁藏布江,为风能资源贫乏地区,有效风能密度在 50W/m^2 以下,全年风速大于和等于 3m/s 的时数在 2000h 以下；全年风速大于和等于 6m/s 的时数在 150h 以下，风能潜力很低，无利用价值。当然，在一些地区由于湖泊和特殊地形的影响，风能也较丰富，如鄱阳湖附近较周围地区风能就大，湖南衡山、安徽黄山、云南太华山等也比平地风能大。但是这些只限于很小范围之内。

四、世界风能资源

1. 风的全球分布

在北纬 30°和南纬 30°之间，空气在赤道区受热而上升，又不断地被来自北方和南方的较强冷空气所补充，这就形成了所谓的哈德利环流。在地球表面，这意味着冷风刮向赤道；而来自北纬 30°和南纬 30°的空气又非常干燥，并且向东运动，这是因为地球自转的速度在这些纬度比在赤道低得多。在这些纬度上有许多沙漠区，例如撒哈拉沙漠。北纬 30°～70°、南纬30°～70°是西风盛行区。这些风形成波形环流，向南（或北）输送冷空气，向北（或南）输送暖空气。这种类型的环流称为罗斯比环流，如图 3-2 所示。

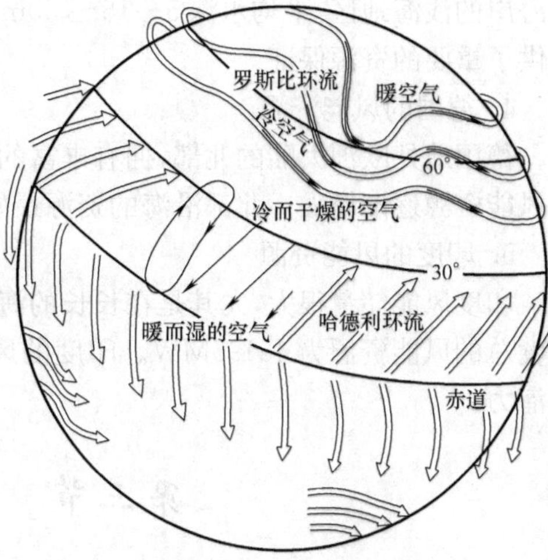

图 3-2 罗斯比环流

2. 风的全球资源分布

1981 年，世界气象组织（WMO）主持绘制了一份世界范围的风资源图。该图给出了不同地区的平均风速和平均风能密度。但由于风速会随季节、高度、地形等因素的不同而变化，因此风的资源量只是一个推算估评。地球陆地表面 1.07×10^{8} km² 中 27%的面积年平均风速高于 5m/s（距地面 10m 处）。表 3-2 给出了地面平均风速高于 5m/s 的陆地面积。这部分面积总共约为 3×10^{7} km²。

表 3-2 世界风能资源评估

地区	陆地面积/×10³km²	风力为 3～7 级所占的比例和面积	
		比例(%)	面积/×10³km²
北美	19339	41	7876
拉丁美洲和加勒比海湾	18482	18	3310
欧洲	4742	42	1968
东欧和独联体	23047	29	6783
中东和北非	8142	32	2566
撒哈拉以南非洲	7255	30	2209
太平洋地区	21354	20	4188
（中国）	9597	11	1056
中亚和南亚	4299	6	243
总计	106660	27	29143

注：根据地面风力情况将全球分为 8 个区域（中国不算作一个独立区域），面积单位为 km²，比例以百分数表示。3 级风力代表离地面 10m 处的年平均风速在 5～5.4m/s；4 级代表风速在 5.6～6.0m/s；5～7 级代表风速在 6.0～8.8m/s。

3. 丹麦的风能资源

丹麦的风能资源十分丰富，10m 高处平均风速为 4.9～5.6m/s。丹麦全国的风能资源分布特点为陆上地区由东向西风能资源逐渐变强，西部地区拥有最丰富的风能资源，风能密度处于 300～400W/m^{2}之间。

除了丰富的陆上风能资源，得天独厚的地理环境使丹麦还拥有充裕的海上风能资源。靠近海岸的浅海地区，平均水深 5～15m，50m 高度平均风速 8.5～9m/s，为丹麦风能利用的发展提供了重要的资源保证。

4. 德国的风能资源

德国地处欧洲大陆的北部，拥有丰富的风能资源，其风能资源分布的总体特点是，由南至北风能资源逐渐增强。北部沿海的资源最好，适合风电开发。

5. 印度的风能资源

印度风能储量很大，尤其是在长长的海岸线上蕴涵着大量的风能，据印度风能专家估计，印度总的风能资源为 45195MW。印度的风能储量及可开发利用储量都很丰富，有巨大的发展潜力。

第三节　风能发电技术

风具有能量，风吹动风轮，把风的能量转化为风轮的机械能，再通过传动机构，让风轮带动发电机，就可以最终把风能转化为电能。在各类电力新能源开发中，风能发电是技术相对成熟并具有大规模开发和商业开发条件的发电方式。而且，我国风能资源较为丰富，具备发展风电的基本条件。

目前，世界上风能发电的类型主要有离网型和并网型两种。

离网型风力发电机的应用多种多样，主要可以分为以下几类：

(1)为蓄电池充电　这种应用大多是指那些供单一家庭住宅使用的小型风力发电机。在离网型风力发电机的应用中，占主导地位的是利用风力发电机为蓄电池充电。

(2)为边远地区提供可靠的电力　包括小型、无人值守的风力机。风力发电机通常与蓄电池相连，而且也可以与光电电池或柴油发电机等其他电源联机。典型的用途包括为海上导航设备和远距离通信设备供电。

(3)给水加热　这种系统多用于私人住宅。典型的用法是将风力发电机直接与浸没式加热器或电辐射加热器相连。

(4)边远地区的其他使用　包括为乡村供电、为小型电网系统供电，以及为商业性冷藏系统和海水(或苦咸水)淡化设备供电。

并网型风力发电机的应用包括：

(1)单个的风力发电机　这些风力发电机可为居民、商业、工业或农业提供电能。其电负荷接近风力发电机的能力，并且也可以与电网连接。多数情况下，风力发电机安装在一个农场或一组住宅房舍附近。这种分散的并网型风力发电机市场受国家能源政策影响。美国、丹麦、荷兰和德国一直允许个人将私有的风力发电机与电网联网，以及允许将多余的电力卖给当地电力部门。

(2)风力发电场　它是将多个风力发电机集中安装、均匀分布并由控制中心集中管理，所发出的电力主要是通过电网输送。

风电是最便宜的可再生能源。随着更多和更大的风力发电场的开发以及采用更先进技术,风电价格会继续下降。预计在若干年后,风电电价将比石油发电便宜,可以与煤发电竞争。

风力发电机的种类很多,按照发电容量划分,有大型、中型、小型风力发电机,但是各国对大、中、小的概念也不一样,只是相对而言。我国大致上把10kW以下的风力发电机(特别是充电型机组)通称为小型风力发电机,10~100kW的称为中型发电机,100kW以上的称为大型发电机。风力发电机按结构分,有水平轴风力发电机和垂直轴风力发电机。

一、风力发电机

1. 风力发电原理

当风以v(m/s)吹向风轮,使风轮转动,设旋转着的风轮其扫掠面积为A(m^2),空气密度为ρ(kg/m^3),则经过1s,流向风轮的空气质量为$m=\rho vA$,它所具有的动能为

$$E=\frac{1}{2}mv^2=\frac{1}{2}\rho Av^3 \tag{3-3}$$

若风轮的直径为D(m),则

$$E=\frac{1}{2}\rho\left(\frac{\pi D^2}{4}\right)v^3=\frac{\pi}{8}\rho D^2v^3 \tag{3-4}$$

这时风轮的输入功率P_v(W)为

$$P_v=\frac{E}{1}=E \tag{3-5}$$

这些能量不可能全被风轮所捕获而转化成机械能,设风轮捕获到的风能并转化成机械能由风轮轴输出,其功率为P(W),称为风轮功率。它与P_v的比值,称为风轮功率系数,用C_P表示。C_P值一般为0.2~0.5。可以证明,C_P的理论最大值为0.593。

$$C_P=\frac{P}{P_v}=\frac{P}{\frac{\pi}{8}\rho D^2v^3} \tag{3-6}$$

因此,风轮的功率为

$$P=\frac{\pi}{8}\rho D^2v^3C_P \tag{3-7}$$

由上式可知:

1) 风轮功率与风轮直径的平方成正比。

2) 风轮功率与风速的立方成正比。

3) 风轮功率与风轮叶片数目无直接关系。

4) 风轮功率与风轮功率系数成正比。因此,当风轮大小、工作风速一定时,应尽可能提高C_P值,以增大风轮功率,这是风能开发利用的科技人员追求的主要目标之一。

2. 水平轴风力发电机

(1)水平轴风力发电机的结构　风轮转轴平行于水平面的风力发电机叫做水平轴风力发电机。图3-3所示为小型风力发电机结构,它由五部分组成。

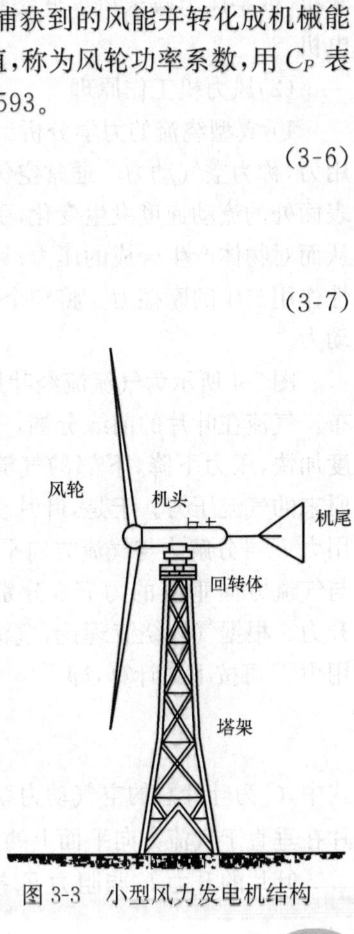

图3-3　小型风力发电机结构

1)风轮。风轮由两个或多个叶片组成,安装在机头上,是把风能转化为机械能的主要部件。

2)机头。机头也叫做机舱，是支承风轮轴和上部构件(如发电机和齿轮变速器等)的支座，它能绕塔架中的竖直轴自由转动。

3)机尾。机尾装于机头之后，它的作用是保证在风向变化时，使风轮正对风向。

4)回转体。回转体位于机头底盘和塔架之间，在机尾力矩的作用下转动。

5)塔架。塔架是支撑风力发电机本体的构架，它把风力发电机架设在不受周围障碍物影响的高空中。

根据风轮叶片的数目，风力发电机分为少叶式和多叶式两种。少叶式有 2～4 个叶片，具有转速高，单位功率的平均质量小，结构紧凑的优点；常用在年平均风速较高的地区，是目前在风力发电中应用最多的风力发电机类型。其缺点是起动较为困难。多叶式一般有 4～24 个叶片，常用于年平均风速较低的地区；具有易起动的优点。

风力发电机的风轮与纸风车转动原理一样。但是，风轮叶片具有比较合理的形状。为了减小阻力，其断面呈流线型；前缘有很好的圆角，尾部有相当尖锐的后缘，表面光滑，风吹来时能产生向上的合力，驱动风轮很快地转动。对于功率较大的风力发电机，风轮的转速是很低的，而与之联合工作的机械，转速要求较高，因此必须设置变速器，把风轮转速提高到工作机械的工作转速。风力发电机只有当风垂直地吹向风轮转动面时，才能发出最大功率，由于风向多变，因此还要有一种装置，使之在风向变化时，保证风轮跟着转动，自动对准风向，这就是机尾的作用。风力机是多种工作机械的原动机。利用它带动水泵和水车，就是风力提水机；带动碾米机，就是风力碾米机。此类机械统称为风能的直接利用装置。带动发电机的就叫风力发电机。

(2)风力机工作原理

1) 翼型绕流的力学分析。物体在空气中运动或者空气流过物体时，物体将受到空气的作用力，称为空气动力。通常空气动力由两部分组成：一部分是由于气流绕物体流动时，在物体表面处的流动速度发生变化，引起气流压力的变化，即物体表面各处气流的速度与压力不同，从而对物体产生合成的压力；另一部分是由于气流绕物体流动时，在物体附面层内由于气流粘性作用产生的摩擦力。将整个物体表面这些力合成起来便得到一个合力。这个合力即为空气动力。

图 3-4 所示为气流流经叶片时的流线分布。气流在叶片的前缘分离，上部的气流速度加快，压力下降，下部的气流则基本保持原来的气流压力。于是，叶片受到的气流作用力 F 可分解为与气流方向平行的力 F_x 和与气流方向垂直的力 F_y，分别称为阻力和升力。根据气体绕流理论，气流对叶片的作用力 F 可按下式计算，即

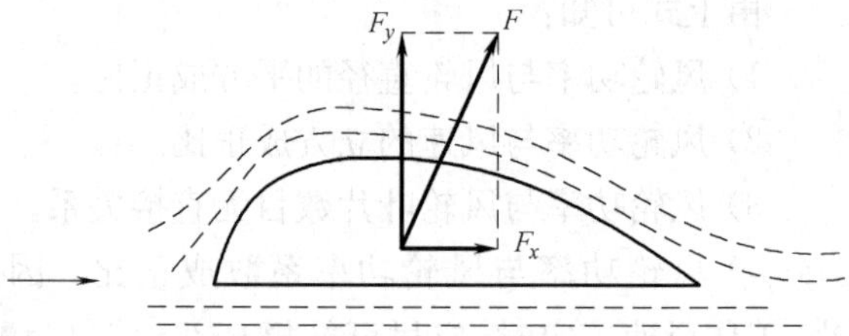

图 3-4 气体的叶片绕流示意图

$$F = \frac{1}{2}\rho C_r A v^2 \tag{3-8}$$

式中，C_r 为叶片总的空气动力系数；v 为吹向物体的风速(m/s)；ρ 为空气密度(kg/m^3)；A 为叶片在垂直于气流方向平面上的最大投影面积(m^2)。

叶片的升力 F_y 与阻力 F_x 按下式计算，即

$$F_y = \frac{1}{2}\rho C_y A v^2 \tag{3-9}$$

$$F_x = \frac{1}{2}\rho C_x A v^2 \tag{3-10}$$

式中，C_y为升力系数；C_x为阻力系数。

C_y与C_x均由实验求得。由于升力F_y与阻力F_x相互垂直，所以

$$F_y^2 + F_x^2 = F^2 \tag{3-11}$$

并且

$$C_y^2 + C_x^2 = C_r^2 \tag{3-12}$$

对于同一种翼型（截面形状），其升力系数和阻力系数的比值，被称为升阻比k，即

$$k = \frac{C_y}{C_x} \tag{3-13}$$

2）影响升力系数和阻力系数的因素。影响升力系数和阻力系数的主要因素有翼型、攻角、雷诺数和叶片表面粗糙度等。

① 翼型的影响。图3-5所示为三种不同截面形状（翼型）的叶片的升力和阻力。当气流由左向右吹过，产生不同的升力与阻力。阻力，平板型＞弧板型＞流线型；升力，流线型＞弧板型＞平板型。对应的C_y与C_x值也符合同样的规律。

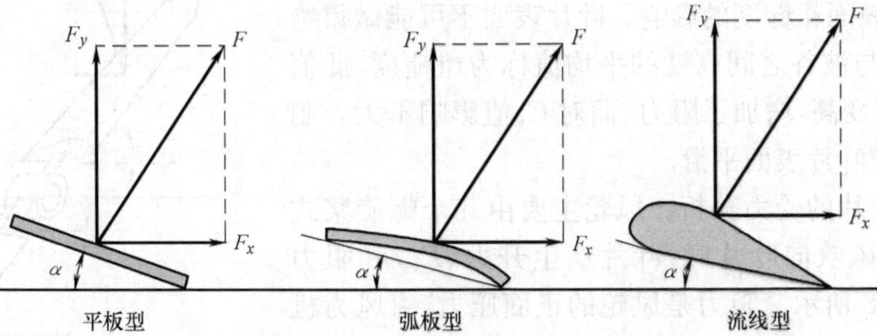

图3-5 不同截面形状的叶片的升力和阻力

② 攻角的影响。气流方向与叶片横截面的弦（l）的夹角（图3-6）称为攻角α，其值正、负如图3-6所示。C_y与C_x值随α的变化关系如图3-7所示。

③ 雷诺数的影响。空气流经叶片时，气体的粘性力将表现出来，这种粘性力可以用雷诺数Re表示，即

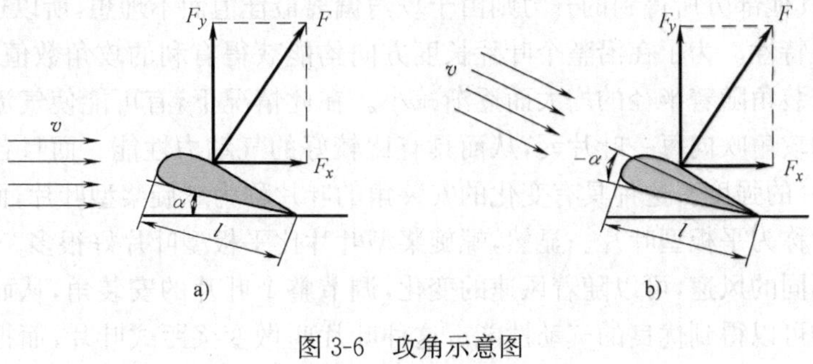

图3-6 攻角示意图

a）正值 b）负值

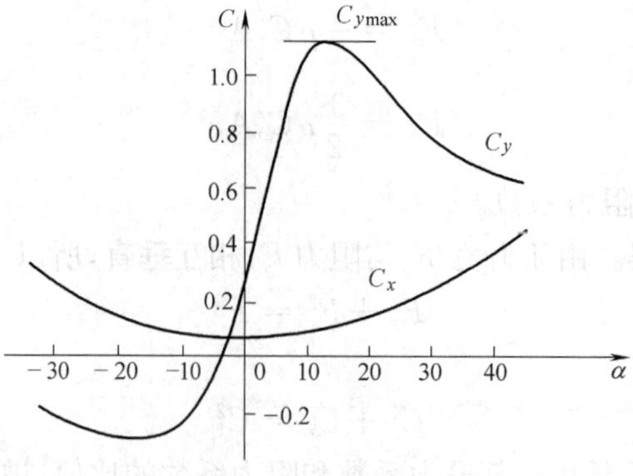

图 3-7 C_y 和 C_x 值随 α 的变化关系

$$Re=\frac{vl}{\upsilon} \tag{3-14}$$

式中，v 为吹向叶片的空气流速(m/s)；l 为翼型弦长(m)；υ 为空气的运动粘度，$\upsilon=\mu/\rho$，μ 为空气的动力粘度，ρ 为空气密度(kg/m^3)。

Re 值越大，粘性作用越小，C_y 值增加，C_x 值减小，升阻比 k 值变大。

④ 叶片表面粗糙度的影响。叶片表面不可能做得绝对光滑，波峰与波谷之间高度的平均值称为粗糙度，此值若大，使 C_x 值变高，增加了阻力，而对 C_y 值影响不大。制造时应尽量使叶片表面平滑。

3)实际叶片的受力分析。风轮主要由几个螺旋桨式的叶片组成，风吹向叶片时，叶片产生升力(F_y)和阻力(F_x)，如图 3-8 所示。阻力是风轮的正面压力，由风力机的塔架承受；升力推动风轮旋转起来。现代风力机的叶片都做成螺旋桨式的，其原因如下所述。

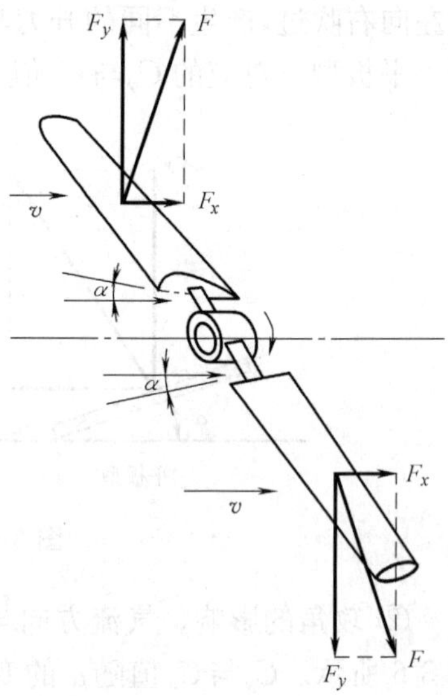

图 3-8 风力转化为叶片的升力与阻力

由于风轮旋转时，叶片不同半径处的线速度是不同的，因而相对于叶片各处的气流速度在大小和方向上也都不同。如果叶片各处的安装角都一样，则叶片各处的实际攻角都不同。这样除了攻角接近最佳值的一小段叶片升力较大外，其他部分所得到的升力则由于攻角偏离最佳值而不理想，所以这样的叶片不具备良好的气动力特性。为了在沿整个叶片长度方向均能获得有利的攻角数值，就必须使叶片每一个截面的安装角随着半径的增大而逐渐减小。在此情况下，有可能使气流在整个叶片长度均以最有利的攻角吹向每一叶片元，从而具有比较好的气动力性能。而且各处受力比较均匀，也增加了叶片的强度。这种具有变化的安装角的叶片称为螺旋桨型叶片，而那种各处安装角均相同的叶片称为平板型叶片。显然，螺旋桨型叶片比平板型叶片好很多。

为了适应不同的风速，可以随着风速的变化，调节整个叶片的安装角，从而有可能在很大的风速范围内均可以得到优良的气动性能。这种叶片叫做变桨距式叶片，而把那种安装角一经装好就不能变动的叶片称为定桨距式叶片。显然，从气动性能来看，变桨距式螺旋桨型叶片是一种性能优良的叶片。

还有一种可以获得良好性能的方法，即风力机采取变速运行方式。控制输出功率，可使风力机的转速随风速的变化而变化，两者之间保持一个恒定的最佳比值，从而在很大的风速范围内均可使叶片各处以最佳的攻角运行。

(3)发电机　风力发电就是通过风力机带动发电机发电，发出的交流电供给负载。当负载需用直流电时，可用直流发电机发电或者用整流设备将交流电转换成直流电。发电机是风力发电机组的重要组成部分之一，分为同步发电机和异步发电机两种。以前小型风力发电机用的直流发电机，由于其结构复杂、维修量大，逐步被交流发电机所代替。机组发出的电有两种供给方式，即独立供电与并网供电。

(4)蓄电池　风力发电机最基本的储能方法是使用蓄电池。

蓄电池的种类虽然较多，但在实际应用中主要有铅(酸性)蓄电池和镉镍(碱性)蓄电池，而在风力发电机组中使用最多的还是铅蓄电池，尽管它的储能效率较低，但是价格便宜。

任何蓄电池的使用过程都是充电和放电过程反复地进行，蓄电池的使用寿命为2～6年。

(5)逆变器　逆变器是一种将直流电变成交流电的装置，有的逆变器还兼有把交流电变成直流电的功能。逆变器有不同类型，有一种逆变器是利用一个直流电动机驱动一个交流发电机，由于直流电动机以固定转速驱动发电机，所以发电机的频率不变。由于风力发电机受风速变化的影响，发电频率的控制难度大，若先将发出的交流电整流成直流电，再用这种逆变器转变成质量稳定的交流电，供给对用电质量要求严格的用户，或将交流电送入电网，都是可以做到的。这种逆变器叫做旋转逆变器。

用晶体管制成的逆变器称为静态逆变器，常用于小型风力发电机供电系统中，小型风力发电机组提供的直流电有12V、24V、32V，而家用电器如电灯、收音机、电视机等，常用220V的交流电，用静态逆变器可以实现这种转换。

具有把交流电转换成直流电功能的逆变器，在风力发电机损坏、检修期间，可将蓄电池和逆变器送到电网处进行充电，取回再供给用户直流电。

大多数逆变器具有一定过冲击能力，如一个500W的晶体管逆变器，在10～60s内能发出700W的功率，这对家用电器设备的起动是有益的。

3. 垂直轴风力发电机

风轮转轴垂直于水平面的风力发电机叫做垂直轴风力发电机。垂直轴风力发电机有着十分明显的特点：一般无需对风装置；风轮和能量传递转换的其他部件，如齿轮箱、发电机等，可方便地安装在地面上，因而不需要建立昂贵的塔架，而且便于维护、保养，从而降低了制造和运行费用。与水平轴风力发电机相比，垂直轴风力发电机的缺点也非常明显：由于受边界层的影响，地面风速较低，而风轮接近地面，就使输入垂直轴风力发电机的风能明显减少；此外，运行中风力发电机的每一个叶片所受力的大小总是不断产生周期性的变化，因而增加了风轮的气动载荷，易形成叶片的自激振动与材料的疲劳破坏。

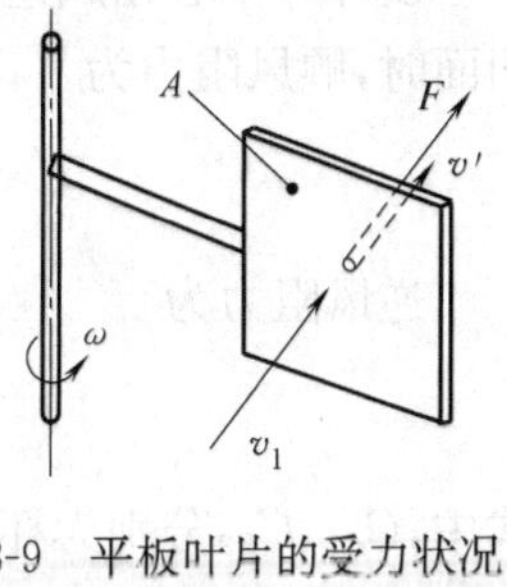

图3-9　平板叶片的受力状况

垂直轴风力发电机可分为阻力型和升力型两类。

(1)阻力型风力发电机　阻力型的一个实例是采用纯平板叶片的垂直轴风力发电机，如图3-9所示。显然，它的功率系数很低。一块垂直放置的固定板,风在它上面施加一个方向与风速 v_1 相同、大小为 F 的力,被称为阻力。在这个力的作用下,面积为 A 的阻力平板以速度 v' 运动。平板吸收功率为

$$P = Fv' \tag{3-15}$$

$v'=0$,气流对平板不做功;$v'=v_1$,平板的运行速度与风速相同,平板对气流没有阻力,风依然没有做功。所以,在 $v'/v_1=0\sim1$ 之间,必定有一确定的 v',使平板获得功率最大。由于阻力为

$$F = \frac{\rho}{2} C_T A (v_1 - v')^2 \tag{3-16}$$

此处 C_F 称为阻力系数,因此平板获得的相应功率 P 为

$$P = \frac{\rho}{2} C_F A (v_1 - v')^2 v' \tag{3-17}$$

功率系数 C_P 为

$$C_P = \frac{P}{P_0} = \frac{\frac{\rho}{2} C_T A (v_1 - v')^2 v'}{\frac{\rho}{2} v_1^3 A} = C_F \left(1 - \frac{v'}{v_1}\right)^2 \frac{v'}{v_1} \tag{3-18}$$

$dC_P/d(v'/v_1)=0$ 时,C_P 取得极大值。此时 $v'/v_1=1/3$,并且最大的 C_P 值为

$$C_{P,\max} = \frac{4}{27} C_F \tag{3-19}$$

若平板叶片的阻力系数 $C_F=1.3$,则它可能达到的最大功率系数 $C_{P,\max}=5.2/27$,与一般水平轴风力发电机叶片的功率系数相比,明显偏低。

阻力型风力发电机叶片所受阻力实际上是不断变化的,它并不总处于最佳值。旋转中叶片平面相对于风速有个与旋转角度有关的投影面,角度为 0°～90°时,投影面积由 0 增加到叶片面积 A,做功阻力也由 0 增为最大;其后,做功阻力下降,至 180°时阻力降为 0;180°～360°时,旋转中的平板则要克服风的压力做负功了。

(2)阻力差型风力发电机　若垂直轴风力发电机的叶片在顺风与逆风方向时形状不同,则气流在两方向上作用于叶片的阻力就有悬殊差别,因而能使风轮顺利转动。由于这种阻力差型风力发电机本身是中心对称的,因而无需调向装置,结构也非常简单。

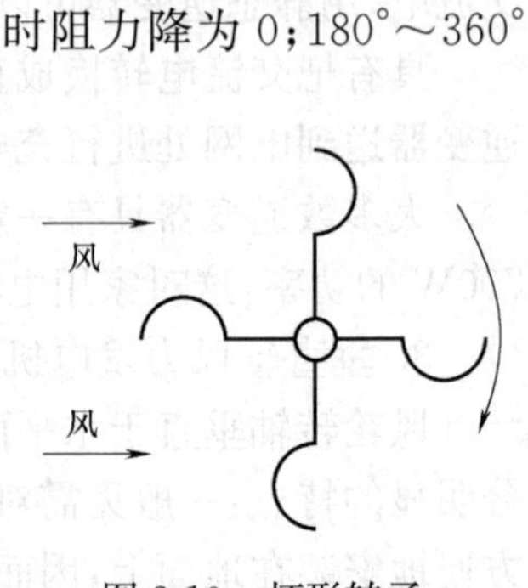

图 3-10　杯形转子

最简单的阻力差型风力发电机就是风杯式风速表,图 3-10 所示为杯形转子。

设叶片中心在风速中运动的线速度为 u,风作用于风杯半球的凹面时,顺风阻力为

$$F_1 = \frac{1}{2} \rho C_{F1} A (v - u)^2 \tag{3-20}$$

逆风阻力为

$$F_2 = \frac{1}{2} \rho C_{F2} A (v + u)^2 \tag{3-21}$$

式中,C_{F1}、C_{F2} 分别为杯形叶片顺风凹面、逆风凸面的阻力系数。半球形风杯 C_{F1} 可达 1.33,而

其 C_{F2} 的值仅为 0.34；当杯体为半圆柱形时，C_{F1}、C_{F2} 的值分别为 2.3 和 1.2。

假定 C_{F1}、C_{F2} 为常数，由式(3-20)、式(3-21)得风杯式风力机的功率 P 为

$$P=\frac{1}{2}\rho A[C_{F1}(v-u)^2-C_{F2}(v+u)^2]u \tag{3-22}$$

功率系数 C_P 为

$$C_P=\frac{\frac{\rho}{2}A[C_{F1}(v-u)^2-C_{F2}(v+u)^2]u}{\frac{\rho}{2}v^3A} \tag{3-23}$$

属于阻力差型风力发电机的还有 S 型风轮，它是由芬兰工程师西吉尔特·萨冯尼斯(Sigurt Savonius)于 1924 年发明的。S 型风轮主要由中心轴线相互错开的两个半圆柱形叶片组成。顺风而动的凹面叶片与凸面迎风的叶片间形成做功气流的通道，在两叶片的引导下，气流发生转折，转折气流对凸面迎风的叶片产生了与风向相反的作用力，从而减少了该迎风叶片消耗的功。

(3)升力型垂直轴风力发电机　升力型垂直轴风力发电机常被称为达里厄风轮，是法国学者达里厄(Darrieus)所发明。

达里厄风轮由两端固定的数枚叶片组成，绕垂直轴旋转。叶片旋转形成的外表面，可以是圆柱形、抛物面形或圆台形(图 3-11)。其外形虽有区别，但它们的工作原理都是相同的。

图 3-11　各种外形的达里厄风轮

典型达里厄风轮单个叶片的力矩系数的变化如图 3-12 所示。从该图不但可以看出叶片出现负转矩的区域以及转矩绝对值随叶尖速度比的变化，还可看出：很小的尖速比 λ 值下叶片从约 140°位置开始，出现转矩的持续下降，导致叶片失速。这一失速现象随风速的增加而越发强烈，从而限制了达里厄风轮的最大出力。也是因为小叶尖速度比值下叶片的这种转矩特性，所以达里厄风轮的起动力矩很小，实际上需借助外力方能起动。

图 3-13 所示为一台三叶片达里厄风轮由各叶片力矩作用叠加而形成的风轮力矩系数随圆周角变化的情形。从翼型的空气动力学特性得知：翼型前缘与无限远来流速度斜交时，其升力、阻力要按来流速度垂直于翼型前缘的分速度来确定。由于垂直轴达里厄风轮叶片的特殊形状以及叶片翼型在 360°圆周各位置与来流速度矢量交角的变化性，使得垂直轴达里厄风轮的优化设计中，其输出功率特性预测、空气动力载荷计算要比水平轴风力发电机繁琐，准确度也差一些。

与水平轴风力发电机一样，对这种垂直轴风力发电机也可通过改变叶片叶型(如翼型弧度)以及借助叶片安装角度调整，改变 C_P-λ 的分布，以获得满意的所设计风轮的功率特性。

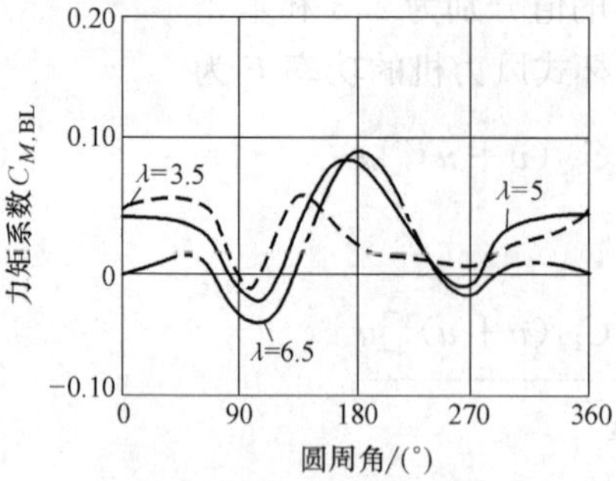

图 3-12 360°范围内达里厄风轮单个叶片力矩系数的变化

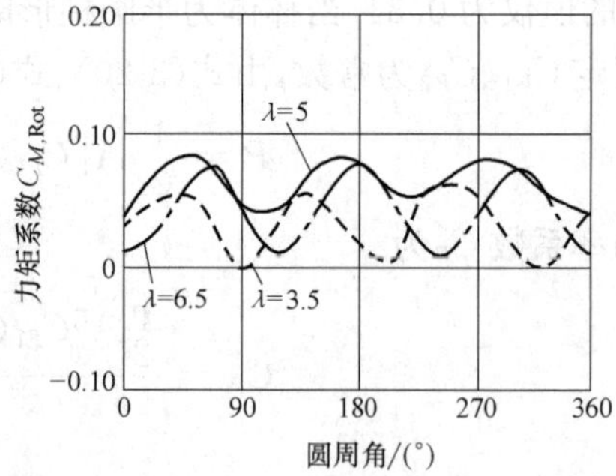

图 3-13 转动 360°内三叶片达里厄风轮力矩系数的变化

二、大中型风力发电机组

1. 大中型风力发电机组的结构和工作原理

(1)基本结构 大中型风力发电机组比小型风力发电机组结构复杂得多。下面以丹麦(NordTank)公司 NTK150/25 型风力发电机组为例，说明大中型风力发电机组的基本结构。

如图 3-14 所示，大中型风力发电机组是由叶片、轮毂、主轴、齿轮箱、调向机构、发电机、塔架、控制系统及附属部件(机舱、机座、回转体、制动器等)组成。

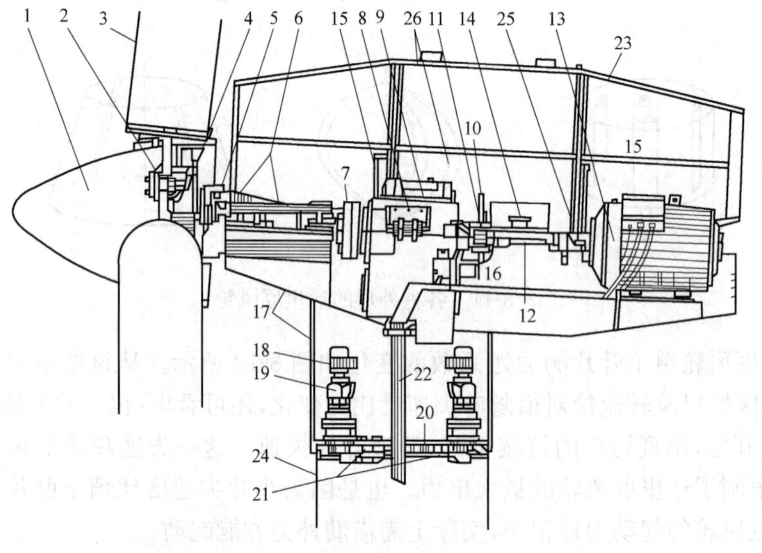

图 3-14 大中型风力发电机组的基本结构

1—导流罩 2—轮毂 3—叶片 4—叶尖制动控制系统 5—集电环 6—主轴 7—收缩盘 8—锁紧装置 9—齿轮箱 10—制动片 11—制动片厚度检测器 12—万向联轴器 13—发电机 14—安全控制箱 15—舱盖开启阀 16—制动气缸 17—机舱 18—偏航电机 19—偏航齿轮 20—偏航圆盘 21—偏航锁定 22—主电缆 23—风向风速仪 24—塔筒 25—振动传感器 26—舱盖

(2)工作原理

1)叶片。叶片是风力发电机组的关键零部件之一。大中型风力发电机组多采用二叶片或三叶片组成风轮，其中以三叶片最多。叶片材料多为玻璃钢。气动性能好的叶片，更有利于多利用风能。全世界生产叶片的厂家较多，其中丹麦 LM 公司尤为著名。目前，百千瓦级叶片技术成熟，已经批量生产。我国在叶片方面还处于研制阶段，上海玻璃钢研究所曾试制了 30kW、55kW 和 200kW、300kW 玻璃钢叶片；航天企业已生产出了 600kW 风力发电机叶片。

2）轮毂。轮毂是连接叶片和主轴的零部件。轮毂是用铸钢或钢板焊接而成。铸钢在加工前要对其进行探伤，绝不允许有夹渣、缩孔、砂眼、裂纹等缺陷。焊接的轮毂，其焊缝必须经过超声波检查，并按桨叶可能承受的最大离心力载荷确定钢板的厚度。此外，还要考虑交变应力引起的焊缝疲劳。

3）主轴。主轴也称低速轴。大中型风力发电机组由于其叶片长、重量大，所以为了使桨叶的离心力与叶尖的线速度不至于太大，其转速一般小于 50r/min，因此主轴承受的转矩较大。大中型风力发电机组主轴材料可选用 40Cr 或其他高强度的合金钢，必须经过调质处理，保证钢材在强度、塑性、韧性三个方面都较好的综合力学性能，在设计加工图时，必须注明这一技术要求。

4）齿轮箱。齿轮箱是风力发电机组中的关键零部件之一。由于风力机工作在低转速下，而发电机工作在高转速下，为了实现风力机和发电机匹配，采用增速齿轮箱。在风力发电机组中，对齿轮箱的要求非常严格，不仅要体积小、重量轻、效率高、噪声小，而且要承载能力大、起动力小、寿命长（一般超过 10 万 h）。鉴于这些要求，齿轮箱的选择至关重要。弗兰德（Flender）公司生产的齿轮箱性能较好，目前已为全世界风力发电机组生产了近万台各种规格的齿轮箱。

5）发电机。发电机也是风力发电机组中的关键零部件，发电机性能直接影响整机效率和可靠性。发电机可采用同步发电机，也可选用异步发电机。由于风力发电的特殊性，所用发电机与火力发电等其他方式采用的发电机性能要求有很大区别。为了充分利用风能，600kW 以上大型风力发电机又多采用变极电机。

2. 大中型风力发电机组的主要零部件工作原理及设计

大中型风力发电机组的设计，是一个复杂的科研课题。由于涉及学科门类较多，又必须适应不同风场的风况，目前在我国还处于研究开发阶段。国外百千瓦级的大型风力发电机组设计技术成熟，兆瓦级机组也正在试运行。应引进消化吸收国外大型风力发电机组先进的技术和经验，早日实现大型机组国产化、产业化。

(1)叶片 叶片是风力机的关键部件之一，风能利用的第一步便是叶片对风能的吸收。运行过程中叶片的状况及性能决定了风力机的利用率和发电效益。根据贝兹理论，叶片对风能的吸收率最大只能达 60%，再加上湍流、塔影、偏航等的影响，实际吸收率还会降低。因此了解叶片结构设计方面的知识对提高风能利用有着现实的意义。

1)叶片载荷分析。叶片设计中首要的是载荷的确定，既要使叶片在运输、安装及运行期间保证安全，又要尽量降低成本。欧洲风能协会制定的风力机设计标准中将载荷工况规定为设计情况与自然环境条件的组合，从而提出了正常载荷工况（指正常运行、偏航、开停机）、非正常载荷工况（指极端风载、安装运输、危险状况）和事故载荷工况（飞车、叶片损坏）。

下面就这三种载荷工况进行阐述。

① 正常载荷工况。风力机正常运行期间，叶片承受的载荷很复杂，但可分为三类，即空气动力、重力和离心力。周期性载荷有风剪切、塔影、侧风等引起的周期性气动载荷及重力、离心力、陀螺力。非周期性载荷为风的湍流作用引起的。以 WKA60 风力机为例，气动载荷轴向力

与切向力在叶片上的分布如图 3-15 和图 3-16 所示。在这些变载荷作用下，叶片的某些薄弱部位会发生破坏，达到足够的应力循环次数后，会发展到整体完全断裂。因此，叶片除要满足一定的强度、刚度要求外，还要将危险区域局部强度提高，进行疲劳设计，在不增加尺寸的情况下，提高叶片的使用寿命。

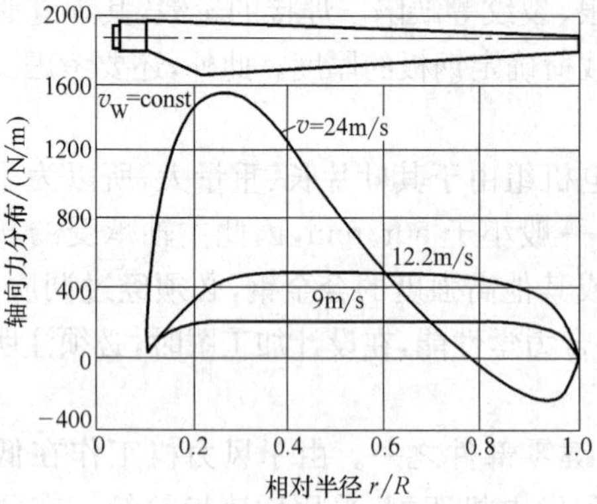

图 3-15 气动载荷轴向力分布

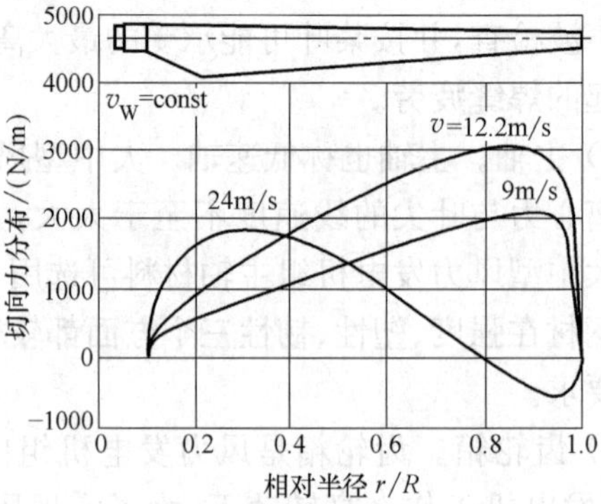

图 3-16 气动载荷切向力分布

叶片的受力综合分析有三种，如图 3-17 所示。一是气动载荷引起的剪切力、弯矩和转矩；二是重力对叶片产生的剪切力、拉压力、弯矩和转矩；三是离心力对叶片产生的拉力、弯矩和转矩。另外，还要考虑到陀螺力及湍流风对叶片的影响作用。

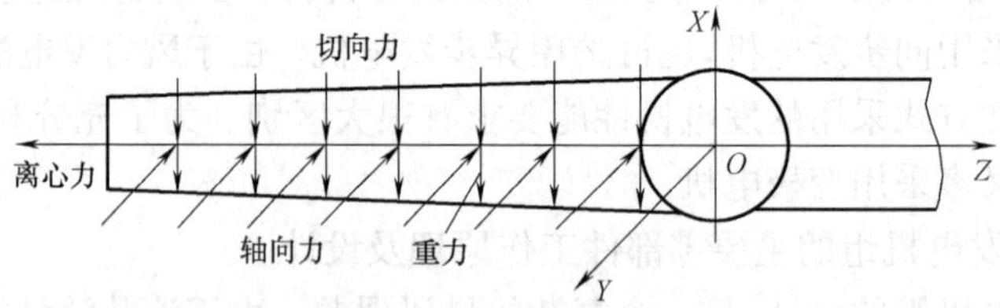

图 3-17 叶片心的主要载荷

② 非正常载荷工况。叶片承受极端风速一般定义为 50 年一遇，风速在 50～60m/s。这种极端载荷作为一次性载荷处理，可达到正常工况载荷的 3.5 倍。要求叶片在如此大的载荷下不破坏，且有一定的剩余强度以承受 10^8 次左右的正常工况疲劳载荷。

安装运输及危险状况下，载荷情况很复杂，但其交变次数一般不会超过 10^8。要求设计强度能够承受这些载荷的作用。

③ 事故载荷工况。发生飞车事故的几率很小。即使在这种情况下，对于玻璃钢叶片只要不是损伤到骨架梁，一般都可以修复。进行设计载荷分析时这种工况不作重点。

2）基本设计要求。叶片设计时除须满足载荷要求外，还要考虑到防雷保护、振动、变形和热膨胀等因素的影响。

① 防雷保护。风力发电机运行中最大的问题就是直击雷造成的损害，尤其是对叶片的损害。即使叶片是由纯绝缘材料制成的，也不能排除遭雷击的可能性。因为叶片表面可能被海水盐分或工业污尘污染，也可能产生电场集中，结果便会导致雷击。如果电流仅流过叶片表面，所造成的损伤是微弱的，但如果电流穿透叶片，叶片材料被加热至很高温度，就会导致叶片

的破碎或剥离。

叶尖更易引起雷击。如果叶尖由金属制成,由叶尖至轮毂的叶片内应装有截面足够的电导体。当导体截面过小时,过电流燃烧时会产生金属蒸气高压力,导致叶片迸裂。

任何一种安装在叶片内的导体都会增加雷电击中叶片的次数。此时电流从叶片传至大地而对其他部件不产生损害就很重要。雷击电流从叶片传至大地要途经轴承、机舱、发电机、塔架及控制系统,每个途经部件都要考虑到防雷及电流传导。

② 振动。由于作用在叶片上载荷的交变性和随机性,且叶片本身为弹性结构,因而叶片的振动是不可避免的。振动形式分为三种,即弯曲振动、扭转振动及弯扭耦合振动。如果叶片的固有频率接近转速频率某一整数倍的一定范围就会产生较大的振动应力,使叶片具有共振性质。振动产生的疲劳会降低材料强度,缩短使用寿命,因此在设计时要求叶片固有频率与共振频率保持一定偏差。

③ 变形和热膨胀。叶片在外载荷作用下会产生弹性变形,如剪切变形、拉伸变形和扭曲变形,这些可以通过计算叶尖位移和扭角来确定变形量。此外,还有两类变形设计时需要考虑,一是温度变形,是由经纬向量不同而引起热膨胀系数不一致造成的,温度变化时叶片各层收缩量和膨胀量不同,使叶片翘曲;二是叶片的铺层径向与叶片的轴向不一致,会产生附加应力,在离心力作用下,也会出现类似温度差引起变形的情况。

3) 叶片材料。确定叶片材料时应考虑三个原则:一是材料应有足够的强度、刚度和寿命;二是必须有良好的可成形性和可加工性;三是材料的来源和成本。

叶片材料从木材、金属发展到玻璃钢,贯穿着风力机的发展过程,其性能指标也在设计与实践中不断得到提高。

木材作为叶片材料,常用多层合成板与树脂连接而成,易于加工成形。但须选用结构紧密的优质木材,这样的木材来源紧张,且有吸潮等问题出现。金属材料常用的有钢、铝、钛,抗拉强度比其他材料大,但易腐蚀,缺口敏感性高,难以承受损伤。玻璃钢常用的有碳纤维增强树脂与玻璃纤维增强树脂,重量轻,抗拉强度及疲劳强度高,是理想的叶片材料。玻璃钢叶片归纳起来主要有以下特点:①可充分根据叶片的受力特点设计强度和刚度;②容易成形,可加工出气动性能很高的翼型;③具有优良的动力性能和较长的使用寿命;④耐腐蚀性好;⑤易于修补;⑥维修方便。

4)叶片结构。叶片的主要承载是剪切力、拉力、弯矩及转矩。根据不同受力部位,叶片首先要进行铺层设计,针对不同的受力铺设不同方向的纤维。

(2)轮毂　轮毂是风力发电机上的主要零件,轮毂把风轮的力和力矩传递到主轴,其结构设计十分关键。一般轮毂采用两种结构形式,即固定轮毂和铰链式轮毂。

三叶片风轮大部分采用固定轮毂,因为固定轮毂的成本低、维护量小、没有磨损。但是固定轮毂要承受所有来自风轮的力和力矩,承受载荷相对较高。

铰链式轮毂常用于两叶片风轮,这是一个半固定式轮毂,铰链轴与叶片长度方向及风轮轴互相垂直,像半联轴器。两叶片之间固定连接可绕联轴器活动、像跷跷板一样的轮毂,称为摆动铰链轮毂或跷跷板铰链轮毂。每个叶片可独立绕自己的铰链轴拍向摆动,这种轮毂称拍向铰链式轮毂。每个叶片不仅能绕拍向摆动,而且可沿挥向摇动,这种轮毂称拍向和挥向铰链式轮毂。铰链式轮毂在叶片旋转过程中驱动力矩的变化很大,因此风轮噪声也较大。

(3)齿轮箱　为了实现低转速的风轮和高转速的发电机匹配,必须有增速装置。实现增速的方法很多,最常用的有齿轮传动、带传动和链传动三种。在大中型风力发电机组中采用齿轮箱作为增速装置。一般功率大于500kW的齿轮箱采用行星斜齿结构,噪声低,寿命长。

(4)发电机　在风力发电系统中,常用的发电机有同步励磁发电机、永磁同步发电机、异步发电机、变速恒频发电机等。在大中型风力发电机组中,采用同步励磁发电机和异步发电机,对于600kW以上的大型机组发电机,采用变极方式。当然,在实际应用的发电系统中,要根据所需的容量大小、运行方式、风力发电机的性能和参数等来设计制造或选择合适的发电机。

(5)塔架　塔架是支撑风轮、发电机等部件的架子。它不仅要有一定的高度,使风力机处在较为理想的位置上(即涡流影响较小的高度)运转,而且还应有足够的强度与刚度,能够承受台风或暴风袭击。因此,塔架的设计是风力发电机组设计中极为重要的一环,应十分重视。

风速是随着塔架高度的增加而增大,塔架越高,风力发电机单位面积所捕捉的风能越大,发电量越多,但造价、技术要求以及吊装的难度也随之增加。所以,风力发电机的塔架并非越高越好,而要综合考虑技术与经济这两个因素。

(6)附属部件　附属部件包括机舱、机座、回转体以及制动装置等,下面分别简要介绍。

1) 机舱。风力发电机长年在野外运转,不但要经受狂风暴雨的袭击,还时刻面临尘砂磨损和盐雾侵蚀的威胁。为了使塔架上方的主要设备及附属部件(桨叶及尾舵或舵轮除外)免受风沙、雨雪、冰雹以及盐雾的直接侵害,往往用罩壳把它们密封起来,该罩壳就是“机舱”。

机舱要设计得轻巧、美观并尽量带有流线型,下风向布置的风力发电机组尤其需要这样,最好采用重量轻、强度高而又耐腐蚀的玻璃钢制作,也可直接在金属机舱的面板上相间敷以玻璃布与环氧树脂保护层。小型风力发电机的机舱尚可用角钢做骨架,用镀锌钢板或塑料复合薄钢板做面板。若用普通薄钢板做面板,则要先经过除锈处理,再刷上耐腐蚀的冷固型环氧树脂漆,并要定期进行维护保养。

2) 机座。机座用来支撑塔架上方风力发电机的所有设备及附属部件,它直接关系到整机的安全和使用寿命。机座的设计要与整体布置统一考虑,在满足强度和刚度要求的前提下,应力求耐用、紧凑、轻巧。大中型风力发电机的机座通常以纵梁、横梁为主,再辅以台板、腹板、肋板等焊接面组成。焊接时必须严格根据焊接工艺施焊,并采取必要的技术措施以减少变形。主要焊缝需经探伤检查,不允许有未熔合、未焊透,更不得有裂纹、夹渣、气孔等缺陷。焊好后还要进行校正、找平等工作。

3) 回转体。回转体实际上就是机座与塔架之间的连接件。通常由固定套、回转圈以及位于它们之间的轴承组成。固定套锁定在塔架上部,而回转圈则与机座相连。当风向变化时,风力机就能绕其回转而自动迎风。

4) 制动装置。制动装置是风力发电机非常重要的附属部件,它可以保证风力发电机在维修或大风期间风轮处于制动状态。

制动装置一般采用机械制动和空气动力制动。而机械制动又分两种制动方式,即运行制动和紧急制动。运行制动是指在风力发电机正常运行状态下的制动,例如失速调节式风力发电机在切出时从运行到停止;紧急制动指在事故状态时的制动,很少使用。机械制动常用于维护时的风轮制动。近几年来,风力发电机生产厂家一般采用制动片,有的安装在高速轴,有的安装在低速轴。在低速轴制动,制动力矩直接作用在风轮上,不对齿轮箱产生冲击载荷,可缩性高,但制动力矩比较大。在高速轴上制动,制动力矩小,但对齿轮箱有载荷冲击,可缩性差。

考虑到安全性，失速调节式风力发电机一般采用低速轴制动。变距调节式风力发电机一般采用高速轴制动。

空气动力制动装置安装在叶片上，一般采用叶尖制动和阻尼板形式，它常用于失速调节式风力发电机的超速保护。当机械制动不能或不足以制动时，它可作为机械制动的补充。

制动装置的设计应按照“保证故障情况下安全有效制动”的原则，对机械制动用的制动片要实时测量其厚度，保证风力机的安全性。

(7)控制系统　控制系统是大中型风力发电机组非常重要的组成部分，风力发电机组自动起停、并网、保护全部依靠控制系统完成。

1）风力发电机组对控制系统的基本要求。

① 自动完成单机开停机控制，自动并网控制和自动偏航对风控制，并能通过手动方式完成以上功能。

② 具备完善的保护功能，确保机组的安全。保护功能有：电网故障保护，风力发电机超速保护，机舱的振动保护，发电机齿轮箱的热保护，发电机油泵及偏航电机的过载保护，主轴过热保护，电缆扭绞保护，液压系统的超压和低压保护以及控制系统的自诊断。

③ 机组运行状态的自动监测、显示及打印功能。

④ 具有以微型计算机为核心的中央监控系统（上位机），可以对风力发电场一台或多台风力发电机进行监测、显示及控制，甚至可以实现异地遥控等。

2）控制系统的基本结构。风力发电场一般由多台大中型风力发电机组成，由于机组多，占地面积大，设备分散，环境恶劣，要求控制系统做到无人值守或少人值守。风力发电场控制系统由上位机系统和下位机系统两部分组成。上位机系统安装在主控室内，负责监控所有风力发电机的运行，具备显示、打印报表与远方遥控等功能；下位机系统安装在每台风力发电机的塔筒内，负责本台机组的运行，实现就地监控。上位机、下位机之间的通信采用有线或无线通信方式实现。图 3-18 所示是一种典型的计算机控制系统结构图。

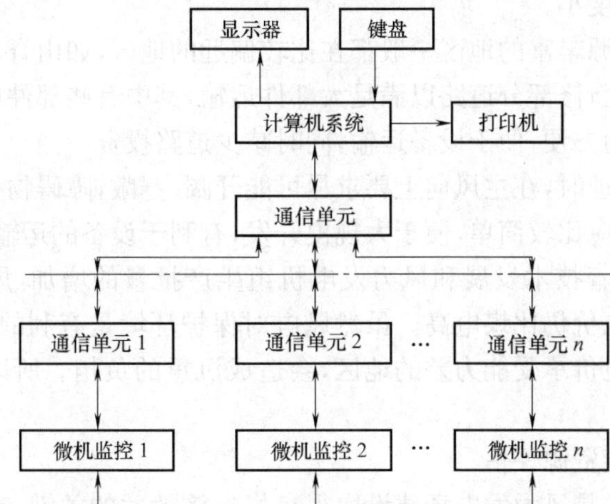

图 3-18　计算机控制系统结构图

下位机系统直接控制每台风力发电机的运行，要求具备高可靠性和高抗干扰能力，因此把二次侧的隔离电路、控制单元的接口驱动电路和计算机单元放在一个柜子中，称为计算机柜。将一次侧回路中的互感器和接触器、开关、大功率晶闸管、补偿电容等放在另一个柜子中，称为开关柜。

三、风力发电场建设

(一)风力发电场选址和风力发电机组的排列

1.风力发电场选址

风力发电的经济效益取决于风能资源、电网连接、交通运输、地质条件、地形地貌和社会经济等多方面复杂的因素，风力发电场选址时应综合考虑以上因素，避免因选址不当而造成损失。

(1)风能资源　建设风力发电场最基本的条件是要有能量丰富、风向稳定的风能资源。利用已有的测风数据以及其他地形地貌特征(如长期受风吹而变形的植物、风蚀地貌等)，在一个较大范围内(例如一个省、一个县或一个电网辖区内)，找出可能开发风电的区域，初选风力发电场场址。

现有测风数据是最有价值的资料，中国气象科学研究院和部分省区的有关部门绘制了全国或地区的风能资源分布图，按照风功率密度和有效风速出现小时数进行风能资源区划分，标明了风能丰富的区域，可用于指导宏观选址。有些省区已进行过风能资源的调查。

(2)电网连接　并网型风力发电机组需要与电网相连接，场址选择时应尽量靠近电网。对小型的风电项目而言，要求离 10～35kV 电网比较近；对比较大型的风电项目而言，要求离 110～220kV 电网比较近。风力发电场离电网近不但可以降低并网投资，而且可以减少线路损耗，满足电压降要求。接入电网容量要足够大，避免受风力发电机组随时起动并网等因素的影响。一般来讲，规划风能资源丰富的风力发电场，选址时应考虑接入系统的成本，要与电网的发展相协调。

(3)地质条件　风力发电机组基础的位置最好是承载力强的基岩、密实的壤土或黏土等，并要求地下水位低，地震烈度小。

(4)交通条件　风能资源丰富的地区一般都在比较偏远的地区，如山脊、戈壁滩、草原和海岛等，必须拓宽现有道路并新修部分道路以满足大部件运输，其中有些部件可能超过 30m。风力发电场选址时应考虑交通方便，便于设备运输，同时减少道路投资。

(5)地形条件　选择场址时，在主风向上要求尽可能开阔、宽敞，障碍物少，粗糙度低，对风速影响小。另外，场址地形应比较简单，便于大规模开发，有利于设备的运输、安装和管理。

(6)社会经济因素　随着技术发展和风力发电机组生产批量的增加，风电成本将逐步降低。但目前中国风电上网电价仍比煤电高。虽然风电对保护环境是有利的，但对那些经济发展缓慢、电网规模比较小、电价承受能力差的地区，会造成沉重的负担。所以国家实施有关优惠政策是至关重要的。

2.风力发电场场址风能资源评估

对风能资源的正确评估是风力发电场建设取得良好经济效益的关键，有的风力发电场建设因风能资源评价失误，建成的风力发电场达不到预期的发电量，造成很大的经济损失。风力发电场场址初步选定后。应根据有关标准在场址中立塔测风，收集完整、可靠的风力发电场现场实测资料。在收集现场实测风资料后，应进行数据验证、数据订正和数据处理，对风能资源作出评估。

(1)数据验证　数据验证的目的是检查风场测风获得的原始数据,对其完整性和合理性进行判断,检验出缺测的数据和不合理的数据,经过适当处理,整理出一套连续一年完整的风场逐个小时的测风数据。

(2)数据订正　数据订正是根据风力发电场附近气象站、海洋站等长期测站的观测数据,用相关分析的方法将验证后的风力发电场测风数据订正为一套反映风力发电场长期平均水平的代表性数据,即风力发电场代表年的逐个小时风速风向数据。

(3)数据处理　数据处理的目的是将订正后的数据处理成评估风场风能资源所需要的各种参数,包括不同时段的平均风速和风功率密度、风速和风能的频率分布、风速和风能密度的方向分布、风切变指数等。

(4)风能资源评估　根据数据处理形成的各种参数,对风力发电场风能资源进行评估,以判断风力发电场是否具有开发价值。

3. 风力发电机组位置排列及尾流效应

(1)风力发电机组位置排列　由于风力发电机组把风能转化成电能,风通过风轮后速度下降而且产生湍流,要经过一定的距离后才能恢复。理想情况下,在主风向上尽量使风力发电机组布置得远,减少风力发电机组相互间的影响。但是,缩短机组之间的距离可以减少电缆长度,从而降低联网费用。另外,为了充分利用土地等因素,要求把风力发电机组布置得尽量近。风力发电机组布置时应考虑这些因素,根据实际地形情况,因地制宜优化布置。作为一条指导原则,风力发电场布置风力发电机组时,在盛行风向上要求机组间相隔5~9倍风轮直径,在垂直于盛行风向上要求机组间相隔3~5倍风轮直径。

风力发电机组具体布置时应根据风向玫瑰图和风能玫瑰图确定风力发电场主导风向。对平坦、开阔的场址,可以按照以上原则,单排或多排布置风力发电机组。在多排布置时应呈梅花形排列(图3-19),以尽量减少风力发电机组之间尾流的影响。在复杂地形条件下的风力发电场场址,可利用WAsP软件等工具对场址风能资源进行分析,寻找风能资源丰富、具有开发价值的布机点,并结合以上布机原则进行风力发电机组布置。

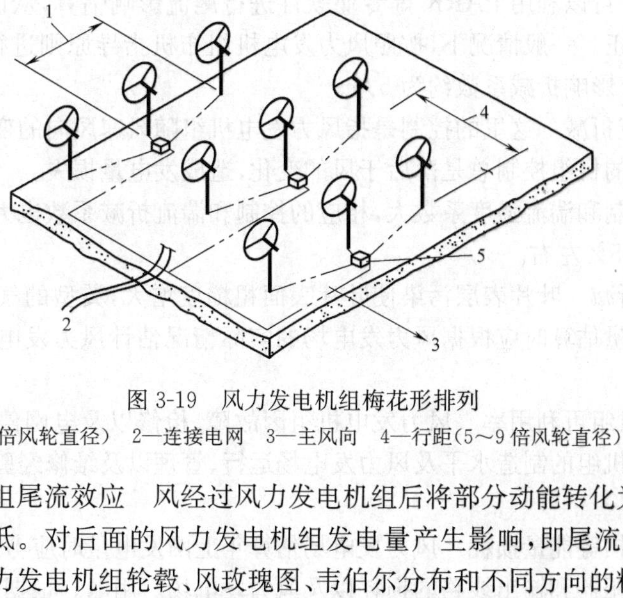

图3-19　风力发电机组梅花形排列

1—列距(3~5倍风轮直径)　2—连接电网　3—主风向　4—行距(5~9倍风轮直径)　5—变压器

(2)风力发电机组尾流效应　风经过风力发电机组后将部分动能转化为机械能,再转化为电能,从而使风速降低。对后面的风力发电机组发电量产生影响,即尾流影响。利用PARK等软件工具,根据风力发电机组轮毂、风玫瑰图、韦伯尔分布和不同方向的粗糙度,计算出风力发电机组间的尾流影响。通常按照以上原则布置风力发电机组时，风力发电场尾流影响使发电量减少 5%左右。

（二）风力发电场年上网电量估算

1．理论年发电量估算

（1）直接测风估算法　估算风力发电场发电量最可靠的方法是在预计要安装风力发电机组的地点建立测风塔，其塔高应达到风力发电机组轮毂高度，在测风塔顶端安装测风仪传感器，连续测风一年，然后按照风能资源评估方法对测风数据验证、订正，得出代表年风速资料，再按照风力发电机组的功率曲线来估算其理论年发电量。用这种方法估算发电量时，在复杂地形情况下应每 3 台风力发电机组安装一套测风系统，甚至每台风力发电机组位置安装一套测风系统，地形相对简单的场址可以适当放宽。在测风时应把风速仪安装在塔顶，避免塔影（风吹过塔架后的尾流）影响。如果风速仪安装在塔架的侧面，应该考虑盛行风向和仪器与塔架的距离，以降低塔影影响。

（2）计算机模型估算法。利用 WAsP 软件，用户按照其格式要求输入风力发电场某测风点经过验证和订正后的测风资料及测风点周围的数字化地形图、地表粗糙度及障碍物资料，就可以估算风力发电场中各台风力发电机组的理论年发电量。另外，其他的风能资源评估和发电量估算软件也可用于风力发电场发电量估算。这种方法的优点是要求的测风资料少，成本低，在简单地形场址条件下估算的结果比较可靠。

2．年上网发电量估算

风力发电场理论年发电量需要作以下几方面修正，才能估算出风力发电场的年上网发电量。

（1）空气密度修正　由于风功率密度与空气密度成正比，在相同的风速条件下，空气密度不同则风力发电机组出力不一样，风力发电场年上网发电量估算应进行空气密度修正。严格来讲，进行空气密度修正时应要求生产厂家根据当地空气密度提供功率曲线，然后按照这条功率曲线进行年上网发电量估算。

（2）尾流修正。可以利用 PARK 等专业软件进行尾流影响估算，从而对风力发电场发电量进行尾流影响修正。一般情况下，按照风力发电机组布机指导原则进行风力发电场机组布置，风力发电场尾流影响折减系数约为 5%。

（3）控制和湍流折减　这里的控制是指风力发电机组随风速风向的变化控制机组的状态，实际情况是运行中的机组控制总是落后于风的变化，造成发电量损失。

风力发电场控制和湍流强度系数大，相应的控制和湍流折减系数也大。一般情况下，控制和湍流折减系数取 5%左右。

（4）叶片污染折减　叶片表层污染使叶片表面粗糙度增大，翼型的气动特性下降，从而使发电量下降。发电量估算时应根据风力发电场的实际情况估计风力发电场叶片污染系数，一般为 3%左右。

（5）风力发电机组可利用率　风力发电机组因故障、检修以及电网停电等因素不能发电，考虑目前风力发电机组的制造水平及风力发电场运行、管理以及维修经验，风力发电机组的可利用率约为 95%。

（6）厂用电、线损等能量损耗　风力发电场估算年上网发电量时应考虑风力发电场箱式变电所、电缆、升压变压器和输出线路的损耗以及风力发电场厂用电。根据已建风力发电场的经验，该部分折减系数为3%～5%，可视风力发电场的具体情况计算确定。

(7)气候影响停机 地处高纬度寒冷地区的风力发电场，在冬季有时气温低于或等于-30℃，虽然风速高，但风力发电机组由于低温必须停机。风力发电场测风时，应监测轮毂所在高度的气温。在估算风力发电场理论年发电量时，应统计那些低于或等于-30℃情况下各风速段发生的时间，求出对应的发电量，根据其占理论年发电量的比率，在估算上网电量时进行折减。

综上所述，风力发电场理论年发电量按各种因素折减以后，可以估算出风力发电场年上网发电量，同时得出本风力发电场年可利用小时数和容量系数。

一般说来，风力发电场年可利用小时数超过3000h(容量系数0.34)为优秀场址；年可利用小时数2500～3000h(容量系数0.27～0.34)为良好场址；年可利用小时数大于2000h(容量系数0.23)为及格场址；年可利用小时数低于2000h的场址不具备开发价值。

(三)风力发电机组设备的选型

1.风力发电机组结构形式选择

(1)水平轴风力发电机

1) 结构特点。水平轴风力发电机是目前国内外广泛采用的一种结构形式。其主要的优点是风轮可以架设在离地面较高的地方，从而减少了由于地面扰动对风轮动态特性的影响。它的主要机械部件都在机舱中，如主轴、齿轮箱、发电机、液压系统及调向装置等。水平轴风力发电机的优点是：

① 由于风轮架设在离地面较高的地方，随着高度的增加发电量增高。

② 叶片角度可以调节功率，调节直到顺桨(即变桨距)或采用失速调节。

③ 风轮叶片的叶型可以进行空气动力最佳设计，以达到最高的风能利用效率。

④ 起动风速低，可自起动。

缺点有：

① 主要机械部件在高空中安装，拆卸大型部件时不方便。

② 与垂直轴风力发电机比较，叶型设计及风轮制造较为复杂。

③ 需要对风装置即调向装置，而垂直轴风力发电机不需要对风装置。

④ 质量大，材料消耗多，造价较高。

2) 上风向与下风向。水平轴风力发电机组也可分为上风向和下风向两种结构形式。这两种结构的不同之处主要是风轮在塔架前方还是在后面。顾名思义，对上风向机组，风先通过风轮，然后再到达塔架，因此气流在通过风轮时因受塔架影响，要比下风向时受到的扰动小得多。上风向必须安装对风装置，因为上风向风轮在风向发生变化时，无法自动跟随风向。在小型机组上多采用尾翼、尾轮等机构，人们常称这种方式为被动式对风偏航(Passive Yawing)。现代大型风力发电机组多采用在计算机控制下的偏航系统，采用液压马达或伺服电动机等通过齿轮传动系统实现风力发电机组机舱对风，称为主动对风偏航(Active Yawing)。下风向风轮，由于塔影效应，使得叶片受到周期性的载荷变化影响，又由于风轮被动自由对风而产生的陀螺力矩，这样使风轮轮毂的设计变得复杂起来。此外，由于每个叶片在塔架处通过时气流扰动，从而引起噪声。

3) 主轴、齿轮箱和发电机的相对位置。

① 紧凑型。这种结构是风轮直接与齿轮箱低速轴连接，齿轮箱高速轴输出端通过弹性联

轴器与发电机连接，发电机与齿轮箱外壳连接。这种结构的齿轮箱是专门设计的。由于结构紧凑，可以节省材料和相应的费用。风轮上的力和发电机的力，都是通过齿轮箱壳体传递到主框架上的。这种结构的主轴与发电机轴在同一平面内。这种结构在齿轮箱损坏拆下时，需将风轮、发电机都拆下来，拆卸麻烦。

② 长轴布置型。风轮通过固定在机舱主框架的主轴，再与齿轮箱低速轴连接。这时的主轴是单独的，由单独的轴承支承。这种结构的优点是风轮不是作用在齿轮箱低速轴上，齿轮箱可采用标准结构，减少了齿轮箱低速轴受到的复杂力矩，降低了费用，减少了齿轮箱受损坏的可能性。制动装置安装在高速轴上，减少了由于低速轴制动造成齿轮箱的损害。

4) 叶片数的选择。从理论上讲，减少叶片数提高风轮转速可以减小齿轮箱速比，减小齿轮箱的费用，叶片费用也有所降低。仅采用1～2个叶片时，动态特性降低，产生振动，为避免结构的破坏，必须在结构上采取措施，而且另一个问题是当转速很高时，会产生很大的噪声。

(2)垂直轴风力发电机　自20世纪70年代以来，有些国家又重新开始设计研制垂直轴风力发电机，一些兆瓦级垂直轴风力发电机在北美投入运行，但这种风力发电机的利用仍有一定的局限性。其叶片多采用等截面的NACA0012－18系列的翼型，采用玻璃钢或铝材料，利用拉伸成形的办法制造而成，这种方法使叶片的成本相对较低，模具容易制造。在整个圆周运行范围内，当叶片运行在后半周时，它不但不产生升力，反而产生阻力，使得这种风轮的风能利用率低于水平轴。虽然这种风力发电机质量小，容易安装，且大部件如齿轮箱、发电机等都在地面上，便于维护检修，但是它无法自起动，需要电动起动，而且风轮离地面近，风能利用率低，气流受地面影响大。这种风力发电机的主要制造者是美国的Flowind公司，在美国加州安装有这样的设备近两千台。Flowind公司还设计了一种EHD型风轮，即将Darrieus风轮叶片沿垂直方向拉长以增加驱动力矩，并使额定输出功率达到300kW。另外，还有可变几何式结构的垂直轴风力发电机，如德国的Heideberg机组和英国的VAWT机组。尽管这种结构可以通过改变叶片的位置来调节功率，但造价昂贵。

(3)其他形式　其他形式如风道式、龙卷风式、热力式等，目前这些系统仍处于开发阶段，在大型风力发电场机组选型中还无法考虑。

2. 风力发电机组部件的选择

在选择风力发电机组部件时，应充分考虑部件的生产厂家、产地和质量等级要求，否则如果部件出现损坏，日后修理是个很大的问题。

(1)叶片　叶片是风力发电机组最关键的部件。它一般采用非金属材料(如玻璃钢、木材等)。风力发电机组中的叶片不像汽轮机叶片是在密封的壳体中，它的外界运行条件十分恶劣。它要承受高温、暴风雨(雪)、雷电、盐雾、阵(飓风)风、严寒、沙尘暴等的袭击。由于处于高空(水平轴)，在旋转过程中，叶片要受重力变化的影响以及由于地形变化引起的气流扰动的影响，因此，叶片上的受力变化十分复杂。这种动态部件的结构材料的疲劳特性，在风力发电机选择时要慎重考虑。当风力达到风力发电机组设计的额定风速时，在风轮上就要采取措施以保证风力发电机的输出功率不会超过允许值。这里有两种常用的功率调节方式，即变桨距和定桨距调节。

1) 变桨距。变桨距风力发电机是指整个叶片绕叶片中心轴旋转，使叶片攻角在一定范围(一般0°～90°)内变化，以便调节输出功率不超过设计容许值。在机组出现故障时，需要紧急停机，一般应先使叶片顺桨，这样机组结构受力小，可以保证机组运行的安全可靠性。变桨距叶片一般叶宽小，叶片轻，机头质量比定桨距机组小，不需很大的制动，起动性能好。在低空气密度地区仍可达到额定功率，在额定风速之后，输出功率可保持相对稳定，保证较高的发电量。但由于增加了一套变桨距机构，增加了故障发生的概率，而且处理变桨距机构中叶片轴承故障难度大。变桨距机组比较适于高原空气密度低的地区运行，避免了当失速机安装角确定后，有可能夏季发电低，而冬季又超发的问题。变桨距机组适合于风速在额定风速以上较多的地区，这样发电量的提高比较显著。上述特点应在机组选择时加以考虑。

2）定桨距（带叶尖制动）。定桨距确切地说应该是固定桨距失速调节式，即机组在安装时根据当地风资源情况，确定一个桨距角度（一般$-4°\sim4°$），按照这个角度安装叶片。风轮在运行时叶片的角度就不再改变了，当然如果感到发电量明显减小或经常过功率，可以随时进行叶片角度调整。

定桨距失速式风力发电机组一般装有叶尖制动系统，当风力发电机需要停机时，叶尖制动系统起动，当风轮在叶尖（气动）制动的作用下转速低到一定程度时，再由机械制动使风轮制动直到静止。当然也有极个别风力发电机没有叶尖制动系统，但要求有较昂贵的低速轴制动系统以保证机组的安全运行。定桨距失速式风力发电机组的优点是轮毂和叶根部件没有结构运动部件，费用低，因此控制系统不必设置一套程序来判断控制变桨距过程。在失速的过程中功率的波动小，但这种结构也存在一些问题，叶片设计制造中，由于定桨距失速叶片宽大，机组动态载荷增加，要求有一套叶尖制动系统，在空气密度变化大的地区，在季节不同时输出功率变化很大。

综上所述，两种功率调节方式各有优缺点，适应范围和地区不同，在风力发电场风力发电机组选择时，应充分考虑不同机组的特点以及当地的风资源情况，以保证安装的机组达到最佳的出力效果。

（2）齿轮箱　齿轮箱是联系风轮与发电机之间的桥梁。为减少使用更昂贵的齿轮箱，应提高风轮的转速，减小齿轮箱的升速比，但实际中叶片数受到结构限制，不能太少。从结构平衡等特性来考虑，选择三叶片比较好。

1）升速比。为避免齿轮箱价格太高，升速比要尽量的小，但实际上风轮转速在20～30r/min之间，发电机转速为1500r/min，那么升速比应在50～75之间变化，风轮转速受到叶尖速度不能太高的限制，以避免太高的叶尖噪声。

2）润滑方式及各部件的监测。齿轮箱在运行中由于要承担动力的传递，会产生热量，这就需要良好的润滑和冷却系统以保证齿轮箱的良好运行。如果润滑方式和润滑剂选择不当，润滑系统失效就会损坏齿面或轴承。冷却系统应能有效地将齿轮动力传输过程中发出的热量散发到空气中去。在运行中还应监测轴承的温度，一旦轴承的温度超过设定值，就应该及时报警停机，以避免重大的损坏。

在冬季，如果气温长期处于0℃以下时，应考虑给齿轮箱的润滑油加热，以保证润滑油不致在低温粘度变低时无法飞溅到高速轴轴承上进行润滑而造成高速轴轴承损坏。

（3）发电机　风力发电场中有如下几种发电机可供风电机组选型时选择：

1）异步发电机。

2）同步发电机。

3）双馈异步发电机。

4）低速永磁发电机。

（4）电容补偿装置　由于异步发电机并网需要无功，如果全部由电网提供，无疑对风力发电场经济运行不利，因此目前绝大部分风力发电机组中带有电容补偿装置。一般电容器组由若干个几十千法的电容器组成，并分成几个等级，根据风力发电机组容量来设计每级补偿量，每级补偿切入和切出都要根据发电机功率来增减，以便功率因数向1趋近。

根据上面的论述可以看出，在风力发电机组选型时，发电机选择应考虑如下几个原则：

1）考虑高效率、高性能的同时，应充分考虑结构简单和高可靠性。

2）在选型时应充分考虑质量、性能、品牌，还要考虑价格，便于在发电机组损坏时修理以及机组国产化时减少费用。

（5）塔架　塔架在风力发电机组中主要起支撑作用，同时吸收机组振动。塔架主要分为圆筒状和桁架式。

1）圆筒状塔架。国外引进及国产机组绝大多数采用圆筒状塔架。这种塔架结构的优点是刚性好，冬季人员登塔安全，联接部分的螺栓与桁架式塔架相比要少得多，维护工作量少，便于安装和调整。

2）桁架式塔架。桁架式塔架是采用类似电力塔的结构形式。这种结构风阻小，便于运输。但组装复杂，并且需要每年对塔架上的螺栓进行紧固，工作量很大。冬季登塔条件恶劣。它更适于南方海岛使用，特别是阵风大、风向不稳定的风场使用。桁架式塔架更能吸收机组运行中产生的转矩和振动。

3）塔架与地基的连接。塔架与地基的连接主要有两种形式：一种是地脚螺栓；一种是地基环。地脚螺栓除要求塔架底法兰螺孔有良好的精度外，要求地脚螺栓强度高。在地基中需要良好定位，并且在底法兰与地基间还要打一层膨胀水泥，而地基环则要加工一个短段塔架并要求良好防腐放入地基，塔架底段与地基采用法兰直接对法兰连接，便于安装。

塔架的选型原则应充分考虑外形美观、刚性好、便于维护、冬季登塔条件好等特点（特别在中国北方）。当然在特定的环境下，还要考虑运输和价格等问题。

（6）控制系统

1）控制系统的功能和要求。控制系统总的功能和要求是保证机组运行的安全可靠。通过测试各部件的状态和数据，来判断整个系统的状况是否良好，并通过显示和数据远传，将机组的各类信息及时准确地报告给运行人员，帮助运行人员追忆现场，诊断故障原因，记录发电数据，实施远方复位，起停机组。

① 控制系统的功能包括以下几个方面。

运行功能：保证机组正常运行的一切要求，如起动、停机、偏航、制动、变桨距等。

保护功能：超速、发电机超温、齿轮箱（油、轴承）超温、机组振动、大风停机、电网故障、外界温度太低、接地、操作等保护。

记录功能：记录动作过程（状态）、故障发生情况（时间、统计）、发电量（日、月、年）、闪烁文件记录（追忆）、功率曲线等。

显示功能：显示瞬时平均风速、瞬时风向、偏航方向、机舱方位；显示平均功率、累计发电量，发电机转子温度，主轴、齿轮箱发电机轴承温度，双速异步发电机、大小及发电机状态，制动状态，泵油、油压、通风状况，机组状态；显示功率因数、电网电压、输出电流（三相）、风轮转速、发电机转速、机组振动水平；显示外界温度、日期、时间、可用率等。

控制功能：偏航、机组起停、泵油控制、远方传输控制等。

试验功能：超速试验、停机试验、功率曲线试验等。

② 控制系统要求计算机（或PLC）工作可靠，抗干扰能力强，软件操作方便、可靠；控制系统简洁明了、检查方便，其图样清楚、易于理解和查找，操作方便。

2）远控系统。远控系统指的是风力发电机组到主控制室直至全球任何一个地方的数据交换。远方监控界面与风力发电机组的实时状态及现场控制器显示屏应具有完全相同的监视和操作功能。远控系统主要由上位机（主控系统）中通信板、通信程序、通信线路、下位机和Modem以及远控程序组成。远控系统应能控制尽可能多的机组，并尽量使远控画面与主控画面一致（相同），有良好的显示速度和稳定的通信质量。远控程序应可靠，界面友好，操作方便。通信系统应加装防雷系统，具有支持文件输出、打印功能；具有图标生成系统，可显示功率曲线。

（四）风力发电场升压变压器、配电线路及变电所设备

1.风力发电场升压变压器

风力发电机组发出的电量需输送到电力系统中去，为了减少线损应逐级升压送出。目前国际市场上的风力发电机组出口电压大部分是0.69kV或0.4kV，因此要对风力发电机组配备升压变压器升压至10kV或35kV接入电网，升压变压器的容量根据风力发电机组的容量进行配置。升压变压器的接线方式可采用一台风力发电机组配备一台变压器，也可采用两台或两台以上机组配备一台变压器。一般情况下，一台风力发电机组配备一台变压器，简称一机一变。原因是风力发电机组之间的距离较远，若采用二机一变或几机一变的连接方式，使用的0.69kV或0.4kV低压电缆太长，增加电能损耗，也使得变压器保护以及获得控制电源更加困难。

接入系统的电压等级是根据该地区风电发展的规模、开发风电的计划和电力系统的接线情况而定。

升压变压器一般选用价格较便宜的油浸变压器或者是较贵的干式变压器，并将变压器、高压断路器和低压断路器等设备安装在一钢板焊接的箱式变电所内，目前也有将变压器设备安装在钢板焊接的箱体外，有利于变压器的散热和节约钢板材料，但需将原来变压器进出线套管从二次侧出线改为从一次侧出线。风力发电机组发出的电量先送到安装在机组附近的箱式变电所，升压后再通过电力电缆输送到与风力发电场配套的变电所或直接输送到当地电力系统离风电场最近的变电所。随着风力发电场规模的不断扩大，采用10kV或35kv箱式变压器升压后直接将电量输送到电力系统中去，回路数太多，不合理。一般都通过电力电缆输送到风力发电场自备的专用变电所，再经高压线路输送到电力系统中去。

2.风力发电场配电线路

各箱式变电所之间的接线方式是采用分组连接，每组箱式变电所由3～8台变压器组成，每组箱式变电所台数是由其布置的地形情况、箱式变电所引出的电缆载流量或架空导线以及技术经济等因素决定的。

风力发电场的配电线路可采用直埋电力电缆敷设或架空导线。架空导线投资低，由于风力发电场内的风力发电机组基本上是按梅花形布置的，因此，架空导线在风力发电场内条形或格形布置不利于设备运输和检修，也不美观。采用直埋电力电缆敷设，虽然投资较高，但风力发电场内景观好。

3. 风力发电场变电所设备

随着环保要求的提高和风电技术的发展，增大风力发电场的规模和单机容量，可获得容量效益，降低风力发电场建设工程每千瓦投资额和上网电价。

风力发电场专用变电所的规模、电压等级是根据风力发电场的规划和分期建设容量以及风力发电机组的布置情况进行技术经济比较后确定的。

变电所的设计和相应的常规变电所设计是相同的。但是在选用变压器时，如果风力发电场内配电设备选用电力电缆，由于电容电流较大，因此为补偿电容电流，需选用接地变压器。

（五）风力发电场对环境的影响

1. 噪声影响

在人口比较稠密的地区，风力发电机组发出的噪声应当引起足够的重视。人们在不同的地方和不同的时间对噪声的感受不一样，同样的噪声水平在工业区可以接受，在农业区则不然；在白天可以接受而夜晚则不能。风力发电机组发出的噪声在低风速时比高风速时感觉更明显，因为背景噪声，如风吹树叶的响声等相对较小。风力发电机组噪声的来源有两种：一种是风轮叶片旋转时产生的空气动力噪声，从叶片后缘和叶尖处的涡流发出；另一种是齿轮箱和发电机等部件发出的机械噪声。通过精心设计，如改进叶片外形和增强机舱隔声性能等，可以将噪声减小到能够接受的程度。

现代大型风力发电机组制造商提供的典型声强水平值的范围在 95～105dB(A)，声强水平随风速变化，所以与风力发电机组的运行状态有关。大风吹过灌木和树林时产生的噪声会掩盖风力发电机组的噪声。对于噪声评估来说，低风速是关键，厂家通常提供的是风速 8m/s 时的声强水平。

2. 对电磁波的干扰

风轮旋转的平面会像镜子一样反射电磁波，可能对广播电视节目的接收产生干扰，这取决于风力发电机组的位置和大小、传输信号的强弱及叶片的材料等。对电视信号的干扰主要有两种情况，向前散射和反向散射。当风力发电机组位于信号源和接收器之间时产生向前散射，使电视信号随风轮转速引起不同程度衰减；当风力发电机组位于接收器的后方时，产生的反向散射会使电视画面出现重影或变形。

只有在用金属叶片组成的大型风轮与高频弱信号相互作用、机组又正好位于信号源与接收器的连线上、接收器本身的质量也比较差的情况下才会出现严重的干扰。现代大型风力发电机组的叶片采用玻璃钢材料，风力发电场选址时已注意避开微波传输的路径。通常电磁波干扰对附近居民接收电视的影响是很小的。

3. 对生态及景观的影响

建设风力发电场对当地生态环境的影响主要是土地利用、施工期间对植被的改变以及对鸟类生活习性的改变等。为了减小尾流的影响，风力发电机组之间应该有足够的距离，风力发电场的总面积很大，若采用 600kW 机组，在平坦的地方实现 7000kW 装机容量需要 1km^2 土地，但是实际占用的土地面积不到 1%，包括机组的基础、变电站设施和道路等。其余 99%的土地原来是牧场的仍可放牧，是耕地的仍可耕种，相当于双重利用。只是在施工期间因吊装需要，有些植被特别是林地中的树木被铲除或砍伐。不过风力发电场的施工期都很短。工程结束后可恢复原来的植被，风力发电场在运行中也不排放任何废弃物，不消耗水资源，所以对当地生态环境的影响很小。

四、海上风力发电场

1. 海上风力发电场开发

众所周知，海面上的风比陆地上大，因此能否利用海上风能资源发电备受关注，从 20 世纪 70 年代后期到整个 80 年代，许多欧洲国家对海上风电的可行性都进行过探讨，直到 1990 年瑞典安装了第一台示范海上风力发电机组，单机容量为 220kW。1991 年丹麦建立了第一个示范海上风力发电场，由 11 台 Bonus450kW 的风力发电机组组成，1995 年又建成由 10 台 Vestas 500kW 风力发电机组组成的海上风力发电场，取得大量实际运行经验。1996 年荷兰在海堤内的须德海淡水中建立了风力发电场，瑞典于 1997 年建设了由 5 台 600kW 风力发电机组组成的海上风力发电场。到了 2000 年由兆瓦级风力发电机组组成的示范性商业海上风力发电场开始兴建。2005 年，英国建成了由 30 台 3MW 风力发电机组组成的 Kentish Flats 海上风力发电场，如图 3-20 所示。

图 3-20 英国 Kentish Flats 海上风力发电场

为什么在欧洲风力发电场要从陆地向海上发展呢?

第一，海上风能资源比陆上大，不但风速高，比平原沿岸高 20%，发电量可增加 70%，海上很少有静风期，能更有效地利用风力发电机组的发电容量。海水表面粗糙度低，海平面摩擦力小，因而风切变(即风速随高度的变化)小，不需要很高的塔架，可降低风力发电机组成本。另外，海上风的湍流强度低，海面与其上面的空气温度差比陆地表面与其上面的空气温差小，特别是在白天的时候。由于没有复杂地形对气流的影响，因此风的湍流强度低，作用在风力发电机组上的疲劳载荷减少，可延长使用寿命。虽然没有精确的计算，一般估计在陆地上设计寿命 20 年的风力发电机组在海上可达25～30 年。

第二，欧洲国家沿海风能资源丰富地区的人口比较稠密，可以安装风力发电机组的土地面积有限，而且单机容量越来越大，高达 70m 的“庞然大物”对自然景观的影响受到关注，甚至出现了反对安装风力发电机组的团体，使项目审批遇到困难。

第三，在 20 世纪末兆瓦级风力发电机组实现商品化，可以为海上风力发电场提供所需要的大型机组，有关方面开始研制专门用于海上的 3～5MW 机组，其技术上是可行的。

另外，由于海上面积辽阔，项目规模可以做大，一般在10万kW以上，距离海岸较远，不影响景观，吸引了电力公司参加开发。

海上丰富的风能资源和当今技术的可行性，预示着海上风力发电场将成为一个迅速发展的市场，风电设备产业将是一个经济增长点。

对海上风能资源的评估已进行了许多年，然而由于测风困难，至今还没有详尽的数据，从两个丹麦示范海上风力发电场的经验看，发电量要比传统方法预测的大20%～30%。

2. 海上风力发电机组的特点

开发海上风力发电场对风力发电机组技术的挑战是，既要承受更强的风载荷，还要承受海浪带来的负荷，能抵抗海洋环境的盐雾腐蚀。由于交通和吊装条件的限制，机组的维修要求应降低到最低程度，需要自备吊装主要部件的起重设备，避免因维修而等待大型浮吊造成的损失。海上风力发电机组与陆地上最大的区别是基础结构，目前海上风力发电机组的基础主要有以下几种：

(1)重力基础　已建丹麦海上风力发电场的机组基础是在陆地上用混凝土制成的，然后运到海里指定位置安放，用砾石和砂子堆在周围，靠重力固定风力发电机组。类似方法的新技术是用钢板制成圆筒形，底上焊接平钢板，优点是重量轻、便于普通船运以及与吊装风力发电机相同的设备在海里安放，然后填充密度很大的橄榄石。

(2)单桩基础　另一种新技术是将风力发电机的塔架延伸到水里，用钻孔或撞击的方式将塔架底部插入海床。瑞典果特兰岛南部由5台丹麦风力发电机组组成的示范海上风力发电场，采用的就是这种单桩基础。

(3)三角架式基础　正在研究类似海上石油钻台的三角架式基础，用于较深的海上风力发电场。丹麦能源局进行的研究表明，采用钢结构的基础比混凝土的成本低约35%，尤其是水深超过10m，钢结构更经济。可以采用阴极保护技术防止钢材料的腐蚀。

目前，风力发电机组设计寿命是20年，在海上使用可达25年，基础的成本很高，如果所建基础可以使用50年，第一台机组拆除后用同一个基础再换一台新风力发电机组，接着使用25年，发电成本能减少25%～33%。

将来海上风力发电场会采用专门设计的风力发电机组，尤其是开发深海的风能资源，正在尝试漂浮式风力发电机组。

3. 海上风力发电场的前景

目前，海上风力发电场的最佳规模为12万～15万kW。在海上风力发电场的总投资小，风力发电机组占51%，基础为16%，电力接入系统为19%，其他为14%。

丹麦电力公司对海上风力发电场发电成本的研究表明，用IEA(国际能源署)标准方法，目前的技术水平和20年设计寿命，估测的发电成本是0.36丹麦克朗/(kW·h)。如果寿命按25年计，还可减少9%。如果基础、塔架、主轴和机舱外壳的设计寿命为50年，则发电成本可以减少到0.283丹麦克朗/(kW·h)。

欧洲一些国家都为海上风力发电场的发展进行了规划，丹麦政府规划到2030年风电要占全国总装机容量的一半，即550万～600万kW，其中400万kW将建在海上。荷兰的目标是到2020年风电装机275万kW，其中125万kW安装在北海大陆架区域。

欧洲海上风力发电场已进入商业化示范阶段，以后将会大规模开发。中国也有丰富的海上风能资源，应当跟踪海上风电技术的发展。中国东部沿海水深2～15m的海域面积辽阔，按照与陆地上风能资源同样的方法估测，10m 高度可利用的风能资源约是陆地上的 3 倍，即超过 7 亿 kW，而且距离电力负荷中心很近。随着海上风力发电场技术的发展成熟，经济上可行，风能将来必然会成为重要的可再生能源。

第四节 风能其他利用技术

一、风力提水技术

风力提水的方式可以是利用风能发出的电力驱动水泵，还可以是用风力产生压缩空气后抽水，但广泛应用的还是直接利用风力提水。设计实际的风力提水装置，必须解决以下问题：掌握安装地点的年风速和水资源条件；计算满足需求的供水量及从水泵安装地至用户的沿程阻力，以便确定泵的功率与风轮直径；依据各种形式的风轮、水泵的机械特性，决定采用风力机和水泵的类型，以保证它们在设计与变工况情形下的性能匹配等。

1. 供需水调查与风轮直径的确定

(1)供水调查　对作为供水源的一般小型水库、水井而言，供水调查都是必不可少的。用可变转速泵，改变其抽水量，测量水源水位的变化，就可获得其供水能力，所得结果如图 3-21 所示。从图中可以看出：供水流量越大，水源水位变化的斜率越大。事实上，对于小容量的水源来说，这一趋势更为明显。

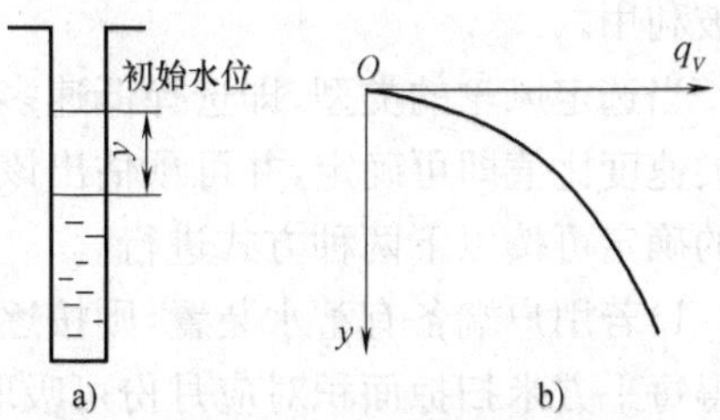

图 3-21　水源水位 y 随其供水流量 q_V 的变化

(2)需水调查、计算提水所需能量　依据用户灌溉或饮水的需求，做出其全年需水量的调查统计。统计需要的水量，也像统计用电量一样，不但要统计全年内每月的需求量，而且要统计每天需水量的分布情况。同时需要统计天、月、年风速的分布情况。必须注意的是：最终确定的用户需水量不得超过水源所能提供的水量，还需要准确了解用水高峰时段风力机安装地点的水平风速。

如已知供水流量 q_V 时蓄水池水位下降为 y(图 3-21)，依据设计的吸水管道水流速 v_{in}(一般取 1～2m/s)，计算水泵吸入段管长产生的阻力，并依据弯头、进水口过滤器、单向阀等的阻力特性，则泵的吸入高度 H_s应为

$$H_s = y + \Delta h_s \tag{3-24}$$

式中，Δh_s 为水泵吸水段的压力损失水头(m)，压力损失则为 $\rho_w g \Delta h_s$Pa，ρ_w为水密度(kg/m^3)。

同样，依据泵出口之后的管道水流速 v_{out}(一般取 1～2m/s)，水泵出口至用户的管道总长，以及弯头、水流控制阀等的阻力特性，可得到水泵出口至用户段的压力损失水头 Δh_o。并且，若设 z 为泵提升后用户处的水位与水源的初始水位之差，则相对于水源初始水位的泵出口压力水头 H_o为

$$H_o = z + \Delta h_o \tag{3-25}$$

而当供水流量为 q_V，蓄水池水位下降为 y 时，水泵应提供的总压力水头(扬程)H 为

$$H = H_o + H_s = z + y + \Delta h_o + \Delta h_s \tag{3-26}$$

则提升流量 q_V 时，所消耗的功率 P_w 为

$$P_w = \frac{\rho_w g q_V H}{\eta_P} \tag{3-27}$$

式中，η_P为水泵效率。

q_V、H 是随时间变化的，所以功率 P_w也随时间变化。P_w的分布对某时间段积分，即为该时间段内提水所需的能量 E。可将需求提水能量 E 逐日、逐月地计算出来。由于风是不规律的，并且考虑到从水源到用户的沿途水损失，实践中，按上述方法计算的逐月需求提水能量 E 乘以系数 2，才是每月实际上必须由风提供的能量，以保证逐月的用水需求。

(3)风轮直径的确定　首先需要计算提水装置所在地的有效可利用风能，计算用于提水时的有效可利用风能应主要考虑以下三个因素。

1)当风速小于风轮—水泵机组的起动风速 v_{min}时，没有能量输出。v_{min}取决于风轮和水泵的转矩特性。低速风轮驱动活塞泵提水，v_{min}约为 4m/s；高速风轮驱动叶片泵，起动风速不低于 5～5.5m/s。

2)当风速大于风轮的额定风速 v_N时，风力机的转速与功率调节机构开始工作，风力机输出能量的细微变化取决于其转速与功率的调节方式。

3)当风速超过风轮安全工作最大风速 v_{max}时，风力机制动停转，以免被毁坏。此时风力不能被利用。

当选定风轮的类型，即选择低速多叶片风轮或选择叶片数少的高速风轮后，则相应的最佳叶尖速度比值即可确定，并可预估出该叶尖速度比值下风轮的功率系数值 C_P。此后风轮直径 D 的确定可按以下两种方式进行。

1)若用户端备有蓄水装置，则按逐月需求提水能量 E 乘以系数 2，并从实际的风速资料中查得每平方米扫掠面积对应月份可吸取的风能，从而分别得到满足各月用水需求的风轮直径，最终以其中的最大值为风轮的有效直径。

2)若用户端无蓄水装置，或蓄水池容量较小，应选定全年内几组供水功率 P_w较大而对应时刻当地风速 v_1较小的数据，分别按式(3-28)计算风轮直径 D，并以其中的最大值作为风轮进一步设计的依据，以保证各个连续的月份都能提供所需的水量。

$$D=\sqrt{\frac{16P_w}{\pi\rho C_P v_1^3}} \tag{3-28}$$

式中，ρ 为空气密度(kg/m^3)。

2. 各类泵的性能曲线及其与风轮特性的匹配

为了高效、经济、稳定地利用风能，以满足抽水需求的目的，在充分掌握风力机特性的同时，也必须充分了解水泵的特性，以保证它们在设计与变工况情形下的性能匹配。

(1)往复泵的性能曲线　往复泵分为活塞泵、柱塞泵和隔膜泵。其理论流量与泵的压力升(扬程)有关，但实际上随着扬程的升高，介质(水)从泵内高压区向低压区泄漏量会增加，泵的流量将略有减少。这一情形如图 3-22 所示。

实际中，往往根据泵的性能试验绘出一定转速下泵的体积流量 q_V、功率 P 和效率 η 随扬程 H 变化的曲线，如图 3-23a 所示。从 P-H 曲线可知，H 增加，P 均匀增加。η-H 曲线表明，往复泵的效率在扬程的很大范围内几乎不变，只是在较低扬程和过高扬程时有明显下降。

图 3-23b 是往复泵在一定扬程 H 下，流量 q_V、功率 P 和容积效率 η_V随往复次数 n 变化的规律。容积效率 η_V表示往复泵的实际流量和进入液压缸内液体流量的比值，它反映了泄漏所造成的损失。改变往复次数 n，往复泵的 q_V、P、η_V也随着变化，这个特性被称为往复泵的调节特性。

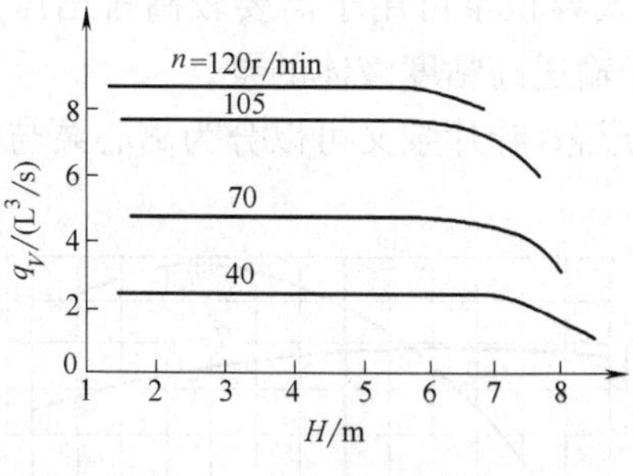

图 3-22 往复式泵的流量—扬程特性

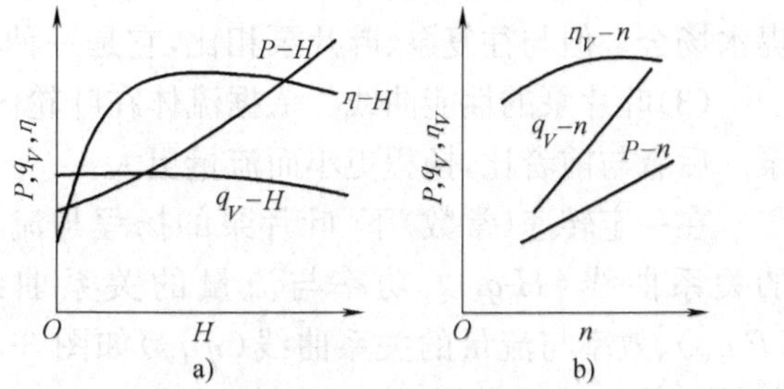

图 3-23 往复泵的性能曲线

a) 往复次数 n=常数 b) 扬程 H=常数

往复泵的特点是其出口压力高而流量小，所以它多用于提取深井地下水的高扬程小流量风力提水机上。此时，扬程一般介于 10～146m 之间，流量为 0.5～5m³/h。

（2）回转式容积泵的性能曲线 回转式容积泵依靠转子的转动实现工作腔容积的周期变化。当工作腔容积变大时，腔内压力降低，使其与泵吸入口相通，吸入液体；当工作腔容积变小时，腔内压力增高，使其与泵压出口相通，压出液体。

当泵的转速、所输送介质及其温度一定时，回转式容积泵的性能曲线如图 3-24 所示，它与往复泵的性能曲线非常接近。由图 3-24 可见，回转式容积泵的理论流量 q_{Vt} 不随扬程 H 变化，但因泵的容积效率 η_V 随压力升高而下降，导致泵的实际流量 q_V 随 H 的升高略有减小。这就决定了回转式容积泵也不能用排出阀门的节流来调节流量，而只能靠改变泵转速或采用旁路回流方法改变其流量。

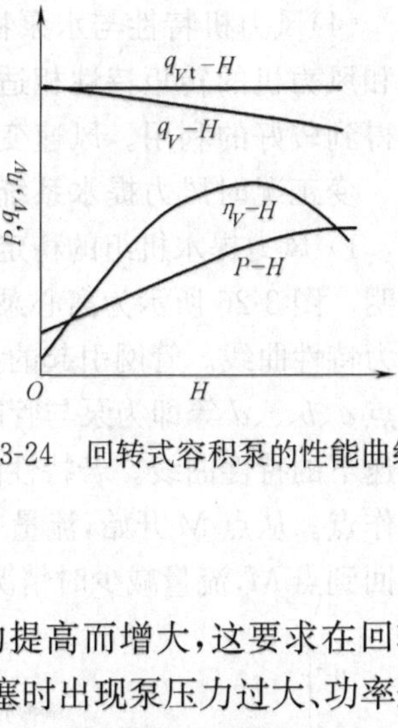

图 3-24 回转式容积泵的性能曲线

与以高扬程、小流量为特征的往复泵和以大流量、扬程较低为特点的叶片泵相比，回转式容积泵的扬程、流量范围介于这二者之间。所以它可作为中等扬程、中等流量的提水装置。

与往复泵相同的是，回转式容积泵的轴功率 P 随出口压力的提高而增大，这要求在回转式容积泵上或在系统中也必须设置安全阀，以防压出管路意外堵塞时出现泵压力过大、功率过大的后果，致使风力提水机组因超负荷而损坏。并且在泵起动时，一定要把排出阀门打开。若泵为带压起动，且结构允许，还应在起动时打开安全阀或旁路回流阀，以减小风力发电机的起动负荷。

回转式容积泵与往复泵一样，吸入口与压出口不能相通，这使其具有自吸能力。泵起动期间，靠泵吸入端容积增大造成的真空从吸入管吸入气体，并经与泵吸入口不相通的压出口排出泵外，使泵吸入口的真空度不断提高，泵吸入口管中的液面也就不断提高，直到被输送液体进入泵工作腔，起动自吸完成。

回转式容积泵能够自吸，但与所有输送液体的泵类设备一样，它的吸上高度、工作转速等吸入条件和运行参数也受到可能产生空化（泵内最低压力点压力等于或低于被输送液体在工作温度下的汽化压力 p_v，该处液体将汽化）的限制。

由于回转式容积泵具有较高的转速，并且无需将风轮的旋转运动向往复运动泵转化的结构，因而它比往复泵紧凑、体积小，流量波动也小。回转式容积泵可用于需要较高排出压力的提水场合。但与往复泵、叶片泵相比，它是一种更适合于输送高粘度液体的泵。

(3)叶片泵的性能曲线　依据流体在叶轮内的流动形态，叶片泵又可以分为离心泵与轴流泵。后者与前者比，扬程更小而流量更大。

在一定转速(常数)下，叶片泵的扬程与流量的关系曲线(H-q_V)、功率与流量的关系曲线(P-q_V)、效率与流量的关系曲线(ηq_V)如图 3-25 所示。图上还给出了空化(汽蚀)余量($NPSH$)与流量的关系。

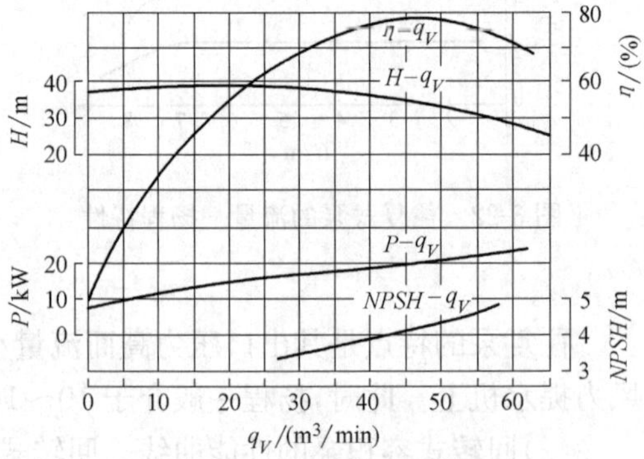

图 3-25　叶片泵的性能曲线

在设计转速下，对于一个确定的流量 q_V，可以找出一组与其相应的扬程、功率和效率。通常所称的工况或工况点就是指这一组对应的参数。对应于叶片泵最高效率点的工况被称为最佳工况点。

除了效率与流量的关系曲线出现“驼峰”外，有些叶片泵的 H-q_V 曲线也有驼峰存在。

(4)风力机特性与水泵特性的匹配　如果用一台风力机驱动水泵提水，水泵的特性就必须和风力机的转矩特性相适应，唯有很好适应，才能保证机组的稳定运行，保证所提供的风能得到较好的利用。风速变化会引起风力机、液体泵转速的变化，并引起泵工质流量的变化。变工况时风力提水系统效率及风能利用率情况也是很值得研究的问题。

1) 风力提水机组的稳定性。关于风力提水机组运行的稳定性，可借助图 3-26、图 3-27 来说明。图 3-26 所示为离心泵在确定转速下扬程 H 与流量 q_V 的关系，并且给出了输水管网的阻力特性曲线。管网引起的水压损失曲线为一抛物线。它与泵在不同转速下的 H-q_V 曲线的交点 a、b、c、d 等即为泵与管网联合工作时的工况点。该工况点是否稳定，取决于泵在该工作转速下的特性曲线。若特性曲线具有峰值，如图 3-27 所示，管网特性与泵特性交点 M 是稳定工作点。从点 M 开始，流量 q_V 上升 dq_V，则泵提供的 H 下降。而管网阻力上升，将使工作点又回到点 M，流量减少时情况亦然。而点 A 则是不稳定的。

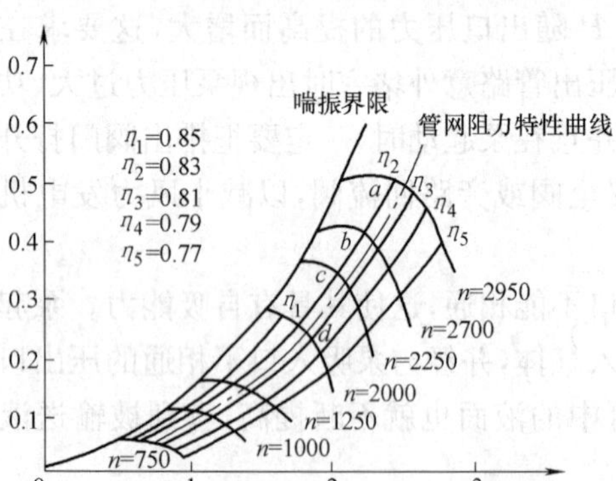

图 3-26　离心泵与管网的性能曲线

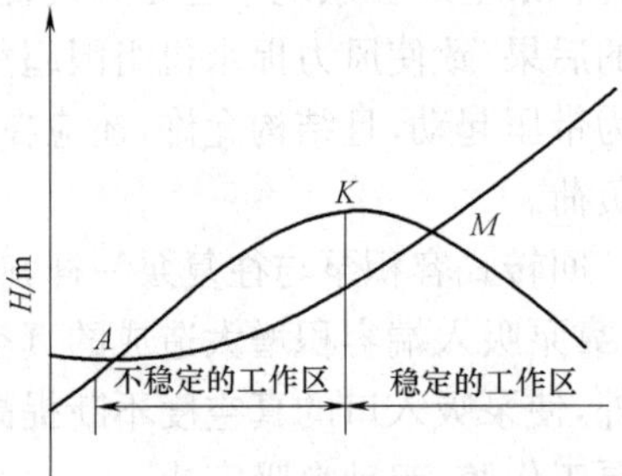

图 3-27　离心泵与管网的联合运行

2）风力发电机与水泵的转矩特性。由回转式容积泵、往复泵的特性可知：扬程 H 保持不变，转速 n（或往复次数）增加时，泵功率 P 线性增加，所以其转矩基本保持不变；由于叶片泵的功率和其转速的立方有关，所以，随转速增加，转矩呈抛物线线性增加。

以活塞泵、离心泵分别作为往复泵（及回转式容积泵）、叶片泵的代表，其转矩－转速特性、多叶片低速风轮的转矩特性以及高速风轮的功率系数随转速的变化，如图 3-28 所示。

从图 3-28 可以看出：活塞泵与风力机的联合运行是可行的；但因活塞泵在整个工作转速范围内具有近似于常数的转矩特性，活塞泵与多叶片低速风力机连接运行比与叶片数少的高速风力机配合更为合理。这是因为，多叶片低速风轮在微风（3m/s）时就能产生比较高的活塞泵起动转矩，并且二者联合运行的工况是稳定的；而高速风力机在较高的风速下才能为活塞泵提供所需的转矩，并且活塞泵－高速风力机运行的稳定工况点位于风能利用率低的区域。所以，直接把高速风力机与一个活塞泵连接是没有意义的。

离心泵具有和风力机相近的转矩特性，所以离心泵一般与高速风力机配套使用。并且设计得较好的离心泵在各风轮转速下的额定工况可使配套的风力机工作在对应风速下的最佳功率系数值附近。但当离心泵在它的额定工况之外运行时，离心泵很高的效率就会丢失。此外，由于离心泵内流体的流动是升压过程，容易发生失速现象，并且对于具有峰状特性的离心泵而言，小流量时将产生喘振。因而，单台离心泵的特性曲线流量范围有限，无法适应风力机风速、转速及功率的大范围变化。解决的办法之一是可将两个不同功率的离心泵并联使用。图 3-29 所示为风力机与所驱动的两个离心泵的功率－风速特性曲线。首先，驱动额定功率为 2kW 的小泵（泵Ⅰ），起动风速为 5m/s。在风速为 5.7m/s 时达到小泵的额定功率。而后，随风速的增加，以 4kW 大泵（泵Ⅱ）代替该小泵工作。当风速为 7.2m/s 时，大泵达额定功率，从这个风速起，两个泵都工作，这样就得到了与风力机功率曲线相匹配的三级状态，更充分地利用了所供给的风能。

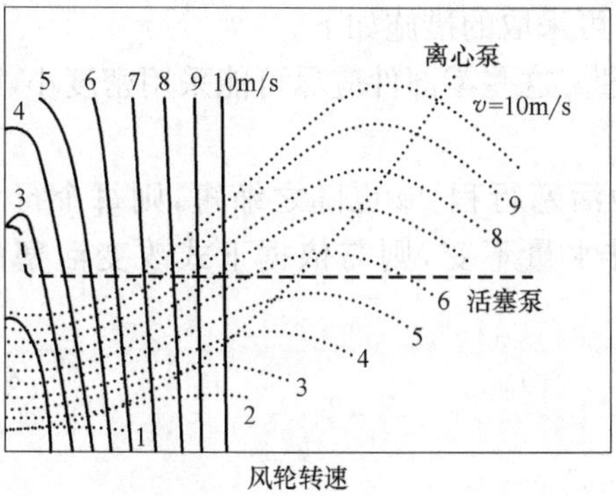

图 3-28 低速风轮的转矩特性与活塞泵和离心泵的相应特性之比较

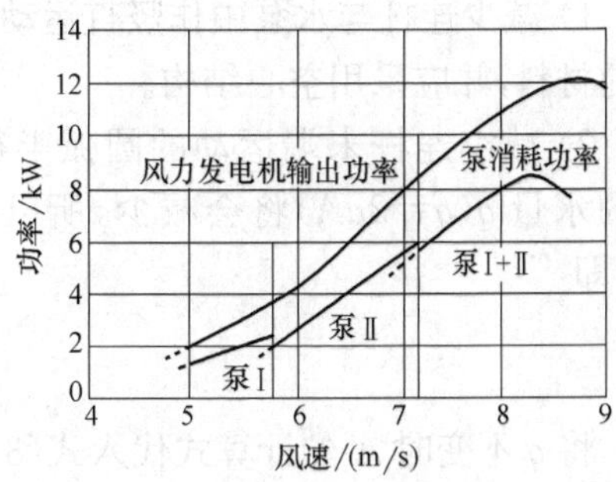

图 3-29 两个离心泵三级状态下与风力机功率特性的匹配

3. 风力提水机的结构

按照目前的实际应用情况，风力提水机主要有：提取深井地下水的多叶片低速风轮高扬程小流量风力提水机，扬程在 10～146m 之间，流量为 0.5～5m^3/h；提取地表水的高速风轮低扬程大流量风力提水机，扬程一般介于 0.5～3m 之间，流量为 50～100m^3/h。这里主要介绍多叶片低速风轮高扬程小流量风力提水机。

(1)高扬程小流量风力提水机的结构　高扬程小流量风力提水机一般采用低速多叶片风轮，叶片数一般为16～24。风轮发出的功率由风轮轴传递给机头齿轮箱中的小齿轮。经大齿轮减速，再通过连杆、导杆、传动杆等零部件（图3-30），将风轮的旋转运动变为传动杆的上、下往复运动。由于传动杆与活塞泵的泵杆相连，从而带动泵杆和其上的活塞往复运动，完成提水作业。

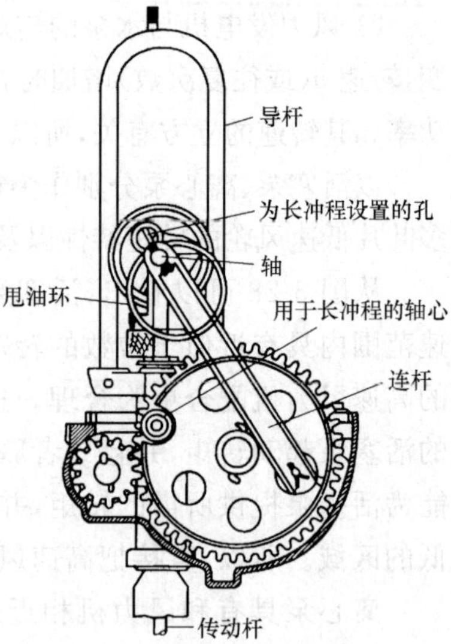

图3-30　风力提水机的齿轮箱与可变冲程结构

图3-30中的连杆等部件设置了可改变活塞泵冲程的结构。

(2)结构参数对起动风速的影响　设mg为传动杆与水泵中作竖直运动部件的总重量，H为泵产生的总静压水头，A为活塞横截面积，ρ_w为水的密度，则提水所需的竖直方向上的力为

$$F = mg + \rho_w gAH \tag{3-29}$$

如果连杆末端运动的圆弧半径为a，则该处的最大力矩M为

$$M = aF = a(mg + \rho_w gAH) \tag{3-30}$$

另设n_2为驱动连杆齿轮的齿数，n_1为连杆接风轮轴的小齿轮齿数，则工作负荷传到风轮轴的最大转矩M_1为

$$M_1 = \frac{n_1}{n_2}a(mg + \rho_w gAH) \tag{3-31}$$

需要克服的最大转矩越小，则风力机越容易起动。所需的起动风速小，就可以增加风力机的运行时间。

为此要求降低起动转矩M_1。从式(3-31)可知，可采取的措施如下。

1) 减少连杆与水泵中作竖直运动部件的总重量。这些零部件应尽可能采用密度小、强度高的材料，并应采用空心结构。

2) 减小连杆末端运动的圆弧半径a。但因为活塞行程$2a$也随之缩短，则每个行程排出的水量$q(q=2aA)$将会减少，所以，若要保持排水量不变，则需依据下式改变活塞的面积，即

$$A = \frac{q}{2a} \tag{3-32}$$

将q不变时A的计算式代入式(3-31)，得到

$$M_1 = \frac{n_1}{n_2}\left(amg + \rho_w g\frac{qH}{2}\right) \tag{3-33}$$

式(3-33)表明，在保持排水量不变的条件下，风轮轴的最大转矩M_1随a的减小而降低。因此为了使M_1下降，应当缩短连杆末端运动的圆弧半径a，同时增大活塞面积。对于30～40m深的水井，这样做没有什么困难，但对于更深的水井来说，因加大直径后钻井的成本很快上升，就不经济了。

通常，活塞泵为配套风力机提供两种规格的行程。短行程大直径活塞用于浅水井，长行程

小直径用于深水井。

3) 改变传动比 n_1/n_2。式(3-33)还表明,减小 n_1/n_2 可降低 M_1。但是传动比 n_1/n_2 的减小又使活塞每秒内的行程数 N 减少,泵的体积流量 q_V(风轮转速不变时,$q_V=n_1Nq/n_2$)也将减少。

n_1/n_2 减小时,为了保持恒定的泵水流量 q_V,就需要增大 q 值。若 a 值不变,就需要增大活塞面积 S。这说明仅减小 n_1/n_2 与仅减小半径 a 对起动风速的影响效果是相同的。

实际中,n_1/n_2 不大于 5。

(3)活塞泵转矩的平稳性 往复泵风力提水机中,由于活塞的往复运动,风轮所提供的能量主要用于活塞上升时把水提起,而下降时则主要依靠活塞自身的重量做功。因而作用在风轮上的提水转矩有很大波动。

转矩波动对起动风速有很不利的影响,会导致要求更高的风速来起动风力提水机。为了增加风力提水机的年运行时间,应设法使这种波动尽可能趋于平稳。

可以采用双作用泵,活塞下行程时,其另一边也供水。这时活塞一边每次供水量 q 比单作用泵的值减小一半,但活塞杆、传动杆却要交替承受拉力和压力。因长杆受压极易失去稳定性,事实上这种方法很少采用。

使转矩平稳的其他方法有配重或弹簧设置法(图 3-31)。其中的弹簧设置法结构上更为简单。

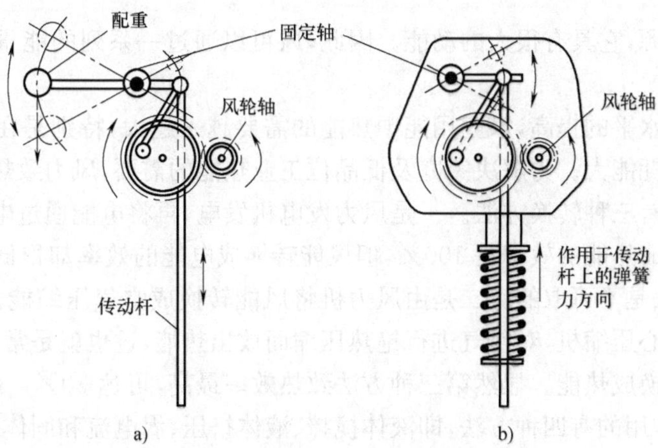

图 3-31 单作用泵的转矩平衡装置
a) 使用配重的装置 b) 使用弹簧的装置

弹簧力 F_1 作用于传动杆,活塞向上,弹簧力也向上。由对式(3-29)的分析可知,这时传到连杆上的垂直力 F 成为

$$F=mg+\rho_w gSH-F_1 \tag{3-34}$$

此时,风轮轴受到的转矩为

$$M_{11}=\frac{n_1}{n_2}a(mg+\rho_w gSH-F_1) \tag{3-35}$$

应注意的是:弹簧力 $F_1=kx$,与弹簧的弹性常数 k、形变量 x 成正比。所以 M_{11} 的最大值发生在活塞位于下止点、向上运动的瞬间。

活塞向下，弹簧力 F_1 继续起作用，方向依然向下，但与活塞运动反向。当 F_1 大于运动部件的重量时，上止点之后，活塞向下时作用在风轮轴上的转矩与活塞上升时力矩的方向相同。最大值发生在活塞接近于下止点的瞬间，其值为

$$M_{12}=\frac{n_1}{n_2}a(F_1-mg) \tag{3-36}$$

风力发电机旋转最平稳的条件是 $M_{11}=M_{12}$，即

$$mg+\rho_w gSH-F_1=F_1-mg \tag{3-37}$$

或

$$F_1=mg+\frac{\rho_w gSH}{2} \tag{3-38}$$

因而，为使转矩平稳，可依据式(3-39)，用杠杆、配重来提供大小恒定的力 F_1，也可以利用弹簧，这时弹簧力 $F_1=kx$。

如此一来，最大转矩成为

$$M_1=\frac{n_1}{n_2}a\frac{\rho_w gSH}{2}=\rho_w gq\frac{n_1}{n_2}\frac{H}{4}=\frac{\rho_w gQH}{4H} \tag{3-39}$$

应注意的是：若采用弹簧装置，应选择尺寸较长的弹簧，以便使力 F_1 在水泵整个行程中的变化不致太大。

二、风力致热

风作为一种能源，它具有很大的动能。因此，风可以通过一系列的能量转换变成热能，也就是风力致热。

随着人民生活水平的提高，家庭用能中热能的需要越来越大，特别是在高纬度的欧洲、北美地区，取暖、煮水耗能大。为解决家庭及低品位工业热能的需要，风力致热有了较大的发展。

风力致热目前有三种转换方法。一是风力发电机发电，再将电能通过电阻丝发热，变成热能。虽然电能转换成热能的效率是 100%，但风能转换成电能的效率却很低，因此从能量利用的角度看，这种方法是不可取的。二是由风力机将风能转换成空气压缩能，再转换成热能，即由风力机带动一离心压缩机，对空气进行绝热压缩而放出热能，这也就是常说的热泵技术。三是将风力机直接转换成热能。显然第三种方法致热效率最高，可达 30%。风力机直接转换热能也有多种方法，常用的有四种方法，即液体搅拌、液体挤压、涡电流和固体摩擦。

(1)液体搅拌致热　此方法最为简单。在风力机的转轴上连接一搅拌转子，转子上装有叶片。将搅拌转子置于装满液体的搅拌罐内，罐的内壁为定子，同样也装有叶片。当转子带动叶片旋转时，液体就在定子叶片之间作涡流运动，并不断冲击定子叶片。如此慢慢使液体变热，然后将热取出使用，如图 3-32 所示。这种方法可以在任何风速下运行，比较安全方便，磨损小。荷兰采用这种方法建成了一个风力致热系统，使用的风轮直径为 16.5m，产生的热水温度为 80～90℃，每年获得的热能约相当于燃烧 22000m^3 天然气。

(2)固体摩擦致热　在风力机的转动轴上安装一组制动元件，利用离心力的原理，在风力机的风轮转动时，使制动元件与固体表面发生摩擦。用摩擦产生的热去加热油，然后用水套将热传出，即得到所需的热。这种方法比较简便，但是关键在于制动元件的材质，要选择合适的耐磨材料。国内某一试验中采用普通汽车的制动片做制动元件，大约运转 300h 就要更换，磨损太快。图 3-33 所示为固体摩擦致热。

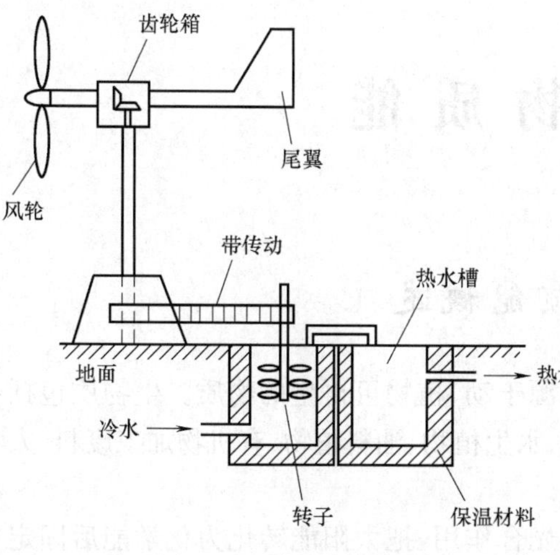

图 3-32 风力致热装置

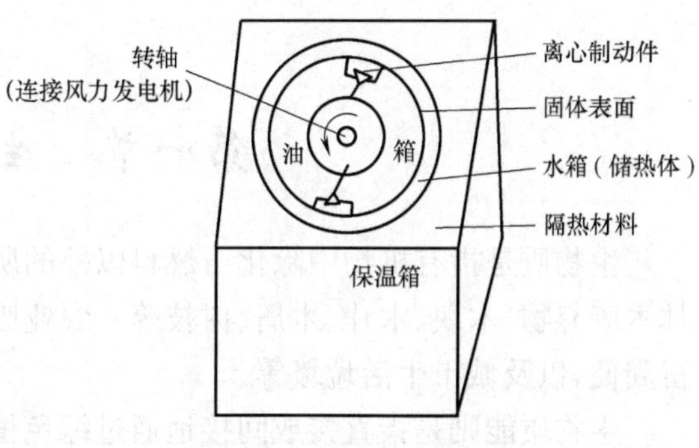

图 3-33 固体摩擦致热

(3)液体挤压致热 这种方法主要利用液压泵和阻尼孔来进行。当风力机带动液压泵工作时,将液体工质(通常为油料)加压,使机械能产生液压作用,然后让被加压的工质从狭小的阻尼孔高速喷出,使其迅速射在阻尼孔后尾流管中的液体上,于是发生液体分子间的高速冲击和摩擦,这就使液体发热。这种方法也没有部件磨损,比较可靠。

日本北海道利用风力挤压液体致热,建成了一台"天鹅一号"风力锅炉,用它来做热源建造了一座风力温泉,可供人们洗浴。所使用的风力机风轮直径为 10m,液压泵转速为 191r/min,产生的温度为 80℃。使用风力机带动液压泵,使液体加压后再从狭小的阻尼孔中高速喷出冲击液体(水或油)从而使工作液体加热。

(4)涡电流致热 这种方法是用风力机转轴驱动一个转子,在转子外缘与定子之间装上磁化线圈。当微弱电流通过磁化线圈时,便产生磁力线,若转子旋转,则切割磁力线。在物理学上,磁力线被切割时,即产生涡电流,并在定子和转子之间生成热,这就是涡电流致热。这种致热过程主要是机械转动,磁化线圈所消耗的电量很少,而且可以从风力发电充电的蓄电池获得直流电源,因此不同于电加热,风能转换效率较高。

上述各种风力致热,有的已进入实用阶段,主要可用于浴室、住房、花房、家禽牲畜饲养房等的供热采暖。一般风力致热效率可达 40%,而风力提水和发电的效率只有 15%~30%。

思考题与习题

3-1 术语解释:风切变指数、风能密度、叶尖速度比、功率系数。

3-2 简述利用风力发电的原理。

3-3 简述影响升力系数和阻力系数的因素。

3-4 简述小型风力发电机安装场址的选择原则。

3-5 简述风力发电机组选型的原则。

3-6 风力发电场对环境会产生哪些影响?

第四章　生物质能

第一节　生物质能概述

生物质是指有机物中除化石燃料以外的所有来源于动、植物可再生的物质。生物质包括林木废弃物(木块、木片、木屑、树枝等)、农业废弃物、水生植物、油料植物、有机物加工废料、人畜粪便,以及城市生活垃圾等。

生物质能则是指直接或间接地通过绿色植物的光合作用,把太阳能转化为化学能后固定和储藏在生物体内的能量。所以,从广义上讲,生物质能是太阳能的一种。生物质能的产生过程如下:

$$CO_2 + H_2O + \text{太阳能} \xrightarrow{\text{叶绿素}} CH_2O + O_2$$

生物质是太阳能最主要的吸收器和储存器。太阳能照射到地球后,一部分转化为热能;一部分被植物吸收,转化为生物质能。转化为热能的太阳能能量密度很低,不容易收集,只有少量能被人类所利用,其他大部分储存于大气和地球上的其他物质中。生物质通过光合作用,能够把太阳能富集起来,储存在有机物中,这些能量是人类发展所需能源的源泉和基础。基于这一独特的形成过程,生物质能既不同于常规的矿物能源,又有别于其他能源,兼有两者的特点和优势,是人类最主要的可再生能源之一。生物质能利用的主要形式是直接燃烧、沼气、气化、液化等。

一、生物质能利用的发展过程

人类利用能源的历史,是从对生物质能的利用开始的。早在远古时期,"燧人氏"发明的钻木取火为人类带来温暖和光明,使人类结束了茹毛饮血的原始生活,创造了最初的文明。在周口店的北京猿人遗址上,已发现用火的痕迹,说明早在那时候北京猿人就已经知道利用火,那时的燃料都是草木类生物质。根据 Elliott 和 Yoke 的研究,中国人早在公元前 1000 年就开始使用煤,希腊和罗马人也在公元前 200 年以前开始利用煤。在煤成为燃料之前,薪柴一直是人类的唯一燃料。直到 18 世纪,蒸汽机的发明及应用,开启了人类文明史上第一次工业革命,人类才开始走出刀耕火种的时期,进入工业化大生产时代。

由于天然的生物质燃料品质不好,直接燃用时效率很低,而且伴随着大量烟尘,使周围环境变得肮脏。因此,很久以前人们就试图提高生物质燃料的品质,使其使用起来更为方便和干净。早期的方法是烧制木炭,即将木头点燃后隔绝空气,使木材在加热作用下析出挥发分,留下的木炭不但发热值较高,而且燃用时不再冒烟。这实际上是生物质热化学转换技术的开端。我国唐朝诗人白居易的著名诗篇《卖炭翁》描述了卖炭人的辛酸,可见那时烧炭作坊已经相当普及。

随着历史的发展,越来越多的生物质能的形式逐步开发出来。意大利物理学家 A·沃尔塔(A·Volta)于 1776 年在沼泽地发现了沼气,开始了沼气的利用。1883 年开发出最初的生物质气化器，它以木炭为原料，气化后的燃气驱动内燃机，推动了早期的汽车或农业排灌机械的发展。在20世纪30年代，巴西人开始利用从甘蔗中提炼出的蔗糖生产乙醇，代替汽油作为机动车行驶的燃料，开始了生物燃料的利用。自20世纪70年代后期开始，国外众多研究机构和企业在生物质热裂解液化制油领域开展了大量的研究工作，开始了生物质直接生产燃料油技术的应用。

二、生物质能利用的基本术语

1. 生物质的组成与结构

生物质是地球上存在最广泛的物质，包括所有动物、植物和微生物，以及由这些生命体排泄和代谢的所有有机物质。

生物质的化学成分主要是碳水化合物，结构主要是糖类、淀粉、纤维素和木质素。

(1)糖类　糖类主要分为单糖、低聚糖和多糖。

1) 单糖。多羟基醛或酮，是一类不能再水解为更小分子的碳水化合物，称为单糖，如葡萄糖、果糖、阿拉伯糖等。它们是晶体，溶于水，绝大多数具有甜味。

2) 低聚糖。水解时生成2～10个单糖分子的碳水化合物统称为低聚糖。如蔗糖是由一分子葡萄糖与一分子果糖构成的二糖。因此，蔗糖水解得到一分子葡萄糖和一分子果糖。

3) 多糖。水解时生成10个以上单糖分子的碳水化合物称为多糖。淀粉和纤维素都是多糖。纤维素是由数千个葡萄糖分子聚合而成的多糖。多糖没有甜味。

(2)淀粉　淀粉是葡萄糖通过α-1,4糖苷键形成的聚合物。淀粉有支链淀粉和直链淀粉。直链淀粉占淀粉总量的20%，由数百个葡萄糖分子组成。支链淀粉占淀粉总量的80%，结构比直链淀粉复杂。

(3)纤维素　纤维素是由D-葡萄糖通过β-1,4糖苷键相连形成的高分子聚合物。高等植物的细胞壁一般都含有纤维素。棉花含纤维素88%～96%（质量分数，下同），木材和甘蔗渣中含纤维素约50%。

(4)木质素　木质素的结构单元是苯丙烷，同时在苯环上存在甲氧基。甲氧基是木质素结构中的特征官能团之一，并且比较稳定。木质素是植物细胞中一类复杂的芳香聚合物，它是纤维素的粘结剂，以增加纤维素的机械强度。木质素与纤维素和半纤维素是构成植物骨架的主要成分。就总量而言，地球上木质素的数量仅次于纤维素。

生物质所蕴藏的能量相当惊人。根据生物学家估算，地球上每年生长的生物质总量达1400亿～1800亿t（干重），其能量相当于目前世界总能耗的10倍，而目前作为能源用途的生物质仅占总量的1%左右，生物质能利用潜力十分巨大。

2. 生物质能转化利用

生物质能转化利用主要有四类技术，即直接燃烧技术、热化学转化技术、生物化学转化技术和植物油技术。

(1)直接燃烧技术。直接燃烧技术可分为炉灶燃烧、锅炉燃烧、垃圾燃烧和固型燃料燃烧四种情况。炉灶燃烧是生物质能最原始的利用方法，也是我国目前生物质能利用的主要方法，效率很低，利用率只有15%～20%。锅炉燃烧采用现代化锅炉技术，效率高且可实现工业化生产。垃圾燃烧就是采用锅炉技术处理垃圾。早在1979年，美国就开始采用垃圾直接燃烧发电，目前发电的总装机容量超过10000MW，单机容量达10～25MW。我国近年来也投产了大量的垃圾发电机组。固形燃料燃烧是把生物质固化成形后再采用传统的燃煤设备燃用，此方法可缩小生物质原料体积，大大增加燃料的能量密度，以提高利用效率。

(2)热化学转化技术　热化学转化技术又称物化转化技术。热化学转化技术与其他技术相比，具有功耗少、转化率高、较易工业化等优点。生物质热化学转化包括气化、热解、液化和超临界萃取。其中，气化和液化技术是生物质热化学利用的主要形式。气化是生物质转化的最新技术之一。生物质受热后，通过连续反应将其中碳的内在能量转化为可燃烧气体，既可供生产、生活直接燃用，也可用来发电，进行热电联产联供，从而实现生物质能的高效清洁利用。

(3)生物化学转化技术　生物化学转化技术利用生物化学过程将生物质原料转变为优质气态或液态燃料。根据工艺过程主要可分为两类：一是厌氧发酵，生物质在厌氧条件下经过多种厌氧和兼性厌氧的微生物的协同作用生成沼气、消化液和消化污泥，该过程就称为厌氧发酵或沼气发酵。它提供的能源形式是沼气。沼气非常洁净，具有显著环保效益，但此方法投资大、能源产出低。二是特种酶技术，利用生物技术把生物质发酵转化为乙醇，以制取液体燃料。这种技术可以使生物质转化为清洁燃料，其用途大为拓宽，效率明显提高。但转换速度太慢，投资较大，成本相对较高。加拿大用木质原料生产的乙醇产量为每年 17 万 t；比利时每年以甘蔗渣为原料制取的乙醇产量达 3.2 万 t 以上；美国每年以农村生物质和玉米为原料生产乙醇约 450 万 t，到 2010 年，可再生的生物质可提供约 5300 万 t 乙醇；巴西实施了世界上规模最大的乙醇开发计划，目前乙醇燃料已占该国汽车燃料消费量的 50%以上。

(4)植物油技术　植物油技术是一种从含有大量植物油的种子中提取液体油，直接用于燃烧或将其经乳化、高温裂解或酯化处理后作为替代柴油的方法。植物油粘度较大，直接用作燃料油会出现结焦炭化等现象，国内外普遍采用以低碳醇为酯化剂，用酸、碱或酶作为催化剂，将原料油进行酯化处理后获得相应的脂肪酸酯，即生物柴油。生物柴油的性能与石化柴油相近，并且具有硫含量低、分解性能好、燃烧效率高等特点，大大降低了环境污染，是石化柴油的优良可再生替代品，有“绿色柴油”之称。相比其他方法，酯交换法工艺简单、费用较低、制得的产品性质稳定，是生物柴油主要的制备方法。

三、生物质能的特点及性质

生物质能是生物质所含有的能量。生物质能具有以下优点：

1) 是可再生且不会增加温室气体的低硫燃料。

2) 在某些条件下，价格低廉。

3) 某些有机物可转化成燃料而减少环境公害(例如粪便、生活垃圾及污水)。

4) 与其他非常规能源相比较，利用技术上的难题较少。

生物质能也有以下缺点：

1) 目前还只限于小规模利用。

2) 植物光合作用的太阳能转化率低。

3) 单位土地面积获取的有机物能量偏低。

4) 缺乏适合栽种植物的土地。

5) 有机物的水分含量较高(质量分数 50%～95%)。

6) 生物质燃料密度低，不适于长途运输。

生物质能可分为传统生物质能和现代生物质能。传统生物质能主要限于发展中国家使用，例如农村用于燃烧的薪柴，主要包括：①家庭用薪柴和木炭；②农作物秸秆及农作物加工下脚料，如稻壳等；③其他植物性废弃物；④动物粪便等。

现代生物质能是指那些可以大规模用于代替常规能源如矿物类固体、液体和气体燃料的各种生物质能。现代生物质能包括：①林产品废弃物（工业性的）；②甘蔗渣（工业性的）；③城市废弃物；④生物燃料（包括沼气和能源型作物）。

第二节 生物质能资源的生产与再生产

一、生物质能资源的生产与再生产

生物圈指地球表层中的全部生物和适于生物生存的范围，它包括岩石圈上层、水圈的全部和大气圈下层。生物圈中的各种生物，按其在物质和能量流动中的作用，可分为：生产者，主要是绿色植物，它能通过光合作用将无机物合成为有机物。消费者，主要指动物（人当然也包括在内）。有的动物直接以植物为生，叫做一级消费者，比如羚羊；有的动物则以食草动物为生，叫做二级消费者。至于人类，则处于食物链的顶端。分解者，主要指微生物，可将有机物分解为无机物。这三类生物与其所生活的无机环境一起，构成了一个生态系统：生产者从无机环境中摄取能量，合成有机物；生产者被一级消费者吞食以后，将自身的能量传递给一级消费者；一级消费者被捕食后，再将能量传递给二级、三级……最后，当有机生命死亡以后，分解者将它们再分解为无机物，把来源于环境的，再复归于环境。这就是一个生态系统完整的物质循环和能量流动过程。只有当生态系统内生物与环境、各种生物之间长期的相互作用下，生物的种类、数量及其生产能力都达到相对稳定的状态时，系统的能量输入与输出才能达到平衡。反过来，只有能量达到平衡，生物的生命活动也才能相对稳定。所以，生态系统中的任何一部分都不能被破坏，否则，就会打乱整个生态系统的秩序。

因此，生态系统的主要特征，就是能够通过有机体的生产者生产有机物质和固定太阳能，为系统的其他成分和生产者本身所利用，维持生态系统的正常运转。由于绿色植物是有机物质的最初制造者，而绿色植物是能量的最初和最基本的储存者，所以绿色植物被称为生态系统的初级生产者。生物质能资源的生产和再生产，是生态系统物质循环和能量流动的初级部分。

二、几种生物质能资源的生产与再生产

1. 林业生物质能资源的生产与再生产

树木是林业生物质的重要来源，森林覆盖了世界陆地面积的30%左右，达$3.8\times10^{13}\,m^2$，其中$1.46\times10^{13}\,m^2$为热带森林，$2.2\times10^{12}\,m^2$为亚热带森林，$1.0\times10^{13}\,m^2$为开阔的热带稀树草原森林，$4.5\times10^{12}\,m^2$为温带森林，剩下的$6.7\times10^{12}\,m^2$为北部森林。林业生物质的另一个来源是草，世界的草地面积约为$2.6\times10^{13}\,m^2$。

林木资源的过度需求会对环境产生严重的影响：过量地修剪树枝会降低树木的生长能力；砍掉易于采伐的小树会降低森林的更新能力；砍伐太多的树木，会使森林易遭受风和太阳的损害，影响野生生物；清除所有的残余物，如在某些地区扫掉树叶，也会减少应该返回土壤维持其肥力的营养物；挖掘树根，砍伐矮树丛和灌木，会破坏土壤的保护层，最后，整个森林可能被砍伐殆尽。

在20世纪40年代到70年代，由于树木被砍掉用作燃料，我国大部分地区的森林已经消失。但是，近些年来这种趋势已被扭转，退耕还林，退耕还草，大面积地植树造林，已使我国的森林覆盖率逐渐上升。目前，我国森林面积已达1.75亿hm^2（公顷），森林覆盖率为18.21%，木材积蓄量$124.56\times10^8\,m^3$。其中，人工林保存面积为0.53亿hm^2，居世界首位。而在世界

其他国家，如印度、泰国等，由于人口增长，缺少耕地，森林覆盖率急剧下降。森林的砍伐和林木的燃烧还增加了大气中的二氧化碳量。

但是，只要管理得力，并采取保护措施，森林仍是一种可再生能源。从逻辑上讲，林木供应量大于需求量，就可以使森林覆盖率增长。所以，需要合理地管理森林，并在林场、农场、路边、防护林带和荒地上种植更多的树木。自然林的林木产量为每年每公顷 1～2m^3，而人工管理的林场每年每公顷至少 10m^3 以上。由此可见，后者单位面积产林木量比前者高出 5～10 倍。因此，通过在林场植树和合理管理，并只利用林场的年增值部分，就能够保证木材的充分供应。占地球表面十分之一（13×10^{12} m^2）的人工管理的自然林和林场，每年能生产的增值木材达 130×10^8 m^3，这个数量可以满足全世界的木材需要。

2. 农业生物质能资源的生产与再生产

农业生物质能资源是指与食物及农业生产相关的所有生物的总称，包括高等植物、高等动物、节肢动物（大多数昆虫）和微生物等。农业生物质能资源的基本功能是提供食品和其他农产品。据统计，中国已记录的生物物种总数约 83000 余种。中国海域已记录的海洋生物物种超过 13000 种。众多物种中，能够被人类直接或间接作为食品的只是极少数。例如，在 27000 种高等植物中，大约有 7000 种在农业中被应用，但仅 3 种（小麦、水稻和玉米）就提供了人类一半的热量来源，而家养及牧场喂养获得肉食则提供了另一半热量。

通过农业生产收获的动植物产品，即农产品，是指经过农业生产者初次开发形成的可供人们直接或通过加工利用的生物质能资源。此外，农业生产还存在大量派生物质和残余物质，如枝、叶、根、茎、芯、皮、粪便、动物尸体及其储存的生物质能，如光、热、气、电等。这些农业剩余物和废弃物通过回收处理直接利用或通过再加工进行利用，即为农业生物质能资源的二次开发。例如，农作物秸秆压成块状能当煤烧；粪便经过沼气池发酵成了燃气；玉米、高粱制成的乙醇酒精能当汽油用，并被人们命名为能源作物。所以有人用“地里‘种出’的能源、太阳赐予的礼物”来形容农业生物质能资源。

目前，我国每年农作物秸秆产量约 6 亿 t，农村居民生活用能约 3.4 亿 t，饲料和肥料约 2 亿 t，畜禽粪便年产 21.5 亿 t，农产品加工业如稻壳、玉米芯、花生壳、甘蔗渣等副产品的年产量超过 1 亿 t。我国还有 4.2 亿 hm^2 边际土地，包括各种荒地、荒草地、盐碱地、沼泽地等可以用来发展能源作物，如种植甘蔗、甜高粱、木薯、甘薯等能源作物。

3. 工业有机废水

在现代社会里，生物质能增加了许多新品种，工业有机废水便是其中一种重要的生物质能资源。

水污染是当今世界面临的主要资源和环境问题之一。污水中以工业废水所占比例最高，工业废水排放量占到总污水排放量的 70％以上，其次为城市生活污水和农业污水等。而在工业废水中，造纸、皮革、农药、染料等行业排出的化学需氧量 COD 在 2000mg/L 以上的高浓度有机废水占相当比例。高浓度有机废水主要有以下三种危害：①需氧性危害，由于生物降解作用，高浓度有机废水会使受纳水体缺氧甚至厌氧，多数水生物将死亡，产生恶臭，从而恶化水质和环境；②感观污染，高浓度有机废水不但使水体失去使用价值，更严重影响到水体附近居民的正常生活；③致毒性危害，高浓度有机废水中含有大量有毒有机物，会在水体、土壤等自然环境中不断累积、储存，最后进入人体，危害人体健康。高浓度有机废水对环境水体的污染程度大，处理难度高，是国内外环保研究领域的难题之一。

有机废水可用于发酵制氢，可经厌氧处理产生沼气。经污水处理后产生的污泥也可制造沼气，还可以干化焚烧用于发电。我国城市污水日处理能力已由20世纪末的100多万t，增长到现在的3000多万t，每天产生的湿污泥约为3万t。到2015年，全国城市污水处理厂将达2000座以上，污水日处理能力将达8000多万t，每天产生的湿污泥约为8万t。

污泥是低热值燃料，含水量高、易腐烂、有强烈的臭味。目前，国内污水处理厂主要用填埋、生物堆肥、干化焚烧等三种方式处理污泥，但这三种方法各有缺点：填埋污泥需要占用大量农用耕地；生物堆肥设备投资额较大，约为4000万元，而且每年运行费用达1200多万元，重金属含量高的污泥不适宜堆肥；干化焚烧投资更大，而且在运行过程中还需掺入70%～80%的高热值煤炭。相比而言，污泥干化焚烧发电，是最好的污泥利用方法。2006年12月，我国首座利用污泥发电的电厂在浙江宁波投产，利用循环流化床焚烧污泥。2007年3月，徐州也投产了污泥发电项目，日处理污泥能力为200t，利用煤粉炉掺烧发电。2008年6月，日处理能力为200t的污泥焚烧处置项目在南昌建成并投入运行，收集南昌市污水处理厂的污泥，利用循环流化床锅炉与煤掺烧。10t污泥相当于1.4t原煤的发热量，焚烧后的炉渣还可成为建筑原料。

污泥发电的另外一种方法是通过污泥厌氧发酵，产生沼气。然后，沼气在燃气内燃机的气缸内燃烧做功，把化学能转换成机械能，最终产生电能和热能。这种方法无需对污泥进行脱水处理，经厌氧罐发酵后，能消化75%～80%的污泥，剩余20%～25%的沼渣经脱水无害化处理后，还可制成有机肥；产生的沼气回收到沼气罐内，随时可用于发电，供污水处理厂循环自用；发电产生的余热一部分用来加温发酵池，剩下部分用于区域供热，实现热电联产。2008年3月，浙江丽水建成了我国首座利用屠宰场污水与废弃物产生沼气发电的电厂。设计总装机容量为4000kW，年发电量约2000万kW·h。屠宰场每吨污水与废弃物发酵后可产生5.5m^3沼气，每1m^3沼气可转化为1.25kW·h电能，每吨污水理论计算可发电约6.8kW·h。每年沼气发电后的废渣可制成有机肥1万多t。

4. 城市固体废弃物

随着世界各国工业化和城市化进程的加快，人们生活方式逐渐趋于高级化、革新化，导致了城市生活垃圾的“量”日益增多，“质”日益繁杂。目前世界垃圾正以快于经济增长速度2.5～3倍的速度增长，年平均增长速度为8.24%。仅美国每年产生的城市生活垃圾就多达2.2亿t。控制垃圾污染已成为全球性环境保护的热点问题。

在我国，随着国民经济的快速发展、人民生活消费水平的提高，以及城镇人口的迅速增加，城市生活垃圾（MSW）产生量也在不断增加。统计资料表明，我国城市人均年产生活垃圾440kg，全国主要城市年产生活垃圾1.42×10^8t，并且还在以每年8%～10%的速度增长。但由于资金技术和管理等各方面的原因，我国城市生活垃圾的无害化处理率不到40%，3/5左右的城市生活垃圾只能运往城郊长年露天堆放，城市生活垃圾储存量已达6.0×10^9t，占地5.6万hm^2。

对城市生活垃圾的处理方式主要有填埋法、堆肥法和焚烧法。目前填埋法是我国城市生活垃圾处理的主要方式，但这种方法占地面积较大，且渗滤液处理困难，很容易造成渗滤液泄露，污染土壤、地下水以及大气。堆肥法由于处理周期长、肥效低等原因发展也较慢。相对而言，焚烧法是较先进的垃圾处理方法，它可以达到城市生活垃圾的减量化、无害化、资源化。焚烧法可以使垃圾容量减少约90%，质量减轻约75%；且每焚烧3～5t生活垃圾所释放的热量相当于1t标准煤的放热量，可用城市生活垃圾焚烧后的余热来供热、发电等，达到资源再利用的目的。

第三节 沼气技术

一、沼气发酵原理

1. 沼气的特性与发展历史

沼气是一些有机物质（如秸秆、杂草、树叶、人畜粪便等废弃物）在一定的温度、湿度、酸度条件下，隔绝空气（如用沼气池），经微生物作用（发酵）而产生的可燃性气体。沼气是气体的混合物，其中含甲烷60%～70%（体积分数），此外，还含有二氧化碳、硫化氢、氮气和一氧化碳等。它含有少量硫化氢，所以略带臭味。

沼气的特性与天然气相似。空气中如含有体积分数8.6%～20.8%的沼气时，就会形成爆炸性的混合气体。沼气除直接燃烧用于炊事、烘干农副产品、供暖、照明和气焊等方面外，还可作为内燃机的燃料以及生产甲醇、甲醛、四氯化碳等的化工原料。经沼气装置发酵后排出的料液和沉渣，含有较丰富的营养物质，可用作肥料和饲料。沼气和甲烷的主要理化性质见表4-1。

表4-1 沼气和甲烷的主要理化性质

特性	甲烷（CH_4）	沼气（CH_4体积分数60%，CO_2体积分数<40%）
热值/（MJ/m^3）	35.82	21.52
爆炸范围（空气中的体积分数）（%）	5～15	8.6～20.8
密度/（kg/m^3）	0.72	1.22
临界温度/℃	−82.5	−25.7～48.42
临界压力/10^5Pa	46.4	59.35～53.93
气味	无	微臭

沼气是由意大利物理学家A.沃尔塔于1776年在沼泽地发现的。1881年，法国建成欧洲第一个处理市政有机物废水的厌氧发酵工程。

世界上第一个沼气发生器（又称自动净化器）是由法国人L.穆拉于1860年将简易沉淀池改进而成的。1925年在德国、1926年在美国分别建造了备有加热设施及集气装置的消化池，这是现代大、中型沼气发生装置的原型。第二次世界大战后，沼气发酵技术曾在欧洲一些国家得到发展，但由于石油大量涌入市场而受到影响。此后，随着世界性能源危机的出现，沼气又重新引起人们重视。1955年，新的沼气发酵工艺流程——高速率厌氧消化工艺产生。它突破了传统的工艺流程，使单位池容积产气量（即产气率）在中温下由每天$1m^3$容积产生0.7～1.5m^3沼气，提高到产生4～8m^3沼气，滞留时间由15天或更长的时间缩短到几天甚至几个小时。中国于20世纪20年代初期，由台湾人罗国瑞在广东省建成了第一个沼气池，随之成立了"中华国瑞瓦斯总行"，以推广沼气技术。近年来，我国沼气事业获得了迅速的发展，沼气池总数已达到一千多万个。在四川、浙江、江苏、广东、上海等省市的农村，有些地方除用沼气煮饭、点灯外，还办起了小型沼气发电站，利用沼气能源作为动力进行脱粒、加工食料、饲料和制茶等，闯出了用"土"办法解决农村电力问题的新路子。

2. 沼气发酵的微生物学原理

早在 19 世纪，人们就已经知道沼气的产生是一个微生物学过程。1965 年，美国微生物学家亨盖特(Hungate)教授创立了严格厌氧微生物培养技术，人们逐步开始认识到沼气发酵的本质，了解了沼气发酵的微生物学原理：沼气发酵过程由多个生理类群的微生物在无氧条件下共同参与完成，是微生物为适应缺氧环境，利用不同类群的不同分解作用，构成完整的生化反应系列，逐步将有机物降解，最终形成甲烷、氢气和二氧化碳等混合气体，即沼气。

沼气发酵过程会产生三种物质：沼气、消化液和消化污泥(沉渣)，应用价值都很高。沼气以甲烷为主，可作为燃料，是一种清洁能源。消化液(沼液)含有可溶性氧、磷、钾等速效肥分，是优质肥料。消化污泥主要成分是菌体、难分解的有机残渣和无机物，是一种优良迟效有机肥，并有改良土壤的功效。

沼气发酵微生物是一个统称，包括发酵性细菌、产氢产乙酸菌、耗氢产乙酸菌、食氢产甲烷菌、食乙酸产甲烷菌五大类群。这些微生物按照各自的营养需要，起着不同的物质转化作用。从复杂有机物的降解，到甲烷的形成，就是由它们“分工合作”和相互作用而完成的。

在沼气发酵过程中，五大类群细菌构成一条食物链，从各群细菌的生理代谢产物或它们的活动对发酵液 pH 值的影响来看，沼气发酵过程可分为水解、产酸和产甲烷阶段。前三类群细菌的活动可使有机物形成各种有机酸，因此，将其统称为不产甲烷菌。后两类群细菌的活动可使各种有机酸转化成甲烷，因此，将其统称为产甲烷菌。

固形物变为沼气的整个过程一般可分为三个阶段，如图 4-1 所示，即液化阶段、产酸阶段和产甲烷阶段。其中液化阶段和产酸阶段又可合称为不产甲烷阶段。因此，沼气发酵过程也可分为两个阶段，即不产甲烷阶段和产甲烷阶段。

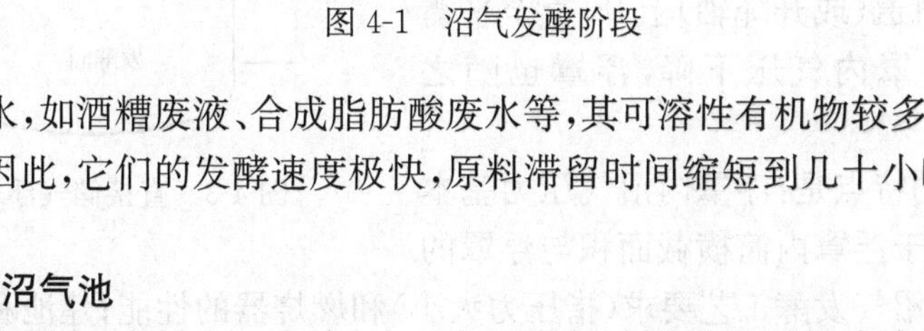

图 4-1 沼气发酵阶段

某些工业废水，如酒糟废液、合成脂肪酸废水等，其可溶性有机物较多，在入池发酵前已完成了液化阶段。因此，它们的发酵速度极快，原料滞留时间缩短到几十小时或几个小时，可获得很高的产气率。

二、小型户用沼气池

我国是发展中国家，农村人口众多，小型户用沼气池的发展对解决农村能源、生态建设和改善农民生活等方面发挥了巨大作用。现在，我国小型户用沼气技术及其利用，从技术水平到使用范围，乃至应用数量，在国际上都处于领先地位。

沼气池的类型较多，按照储存沼气方式可分为水压式沼气池、浮罩式沼气池、气袋式沼气池等；按沼气池的形状可分为圆柱形沼气池、球形沼气池、长方形沼气池等；按材料可分为砖池、混凝土池、钢结构池和塑料池等。每一种沼气池都有其优缺点。经过国内多年经验总结，埋地圆柱形水压式沼气池为我国农村主要推广应用的池型，并已制定出国家标准(GB/T 4750—2002，GB/T 4751—2002，GB/T 4752—2002)。以下介绍两种典型沼气池的结构和工作过程。

1. 水压式沼气池

水压式沼气池在国内得到了广泛应用。它主要由发酵间、进料管和水压间三部分组成，其结构如图 4-2 所示。发酵间中的虚线表示下部固、液混合料液，液面上的空间为储气室。在沼气池正常产气与向外供气过程中，这个液面的上下位置经常是变动的，即储气间的容积与料液所占的容积是相对变化的。当储气间中气体压力增大时，下面的一部分料液被挤入水压间和进料管，液面下降；当储气间中气体压力减小时，水压间和进料管里的一部分料液又返回到发酵间内，液面上升。发酵间、水压间和进料管，三者相当于一个“液体连通器”。

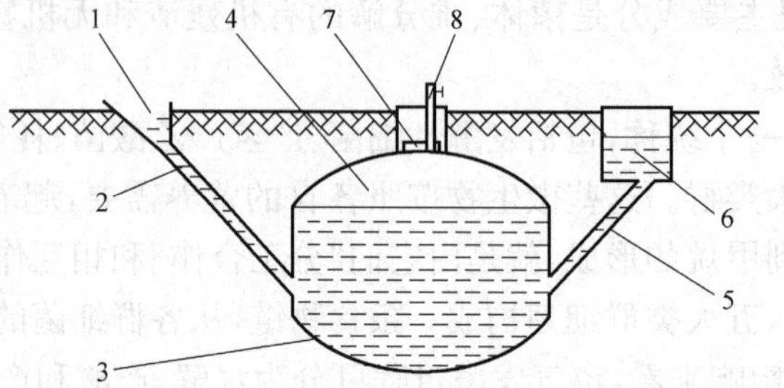

图 4-2 圆柱形水压式沼气池结构

1—进料口 2—进料管 3—发酵间 4—储气间 5—出料管 6—水压间 7—活动盖 8—导气管

原料发酵产出的沼气，由导气管输送给燃用器具，沼气只有具备一定压力时，才能保证燃具的正常燃烧。水压式沼气池储气间的气压是靠水压间与发酵间的液面高度差来实现的，故称为水压式沼气池。两个液面的高度差值，即为储气间内以水柱高度表示的压力值。

2. 浮罩式沼气池

浮罩式沼气池是将发酵间产生的沼气由沉浮式气罩储存起来。其结构如图 4-3 所示。

浮罩式沼气池由发酵间和浮罩两部分组成。当沼气向上压力大于浮罩自重和配重时，浮罩便沿水封池内壁的导向轨道（或升降轴）上升，直至平衡为止；当用气时，浮罩内气压下降，浮罩也随之下沉。

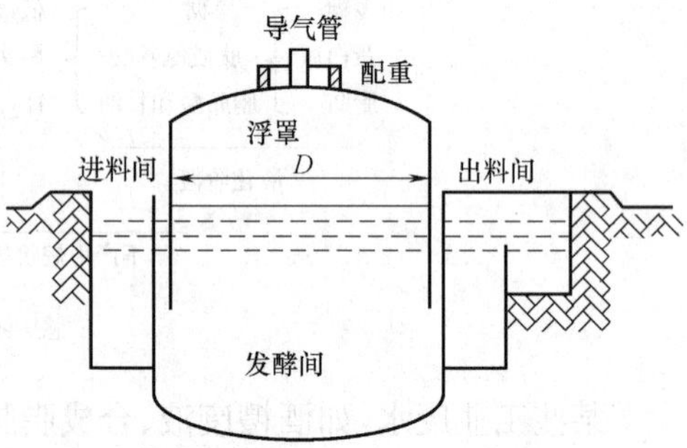

图 4-3 直接储气浮罩式沼气池

浮罩式沼气池的特点是：浮罩内沼气压力基本稳定，压力大小取决于浮罩内筒横截面积与浮罩的自重和配重，易适应沼气发酵工艺要求（指压力大小）和燃烧器的性能；建池和出渣容易。

三、大中型沼气工程

1. 大中型沼气工程的定义

国外一般按照容量大小将厌氧消化池（沼气池）划分为以下三类：小型池，1000～2500m^3；中型池，2500～5000m^3；大型池，5000～10000m^3。

我国则按照厌氧消化装置的总池容积和单池容积的大小来划分，将沼气工程分为大型、中型和小型三类。规模小于中型沼气工程的为小型沼气工程和农村户用沼气池。大型沼气工程总池容积需要大于 1000m^3，单池容积也必须大于 500m^3，如单池容积为 800m^3，而总池容积也为 800m^3，则不属于大型沼气工程，只属于中型沼气工程。中型沼气工程总池容积大于等于 100m^3，单池容积也必须大于等于 100m^3。

2. 大中型沼气工程国内外发展概况

我国大中型沼气工程第一个实例，出现在20世纪60年代初，河南省南阳酒精厂为了处理酒精废糟液，建起隧道式半地下大型沼气发酵装置，随后四川、山东等地一些同类酒厂、酒精厂先后建起规模不等的沼气发酵装置。到了20世纪70年代，随着户用沼气池的发展和影响，出现了用畜禽粪污为原料的大中型沼气工程。与发达国家相比，虽然我国的大中型沼气工程起步较晚，但是近十几年的发展速度较快。随着规模化畜禽养殖场逐年增加，所排放的粪便污水也大量增加；粮食产区为当地的粮食转化建起的食品加工业也发展迅速，其排放的食品工业废水量也很大，这些废弃物都为厌氧发酵生产沼气的大中型沼气工程提供了极其丰富的原料。

据有关部门统计，1996年我国处理农业废弃物（畜禽粪污等）的大中型沼气工程有460处，占处理工农业废弃物工程数量的77.7%，多集中在上海、浙江、江苏、湖南、湖北、江西六省市，占工程总数的75.4%。随后，其他省市也有较快的发展。到1998年底，我国已有大中型沼气工程748处，总池容积 $43.8\times10^4m^3$，沼气年产量超过 $1\times10^8m^3$，年发电达 $583\times10^4kW\cdot h$，装机容量达1510kW，供气超过7万户。

我国大中型沼气工程经历了由小到大（单池容积达数千立方米）、由少到多、由效能低的传统池到高效厌氧发酵系统的发展过程。现在，我国大中型沼气工程的数量已居世界各国之首。正常运行的装置，在原料利用、负荷率、有机物去除率和产气率等方面，多数已达到国际先进水平。特别是在废物资源化综合利用、环境、生态、能源和经济效益结合的沼气综合技术系统方面，逐步开发出符合中国国情的技术。

欧美等发达国家的畜禽养殖业十分发达，这些国家对环境保护工作十分重视，相继制定了一些相应的法律法规，以确保畜禽养殖排放的废弃物经过无害化处理才能还田使用。由此，也促进了各国大中型沼气工程的发展。

3. 大中型沼气工程基本工艺流程

下面以河南省南阳酒精厂沼气工程为例，说明沼气工程的工艺流程。酒精糟液进入两座5000m^3的厌氧消化罐，采用厌氧接触工艺，在55℃下高温发酵，罐内有搅拌装置。两个厌氧消化发酵罐并联运行，停留时间约5d，池容产气率为 $4m^3/(m^3\cdot d)$。

目前该工程已形成日产沼气45800m^3的生产能力，沼气用户达49个单位、4000户以上。另外，每天还供应石化厂4000～5000m^3沼气作为生产二氯甲烷、三氯甲烷的工业原料。供应本厂一台2t锅炉及职工550户家庭用沼气。按4000户计算每月可节约原煤252t，年节约原煤2772t。

经厌氧发酵后的消化液，其污染值与发酵前糟液相比：化学需氧量COD由50000mg/L降至8000mg/L，去除率达84%；生化需氧量BOD由25000mg/L降至2300mg/L，去除率达90.8%；pH值由4.2升至7.2～7.5；悬浮物由20000mg/L降至700mg/L，去除率达96.5%。该厂于1982年开始进行消化液农用灌溉研究试验，先后试验十多公顷农田，包括小麦、水稻、甘蔗、蔬菜等。试验结果表明，施用这种肥料，与对照田相比，可使上述作物分别增产17%～46%，同时具有肥效高、肥期长、虚土保墒、改良土壤团粒结构等优点。经化验计算，该厂年排放消化液所含氮、磷、钾，折合纯氮596.7t，五氧化二磷209.7t，氧化钾1252.8t，可使3333hm^2

农田受益。

四、沼气的综合利用

沼气的研究与利用，最初的目的主要是解决能源问题，用沼气作为生活燃料，进行炊事和照明；之后，将沼渣、沼液作为肥料，生产蔬菜。随着科技的进步、生产的发展，沼气、沼渣和沼液的应用领域在不断拓宽。例如：沼气用于糖果的储藏；沼气作为内燃机燃料用于动力以及发电；沼气燃烧产生热量孵化禽雏，用沼气灯给蛋鸡增光多产蛋，诱虫喂鱼；沼气燃烧产生二氧化碳对温室、塑料大棚内的蔬菜进行气体施肥；用沼液或沼渣作为饲料发展养殖业，喂猪、兔、奶牛、鸡、鱼、蚯蚓等；用沼液浸种、浸根和无土栽培；沼渣、沼液用于栽培蘑菇；沼渣、沼液在用作肥料的同时，还能起到改良土壤的作用等。沼气、沼渣及沼液在农村生活和农业生产的直接利用，统称为沼气综合利用。

表 4-2 是 1998 年全国在推广沼气综合利用中几个方面所取得的效益数据。

表 4-2 1998 年全国沼气综合利用情况

沼气储粮		沼液浸种		沼液养猪	
储粮数量/t	减少粮食损失/t	播种面积/hm^2	增产粮食/t	头数/万头	节约饲料/t
50131.5	907.5	879844	555918	755.86	148916.9
沼液养鱼		**沼渣种菇**		**水果保鲜**	
面积/hm^2	增加产量/t	面积/hm^2	产量/t	数量/t	减少损失/t
42333.3	15658.8	676.4	15474.4	3380.3	410.6

对表 4-2 中数据进一步核算可以得出：沼液浸种使粮食每公顷增产 631.8kg；沼液养鱼每公顷水面增产 369.9kg；沼液养猪每头猪一个饲养周期节约饲料 19.7kg；沼渣种菇每平方米产菇 2.9kg。

我国农村人口多，人均占有的耕地、水及其他农业资源相对较少。沼气综合利用是适于中国国情、具有中国特色、高效、梯级利用综合物质资源的一种体现，是农民脱贫致富的有效途径。

第四节 生物质燃烧技术及生物燃料

一、生物质燃料与燃烧

人类自从发明了火，便开始以生物质为燃料进行能源利用。直接燃烧是最原始、最实用的利用方式，一直延续到今天。随着社会的发展、科技的进步，燃用生物质的设施和方法在不断改进和提高，现在已达到工业化规模利用的程度。

1. 生物质成分与特性

生物质和煤的成分特性组成见表 4-3，表中也列出了典型煤的相应组成。

生物质燃料和煤炭相比有以下一些主要差别：

(1)含碳量较少 生物质燃料中含碳量最高的也仅 50%(质量分数)左右，相当于生成年代较少的褐煤的含碳量。特别是固定碳的含量明显比煤炭少。因此，生物质燃料不耐烧，需要频繁添加燃料。同时，它的热值也较低。一般生物质低位发热量在 15MJ/kg 左右，烟煤一般在 24MJ/kg 左右。

表 4-3 生物质和煤的成分特性

燃料	C_{ad}(%)	O_{ad}(%)	H_{ad}(%)	A_{ad}(%)	V_{daf}(%)	密度/(t/m³)
生物质	38～50	30～44	5～6	4～14	65～70	0.47～0.64
煤	60～90	3～20	3～5	5～25	7～38	0.8～1.0

(2)含氢量稍多，挥发分含量明显较高 生物质燃料中的碳，多数和氢结合成较低相对分子质量的碳氢化合物。所以，生物质燃料易被引燃。燃烧初期，挥发分析出量较大，在空气和温度不足的情况下易产生黑烟。在燃烧设备设计中就必须注意到这一点。

(3)含氧量多 生物质燃料含氧量明显多于煤炭，它使得生物质燃料热值低，但易于引燃，在燃烧时可相对地减少供空气量。

(4)密度小 生物质燃料的密度明显比煤炭低，质地比较疏松，特别是农作物秸秆。这样使得这类燃料易于燃烧和燃尽，灰渣中残留的碳量，一般比燃用煤炭时少。

由于生物质燃料结构组成上有以上这些特点，所以，在直接燃烧时，为了提高燃烧效率，在空气供给、燃烧室容积和形状以及燃料添加等方面，和燃煤相比也相应有所不同。

2. 生物质的燃烧过程

生物质燃料的燃烧过程是燃料和空气间的传热、传质和化学反应过程。燃烧除去燃料存在外，必须有足够温度的热量供给和适当的空气供应。生物质中可燃部分主要是纤维素、半纤维素、木质素转变成的碳以及氢。生物质直接燃烧反应是一个复杂的物理、化学过程。燃烧时纤维素和半纤维素首先释放出挥发分物质。碳表面和氧化剂(氧气)之间进行气固两相反应。燃烧过程产生的热量使周围温度升高，又促使传质过程加快，它是使热量产生得更快的一种连锁反应过程。

生物质燃料燃烧机理属于静态渗透式扩散燃烧。与煤一样，通常经历预热干燥阶段、热分解阶段、挥发分燃烧阶段、固定碳燃烧阶段和燃尽阶段。

(1)预热干燥阶段 在该阶段，生物质被加热，温度逐渐升高。当温度达到 105℃左右时，生物质表面和生物质颗粒缝隙的水被逐渐蒸发出来，生物质被干燥。生物质的水分越多，干燥所消耗的热量也越多。

(2)热分解阶段 生物质继续被加热，温度继续升高，达到一定温度时便开始析出挥发分，这个过程实际上是一个热分解反应。生物质热分解动力学表达式为

$$\frac{\mathrm{d}\alpha}{\mathrm{d}t}=k_0\mathrm{e}^{-\frac{E}{RT}(1-\alpha)^n}$$

式中，$\frac{\mathrm{d}\alpha}{\mathrm{d}t}$为热分解速率；$\alpha$ 为燃烧质量变化率；n 为反应级数；k_0 为频率因子；E 为活化能；R 为通用气体常数；T 为系统温度。

一般认为，生物质燃烧时的热分解是一个一级反应，即 $n=1$，析出挥发分的速度随着时间的增加按指数函数规律递减。起初，析出速度很快，较迅速地析出挥发分的 70%～90%，但最后的 10%～30%要过较长的时间才能完全析出。

(3)挥发分燃烧阶段 随着温度继续升高，挥发分与氧的化学反应速度加快。当温度升高到一定温度时，挥发分就开始燃烧，此温度称为生物质的着火温度。由于挥发分的成分十分复杂，其燃烧反应也很复杂。

当挥发分中的可燃气体着火燃烧后，释放出大量的热能，使得气体不断向上流动，边流动

边反应，形成扩散式火焰。在这扩散火焰中，由于空气与可燃气体混合比例的不同，因而形成各层温度不同的火焰。进入燃烧室的空气过多或过少都可能造成火焰熄灭。

挥发分中的可燃气体的燃烧反应速度取决于反应物的浓度和温度。相对于整个生物质的燃烧而言，挥发分的燃烧速度很快，从挥发分析出到挥发分基本燃烧完全所用的时间约占生物质全部燃烧时间的 1/10～1/5。

当生物质表面燃烧所放出的热能逐渐积累，通过导热和辐射向生物质内层扩散，从而使内层生物质也被加热，挥发分析出，继续与氧混合燃烧，并放出大量的热量，使得挥发分与生物质中剩下的焦炭的温度进一步升高，直到燃烧产生的热量与火焰向周围传递的热量达到平衡。

(4)固定碳燃烧阶段　生物质中剩下的固定碳在挥发分燃烧初期被挥发分包围着，氧气不能接触碳的表面，经过一段时间以后，挥发分的燃烧快要终了时，一旦氧气接触到炙热的木炭，就可发生燃烧反应。

(5)燃尽阶段　生物质可燃物基本燃尽后，在没有强烈干扰的情况下，形成整体的灰颗粒，灰颗粒表面几乎看不出火焰，灰颗粒会变成暗红色，至此完成了生物质燃料的整个燃烧过程。

必须指出，上述各阶段并不是机械地串联进行，实际上很多阶段是互相交叉的。不同燃烧条件下各阶段也有差异，也存在动力燃烧和扩散燃烧过程。

二、生物质现代化燃烧技术

传统的生物质炉灶效率较低，采用现代化锅炉技术，可以高效、大规模地利用生物质。其主要的燃烧技术有以下类型。

1. 生物质层燃技术

传统的层燃技术是指生物质燃料铺在炉排上形成层状，与一次风相混合，逐步地进行干燥、热解、燃烧及还原过程。可燃气体和飞灰颗粒与二次风在炉排上方的空间充分混合燃烧，燃烧可分为炉排式和下饲式。

(1)炉排式　炉排式种类较多，包括固定床、移动炉排、旋转炉排和振动炉排等，可适用于颗粒尺寸变化较大及水分含量较高的生物质燃料，投资和操作成本较低，一般额定功率小于20MW。在丹麦，开发了一种专门燃烧已经打捆秸秆的燃烧炉，采用液压式活塞将一大捆的秸秆通过输送通道连续地输送至水冷的移动炉排。由于秸秆的灰熔点较低，通过水冷炉墙或烟气循环的方式来控制燃烧室的温度，使其不超过 900℃。国内生物质发电厂几乎都采用炉排式燃烧。

(2)下饲式　它作为一种简单廉价的技术，广泛地应用于中、小型系统，燃料通过螺旋给料器从下部送至燃烧室，易于操作控制，适用于含灰量较低和颗粒尺寸较小的生物质燃料。

2. 生物质循环流化床燃烧技术

20 世纪 80 年代初兴起的循环流化床燃烧技术，具有燃烧效率较高、有害气体排放较低、热容量大等一系列优点。循环流化床锅炉适合燃用各种水分大、热值低的生物质，具有较广的燃料适应性；燃烧生物质循环流化床锅炉是大规模高效利用生物质废料最有前景的技术之一。根据生物质原料的不同特点，流化床燃烧技术可分为鼓泡流化床技术和循环流化床技术，现在一般多利用循环流化床技术。

鉴于流化床锅炉的上述优点，一些发达国家早已采用流化床燃烧技术来利用生物质能。美国、瑞典、德国、丹麦等工业化国家生物质能利用技术已居世界领先地位。我国哈尔滨工业大学早在 1991 年就进行了生物质燃料的流化床燃烧技术研究，浙江大学提出了用于不同规模、各种炉型的生物质燃烧系统的生物质利用转化方案。另外，为了提高生物质在小型燃烧装置上的利用效率，研究机构还致力于成型燃烧技术和流化床混烧技术的研究。

3. 生物质悬浮燃烧技术

超细化煤粉已广泛用于煤的再燃烧和提高燃煤效率等领域。生物质燃烧中也存在类似煤燃烧的问题，如积灰结渣污染排放等。为了改善生物质在生物质燃烧设备中带来的负面影响，生物质悬浮燃烧技术是一种选择。将农业废弃物用破碎机破碎成粉体后，由进料装置喷入锅炉直接燃烧。一次风为携带燃料的空气，与生物质粉体均匀混合形成风粉气流；二次风切向进入，主要用于改善炉内气流状态。此技术能最大限度地提高燃烧温度和燃烧效率，并能减轻结渣腐蚀对燃烧产生的不利影响，且其控制可以借鉴燃气控制方式，操作简便。

生物质悬浮燃烧的主要特点有：①生物质粉体比表面积大，加速了挥发分的析出速度，减小了固定碳的粒径，提高了燃烧速度和效率；②生物质粉体在燃烧炉中悬浮燃烧，燃烧性状近似于气体燃料，因而可考虑类似于气体燃料的燃烧和控制方式；③二次风对燃烧效果没有显著影响，但作为风粉浓度的微调机制，现场燃烧状况的辅助调节是非常必要的。

4. 生物质成形燃烧技术

生物质成形燃料技术是将秸秆、稻壳、锯末、木屑等生物质废弃物，用机械加压的方法，使原来松散、无固定形状的原料压缩成具有一定形状、密度较大的固体成形燃料。该技术具有如下优点：体积小，密度大，储运方便；燃烧稳定，燃烧时间较长；燃烧效率高；灰渣及烟气中污染物含量小。

美国在 20 世纪 30 年代就开始研究压缩成型燃料技术及燃烧技术，并研制了螺旋压缩机及相应的燃烧设备；日本在 20 世纪 30 年代开始研究机械活塞式成型技术处理木材废弃物，在 1954 年研制出棒状燃料成型机及相关的燃烧设备；20 世纪 70 年代后期，欧洲许多国家如芬兰、比利时、法国、德国、意大利等也开始重视压缩成型技术及燃烧技术的研究，先后研制出了各类成型机及配套的燃烧设备；20 世纪 80 年代，亚洲除日本外，泰国、印度、菲律宾、韩国、马来西亚等国已建了不少固化、碳化专业生产厂，并已研制出相关的燃烧设备。到 20 世纪 90 年代，日本、美国及欧洲一些国家生物质成型燃料燃烧设备已经定型，并形成了产业化，在加热、供暖、干燥、发电等领域已普遍推广应用。

从 20 世纪 80 年代引进螺旋推进式秸秆成型机，中国生物质压缩成型技术的研究开发已有二十多年的历史。到目前为止，中国已研制出机械冲压成型机、活塞式成型机、液压式成型机、辊压式成型机等多种成型机械。成型燃料采用炉排炉燃烧技术。

5. 生物质气化燃烧技术

生物质气化是以农作物秸秆、林业废弃物等为原料，在缺氧或无氧环境中通过热化学反应制取可燃性气体的技术。农作物秸秆和林业废弃物经气化炉产生的可燃性气体，通过净化、储存稳压和管道输送，为用户提供气体燃料。目前，生物质气化技术的应用领域主要是农村炊事用能和燃气发电。生物质燃气供热利用的关键技术在于燃气燃烧装置的开发。由于生物质气化技术的使用范围远远小于其他气体燃料，使得该类气体燃烧器的开发也相对落后。开发大负荷生物质燃气燃烧装置已成为生物质气化技术向大规模工业化应用发展的基本前提。另外，生物质燃气作为煤粉再燃技术的燃料，降低了 NO_x 的排放，其前景也很广阔。

三、生物质燃烧发电技术

生物质发电根据燃烧方式的不同分为生物质直接燃烧发电和生物质转化为其他燃料发

电。生物质直接燃烧发电包括秸秆直燃发电、混烧发电、垃圾焚烧发电等。生物质转化发电包括生物质气化燃烧发电、沼气发电、液化燃油发电、生物质气化再燃发电等。对于生物质直接燃烧发电，重点是解决燃料供应、储存和燃烧适应性问题。对于农林废物混烧发电过程，需要解决结渣和腐蚀问题。对于垃圾发电，需要解决二次污染问题，如灰渣的稳定化和二恶英问题。对于生物质转化发电，需要解决不同条件下，转化系统的稳定性等问题。

1988 年，在丹麦诞生了世界上第一座秸秆生物质燃烧发电厂（Haslev，5MW）。如今，已有十几家秸秆发电厂遍及丹麦，秸秆等可再生能源发电量占到全国发电量的 24%以上，这个曾依赖石油进口的国家，自 1974 年以来随着 GDP 稳步增长，石油年消费量却比 1973 年下降了 50%。生物质发电已经从丹麦走向了世界，并被联合国列为重点推广项目，开发“绿色能源”已成为当今世界上工业化国家开源节流、化害为利和保护环境的重要手段。目前，世界上最大的秸秆发电厂是位于英国坎贝斯的 Elyan 生物质能发电厂，装机容量为 38MW。欧盟规划 2010 年可再生能源比例达 12%，每年可替代 2000 万 t 石油，其中成本较低的生物质能约占 80%。美国 1999 年明确提出规划，到 2010 年生物制品及生物质能的产量达到当时水平的 3 倍，生物质能比例达 10%。由此可见，生物质能在一些发达国家应用较为广泛。

我国从 1987 年起，开始进行生物质能小型气化发电技术研制工作，并列为国家科技部“七五”重点攻关项目。1996 年，1MW 生物质能循环流化床气化发电系统被列为国家科技部“九五”重点攻关项目。大型生物质能气化发电产业化关键技术研究被列为国家科技部“十五”重点攻关项目。生物质能气化发电优化系统及其示范工程被列为国家科技部“十五”863 重大课题。1998 年，1MW 谷壳气化发电示范工程建成并投入运行。1999 年，1MW 木屑气化发电示范工程建成并投入运行。2000 年，6000kW 秸秆气化发电示范工程建成并投入运行，经过几年连续运行，目前设备状况良好，为我国更好地利用生物质能资源奠定了良好的基础。

1. 秸秆直燃发电技术

秸秆直燃发电技术是将秸秆直接送往锅炉中燃烧，产生高温高压蒸汽，推动蒸汽轮机做功。与常见的火力燃煤电厂相比，在设备组成上几乎没有太大的差别，只是燃料用秸秆取代了煤，相应的将常规燃煤锅炉换为秸秆直燃锅炉，而在汽轮发电机组方面则几乎没有区别。其关键技术是秸秆燃烧技术。秸秆直燃发电技术主要采用炉排燃烧技术（以丹麦的 BWE 为代表）和循环流化床燃烧技术。以下以河北省晋州秸秆热电厂为例，介绍秸秆直燃发电技术概况。

河北省晋州秸秆热电厂项目，为河北省秸秆发电供热项目的示范工程。该项目选址于晋州市城区东北，在石黄高速公路南侧紧邻石黄高速公路，交通便利，各乡镇间已形成四通八达的公路网。该示范工程建设规模为 2×12MW 中温中压单抽汽凝汽式供热机组配 2×75t/h 秸秆燃烧锅炉，年处理各类秸秆 15～20 万 t，采用焚烧减量方式，其余热用于发电及向居民区热用户供热，其灰渣含钾量较高，可直接供农民作为农家肥还田使用。该项目已于 2007 年投产发电。

锅炉型号为 UG—75/3.82—JM，为单锅筒、集中下降管、自然循环秸秆炉排炉。炉膛采用膜式水冷壁，炉底布置水冷振动炉排。在冷却室和过热器室分别布置了高温过热器、中温过热器和低温过热器。尾部采用光管式省煤器及管式空气预热器。炉膛、冷却室和过热器室四周全为膜式水冷壁，为悬吊结构。炉前布置燃料供应系统，采取前墙进料燃烧技术。锅炉采用振动炉排固态排渣方式，人工火把点火。除渣系统包括碎渣机、水冷螺旋输送机、水平链斗输送机、斗式提升机及渣斗。

锅炉燃料按 100％玉米秸秆进行设计，按 100％燃烧果木枝条进行校核，还要兼顾其他生物质燃料（小麦秸秆、棉花秸秆、糠醛渣等），并满足以煤为备用燃料的要求。锅炉采用水冷振动炉排前墙燃烧方式，两侧墙各有一个糠醛渣斗，经两台螺旋给料机送至位于后墙的四台风力抛煤机，将糠醛渣抛入炉膛燃烧（作为备用燃料）。

根据运行要求，玉米秸秆、棉花秸秆、果木枝条等燃料入炉前用破碎机破碎，破碎后要满足输送和燃烧的要求，以保证安全、经济运行。玉米秸秆、棉花秸秆、果木枝条的长度为 50mm，宽度为秸秆的自然宽度，厚度为 5mm。少量的破碎后的秸秆长度可以超过 50mm，但最长不能超过 150mm。破碎后的秸秆由秸秆输送带输送到料仓，再由给料机输送进入炉膛燃烧。糠醛渣粉碎后由炉膛后墙下方的抛煤机抛入炉膛燃烧，糠醛渣的粒度和一般燃煤链条炉相同。不同的燃料，其消耗量也略有差异。满负荷时，玉米秸秆的消耗量为 15t/h 左右。

锅炉燃烧设备与煤粉炉有较大的区别，它是由秸秆给料机、炉膛、水冷振动炉排、一二次风管、播料风管、抛煤机等设备组成。每台锅炉配备一套炉前给料系统。给料系统包括储料仓和三级给料机。一级双螺旋给料机 8 台，布置在储料仓下部；二级带式输送机 2 台，布置在一级下部；三级给料机为螺旋给料机，出口连通锅炉，共 4 台，布置在二级出口下方。为了保证安全生产，防止发生火灾，在三级给料机出口处，安装了防火快速门，防止炉膛正压时出现回火现象。

水冷振动炉排是主要的燃烧设备和排渣设备，炉排设计成一定形状，与炉膛下水冷壁紧密接触，并用螺栓固定在水冷壁上，炉排片可以得到水冷壁的良好冷却，保护水冷壁不宜被烧坏。炉排片上开有小孔，燃烧所需的一次风从炉排上小孔喷出，可以对炉排进行必要的冷却，并提供燃烧所需的一次风。水冷振动炉排与水平夹角成 12°，炉排下部为一次风室和出灰斗，可以通过调节炉排振动的频率，分别满足秸秆和糠醛渣的燃烧和除渣要求，炉排的振动由水平推力杆提供动力。

2. 垃圾焚烧发电技术

城市生活垃圾是生物质的一种。垃圾焚烧发电是利用垃圾在焚烧锅炉中燃烧放出的热量将水加热获得过热蒸汽，过热蒸汽推动汽轮机带动发电机发电（或直接供热）。早在 1874 年，英国就建成了世界上第 1 座垃圾焚烧厂。随后德国、美国、日本等国积极开展了垃圾能源化研究，开始了生活垃圾焚烧技术的工程应用。但有控制的焚烧以及烟尘综合处理、余热再利用等研究却是从 20 世纪 70 年代后开始的。到 1996 年，全世界建立了 2400 座垃圾焚烧发电厂。到 2005 年，全世界建成约 2800 座垃圾焚烧发电厂。

我国垃圾发电起步比较晚。1988 年，我国第一座垃圾电厂在深圳建成，引进 3 台垃圾处理量为 150t/d 的三菱重工马丁式焚烧炉、3 台蒸发量为 13t/h 的双锅筒自然循环锅炉，另配杭州汽轮机厂的 4000kW 汽轮发电机组。我国为建立垃圾电厂而从国外引进的垃圾焚烧锅炉基本上都是炉排炉，价格昂贵。而且，在燃用低热值、高水分垃圾时，为了保证锅炉的正常燃烧，必须加入辅助燃料，运行成本较高，经济效益差。发展适合我国国情的焚烧炉，实现设备国产化，达到低污染和高效燃烧，是目前许多科技人员正在研究开发的课题。国内一些制造厂家吸收国外焚烧技术、焚烧设备的经验，研制出了国产中型垃圾焚烧设备。

四、生物燃料——生物柴油

生物柴油(Biodiesel)是指以油料作物、野生油料植物和工程微藻等水生植物油脂以及动物油脂、餐饮地沟油等为原料油,通过酯交换工艺制成的可代替石化柴油的再生性柴油燃料。生物柴油是生物质能的一种,它是生物质利用热裂解等技术得到的一种长链脂肪酸的单烷基酯。生物柴油是含氧量较高的复杂有机成分的混合物,这些混合物主要是一些分子量大的有机物,几乎包括所有种类的含氧有机物,如醚、酯、醛、酮、酚、有机酸、醇等。生物柴油是一种优质清洁柴油,可从各种生物质中提炼,因此可以说是取之不尽、用之不竭的能源,在资源日益枯竭的今天,有望取代石油成为替代燃料。

国外的研究表明,生物柴油的优点主要包括:①不经改装,可适用于任何柴油引擎,而不影响运转性能;②在所有替代燃油中,生物柴油的单位热值最高(在 1 号柴油和 2 号柴油之间);③生物柴油的闪点是柴油的 2 倍,使用、处理、运输和储藏都极其安全;④在所有的燃油中,生物柴油的能量转换效率最高,在生产生物柴油的过程中,每消耗 1 个单位的矿物能量就能获得 3.2 个单位的能量;⑤在各种替代燃油中,只有生物柴油全部达到美国《清洁空气法》所规定的健康影响检测的要求。

美国是最早研究生物柴油的国家,年总生产能力约 130 万 t,对生物柴油的税率为 0。美国在黄石公园进行的 60 万 km 的行车实验中,生物柴油燃烧没有任何结焦现象,空气污染物排放比石化柴油降低了 80%以上。而且使用生物柴油还吸引了附近 300km 外的棕熊来到公园。美国 B20 是采用 20%生物柴油的柴油,尾气污染物排放可降低 50%以上。1992 年美国能源署及环境保护局都提出将生物柴油作为清洁燃料,美国前总统克林顿在 1999 年专门签署了开发生物质能的法令,其中生物柴油被列为重点发展的清洁能源之一,并对生物柴油不收税。日本在 1995 年开始研究用饭店剩余的煎炸油生产生物柴油,在 1999 年建立了 259L/d 的用煎炸油为原料生产生物柴油的工业化实验装置,可降低原料成本。目前日本生物柴油年产量可达 40 万 t。

德国目前已拥有 8 个生物柴油的工厂,300 多个生物柴油加油站,并且制定了生物柴油的标准,对生物柴油不收税,2006 年生物柴油产量达 100 万 t。法国、意大利等国家都建立了生物柴油的企业。法国标志雪铁龙集团进行了生物柴油的试验,通过 10 万 km 的燃烧试验,证明生物柴油是可以用于普通柴油发动机的。其使用的标准是在普通石油柴油中添加 5%的生物柴油。

我国的生物柴油发展也很迅速,目前我国生物柴油的产能是每年 300 万 t。但主要工艺是利用各种原料油如植物油、饭店剩余油等生产生物柴油,由于原料量及价格的限制,不能满负荷生产。

1. 生物柴油生产工艺

目前生物柴油的生产方法有化学法、生物酶法和工程微藻法三种。化学法的起步最早,但成本过高;生物酶法日益受到重视,但是如何降低反应成分对酶的毒性是亟待解决的问题;工程微藻法是以富油的工程技术藻类为原料的生产方法,有专家称,这一技术很有发展前景。生物柴油生产的一般工艺流程如图 4-4 所示。

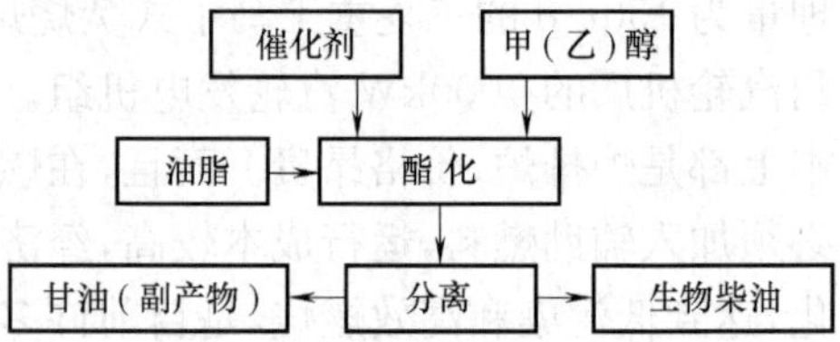

图 4-4 生物柴油生产工艺

(1)化学法 生物柴油的化学法生产是采用生物油脂与甲醇或乙醇等低碳醇,并使用氢氧化钠(占油脂重量的1%)或甲醇钠作为触媒,在酸性或者碱性催化剂和高温(230~250℃)下发生酯交换反应,生成相应的脂肪酸甲酯或乙酯,再经洗涤干燥即得生物柴油。甲醇或乙醇在生产过程中可循环使用,生产设备与一般制油设备相同,生产过程中产生10%左右的副产品甘油。

但化学法合成生物柴油有以下缺点:反应温度较高,工艺复杂;反应过程中使用过量的甲醇,后续工艺必须有相应的醇回收装置,处理过程繁复、能耗高;油脂原料中的水和游离脂肪酸会严重影响生物柴油得率及质量;产品纯化复杂,酯化产物难于回收;反应生成的副产物难于去除,而且使用酸碱催化剂产生大量的废水,废碱(酸)液排放容易对环境造成二次污染等。

化学法生产还有一个不容忽视的成本问题:生产过程中使用碱性催化剂要求原料必须是毛油,比如未经提炼的菜籽油和豆油,原料成本就占总成本的75%。因此,采用廉价原料及提高转化率,从而降低成本,是生物柴油能否实用化的关键。因此,各国都在开发自己的技术生产生物柴油。美国已开始通过基因工程方法研究高油含量的植物,日本采用工业废油和废煎炸油,欧洲一些国家在不适合种植粮食的土地上种植富油脂的农作物。

(2)生物酶法 为解决上述问题,人们开始研究用生物酶法合成生物柴油,即用动物油脂和低碳醇通过脂肪酶进行转酯化反应,制备相应的脂肪酸甲酯及乙酯。2001年,日本采用固定化Rhizopus oryzae细胞,生产生物柴油,转化率在80%左右,微生物细胞可连续使用430h。2005年,《中国环境报》报道:清华大学生物酶法制生物柴油中试成功,采用新工艺在中试装置上生物柴油产率达90%以上。中试产品技术指标符合美国及德国的生物柴油标准,并满足我国0号优等柴油标准。中试产品经发动机台架对比试验表明,与市售石化柴油相比,采用含20%生物柴油的混配柴油作为燃料,发动机排放尾气中一氧化碳、碳氢化合物、烟度等主要有毒成分的浓度显著下降,发动机动力特性等基本不变。

生物酶法对油脂的选择性小,既可以处理普通的植物油脂,还可以直接处理废油(如地沟油、泔水油等),对酸值很高的废油转化率可以达到95%以上。

(3)工程微藻法 工程微藻法生产生物柴油,为柴油生产开辟了一条新的技术途径。美国国家可再生资源实验室(NREL)通过现代生物技术建成工程微藻,即硅藻类的一种工程小环藻。在实验室条件下可使工程微藻中脂质含量(质量分数)增加到60%以上,户外生产也可增加到40%以上,而一般自然状态下,微藻的脂质含量为5%~20%。工程微藻中脂质含量的提高主要由于乙酰辅酶A羧化酶(ACC)基因在微藻细胞中的高效表达,在控制脂质积累水平方面起到了重要作用。目前,正在研究选择合适的分子载体,使ACC基因在细菌、酵母和植物中充分表达,还进一步将修饰的ACC基因引入微藻中,以获得更高效表达。利用工程微藻生产柴油具有重要的经济意义和生态意义。其优越性在于:微藻生产能力高,用海水作为天然培养基可节约农业资源;比陆生植物单产油脂高出几十倍;生产的生物柴油不含硫,燃烧时不排放有毒气体,排入环境中也可被微生物降解,不污染环境。发展富含油质的微藻或者工程微藻,是生产生物柴油的一大趋势。

2. 生物柴油的燃烧特性

按化学成分分析,生物柴油燃料是一种高脂酸甲烷,它是通过以不饱和油酸C_{18}为主要成分的甘油酯分解而获得的。生物柴油和常规石化柴油的基本性能见表4-4。

表 4-4 生物柴油和常规石化柴油的基本性能比较

特性	生物柴油	常规柴油
冷滤点(CFPP)/℃(夏季产品)	−10	0
冷滤点(CFPP)/℃(冬季产品)	−20	−20
20℃时的密度/(g/mL)	0.88	0.83
40℃动力粘度/(mm^2/s)	4～6	2～4
闭口闪点/℃	>100	60
十六烷值	≥56	≥49
热值/(MJ/L)	32	35
燃烧功效(柴油=100%)(%)	104	100
硫的质量分数(%)	<0.001	<0.2
氧的体积分数(%)	10	0
燃烧 1kg 燃料按化学计算法的最小空气耗量/kg	12.5	14.5
水危害等级	1	2

和常规柴油相比，生物柴油具有以下主要的燃烧特性。

1）优良的环保特性。主要表现在：由于生物柴油中硫含量低，使得燃烧后烟气中二氧化硫和硫化物的排放低，可减少约 30%(有催化剂时为 70%)；生物柴油中不含对环境会造成污染的芳香族烷烃，因而废气对人体损害低于柴油。检测表明，与普通柴油相比，燃用生物柴油可降低 90%的空气毒性，降低 94%的患癌率；由于生物柴油含氧量高，使其燃烧时排烟少，一氧化碳的排放与柴油相比减少约 10%(有催化剂时为 95%)；生物柴油的生物降解性高。

2）较好的低温发动机起动性能。无添加剂冷滤点达−20℃。

3）较好的润滑性能。使喷油泵、发动机缸体和连杆的磨损率低，使用寿命长。

4）较好的安全性能。由于闪点高，生物柴油不属于危险品。因此，在运输、储存、使用方面的优点是显而易见的。

5）良好的燃烧性能。十六烷值高，使其燃烧性能优于柴油，燃烧残留物呈微酸性，延长催化剂和发动机机油的使用寿命。

6）可再生性能。作为可再生能源，生物柴油与石油储量不同，其通过农业和生物科学家的努力，可供应量不会枯竭。而且，生物柴油的生物降解性高于常规柴油，可在自然状况下实现生物降解，减少对人类生存环境的污染。

7）无需改动柴油机，可直接添加使用。同时无需另添设加油设备、储存设备，工作人员不需要特殊技术训练。

8）生物柴油以一定比例与石化柴油调和使用，可以降低油耗、提高动力性，并降低尾气污染。

五、生物燃料——生物醇

1. 甲醇与乙醇的特点

甲醇又名木醇、木酒精、甲基氢氧化物，是一种最简单的饱和醇。化学分子式为 CH_3OH。甲醇是一种无色、透明、易燃、易挥发的有毒液体，略有酒精气味。相对分子质量 32.04，相对密度 0.792(水的相对密度为 1)，熔点−97.8℃，沸点 64.5℃，闪点 12.22℃，自燃点 463.89℃，甲醇蒸气与空气混合物爆炸极限6%～36.5%，能与水、乙醇、乙醚、苯、酮、卤代烃和许多其他有机溶剂相混溶，遇热、明火或氧化剂易燃烧。

甲醇用途广泛，是重要的有机化工原料和优质燃料，主要应用于精细化工、塑料等领域，用来制造甲醛、醋酸、氯甲烷、甲氨、硫酸二甲酯等多种有机产品，也是农药、医药的重要原料之一。甲醇在深加工后可作为一种新型清洁燃料，也可加入汽油掺烧。

甲醇汽油是指把甲醇部分添加在汽油里，用甲醇燃料助溶剂复配的M系列混合燃料。其中M15(在汽油里添加体积分数为15%甲醇)清洁甲醇汽油为车用燃料，分别应用于各种汽油发动机，可以在不改变现行发动机结构的条件下，替代成品汽油使用，并可与成品汽油混用。甲醇混合燃料的热效率、动力性、起动性、经济性良好，具有降低排放、节省石油、安全方便等特点。世界各国根据不同国情，研发了M3、M5、M15、M20、M50、M85、M100等不同掺混比的甲醇汽油。目前，商用甲醇主要为M85(体积分数85%的甲醇+体积分数15%的汽油)和M100，M100性能优于M85，具有更大的环境优越性。

乙醇分子是由乙基和羟基两部分组成，可以看成是乙烷分子中的一个氢原子被羟基取代的产物，也可以看成是水分子中的一个氢原子被乙基取代的产物。乙醇分子中的碳氧键和氢氧键比较容易断裂。分子式为C_2H_5OH，相对分子质量为46.07。

乙醇是无色、透明，具有特殊香味的液体，易挥发，密度比水小，能跟水以任意比例互溶(一般不能做萃取剂)。乙醇是一种重要的溶剂，能溶解多种有机物和无机物。外观为无色液体，有酒香。熔点−114.1℃，沸点78.3℃，相对密度0.79(水的相对密度为1)，相对蒸气密度1.59(空气的相对密度为1)，饱和蒸气压5.33kPa(19℃)，燃烧热1365.5kJ/mol，临界温度243.1℃，临界压力6.38MPa，闪点12℃，着火温度363℃，爆炸上限19.0%(V/V)，爆炸下限3.3%(V/V)。

乙醇汽油是将乙醇以一定比例加入到汽油中的混合燃料。我国的国家标准是汽油中添加体积分数为10%的乙醇。

2. 生物甲醇与生物乙醇制取

生物甲醇是指将生物质转化为甲醇。2006年，荷兰建成了世界上第一家生物甲醇工厂。利用新的高效技术，从丙三醇(甘油)中提炼生物甲醇。丙三醇是一种生物柴油的副产品，也是从含油植物中提炼出的另一种可再生绿色燃料。生物能源植物也能提炼出生物甲醇。生物乙醇则由含糖类谷物(玉米、生物能源植物等)中提炼出来。生物甲醇的生产效率比生物乙醇高几倍。

生物乙醇是指通过微生物的发酵将各种生物质转化为燃料酒精。自2002年全球油价上涨以来，开发应用燃料乙醇已成为新的国际潮流。据联合国能源组织多次评估，地球上的石油储量再经历40年左右的大规模开采将趋于枯竭，如果寻找不到新的替代资源，不仅会对交通运输业及相关产业产生巨大影响，以乙烯为原料的石化工业也将成"无米之炊"。乙醇作为一种可再生的循环资源，不仅是一种新兴能源，还可以生产乙烯，支撑"后石油时代"的石化工业，成为21世纪新兴基础产业。目前，世界上使用乙醇汽油的国家主要有美国和巴西。

巴西是世界上最大的以糖类作为物作原料生产乙醇的国家，而美国则是世界上最大的以粮食为原料生产乙醇的国家，这两个国家生物乙醇的产量约占全球生物乙醇总产量的95%以上。其中，巴西乙醇产量约占全球乙醇总产量的58%，美国乙醇产量约占全球乙醇总产量的38%。巴西政府于1975年推行乙醇汽油计划，并在税收、补贴和优惠贷款等方面对燃料乙醇产业发展制定相关配套政策。2000年，巴西燃料乙醇总产量达793万t，约占该国汽油消耗量的1/3，成为世界上最大的燃料乙醇生产和消费国，也是世界上唯一不使用纯汽油作为汽车燃料的国家。2002年10月，巴西航空公司研制的世界首架乙醇燃料飞机试飞成功。

1990年，美国燃料乙醇销售量为265万t，到2000年，已达559万t。美国计划2010年乙醇燃料生产达到5300万t。美国国家研究委员会提出，以生物质原料制成的液体燃料现在只占总燃料的1%～2%，2020年要达到10%。欧盟自20世纪90年代初也开始生产使用车用乙醇汽油。欧盟最近提出2010年乙醇等生物燃料的消费比例占整个汽油的12%的规划；非洲的津巴布韦也用甘蔗生产乙醇，替代了12%的汽油总消耗量；2002年起，印度已在9个州和4个地区实施应用乙醇汽油政策，要求汽油中乙醇含量(体积分数)不得低于5%。此外，南非、印度、泰国等国也先后推广应用乙醇汽油。

我国于2000年启动陈粮转化燃料乙醇项目，目前已年产超百万吨燃料乙醇，在吉林、河南等省普遍推广乙醇汽油混合燃料。2001年4月8日，原国家计委和国家质量监督检验检疫总局宣布我国将全面推广使用乙醇汽油。2002年6月30日起，在河南省郑州、洛阳、南阳和黑龙江哈尔滨、肇东等5个城市开展试点，试用乙醇汽油获得成功。2004年2月10日，国家发展和改革委员会继续扩大试点，黑龙江、吉林、河南、安徽四省除在全省范围内扩大试点，还调出燃料酒精销售到辽宁、河北、山东、江苏。2005年底上述省、市基本实现车用乙醇汽油替代其他汽油。当前主要的技术问题是：改革生产工艺，提高产率和效益。同时，依据我国生物质资源中纤维基生物质多的特点，应开发这类资源乙醇发酵技术。例如，乙醇生产中纤维素酶的应用就很迫切。GB18351—2004国家标准《车用乙醇汽油》已公布。

国内专家预计，随着生产技术的突破，乙醇成为新的基础产业是一个不可逆转的方向，其未来市场主要有近、中、远三个方向。近期市场是车用燃料，主要是乙醇汽油和乙醇柴油。随着国家“乙醇汽油政策”的推出，未来的需求量每年将达1000万t，这是乙醇的近期市场。乙醇的中期市场是作为燃料电池的燃料，在低温燃料电池、手机、笔记本电脑以及新一代燃料电池、汽车等可移动电源领域有非常广阔的应用前景。专家预计，在未来10～20年内，乙醇以其无污染、可再生的特点，将拥有新型燃料电池30%～40%的市场份额，容量将是车用燃料市场的5倍以上。石化工业是乙醇的远期市场。在未来20年内，由于石油资源的日趋紧张，加上纤维质原料乙醇的大规模工业化生产，相对于石油来说，在成本上，乙醇已具有可竞争性，将顺理成章地进入石化基础原料领域。2006年，我国燃料乙醇总产量达到160余万t，居世界第3位，其主要原料是陈粮、木薯以及纤维素等。

但是，目前生物乙醇主要由粮食作物生产，促使目前的粮食价格攀升。世界各国都在研究利用生物质废弃物生产乙醇，如我国已开发成功利用秸秆生产乙醇的技术。

(1)生物甲醇生产　甲醇的生产，主要是采用合成法，另有少量甲醇从木材干馏中作为副产品回收。合成的化学反应式为

$$2H_2+CO \longrightarrow CH_3OH$$

合成甲醇可以用常规能源的固体(如煤、焦炭)、液体(如原油、重油、轻油)或气体(如天然气及其他可燃性气体)物质为原料，也可以用生物质气化气体为原料，经气体净化(脱硫)，除去二氧化碳，配制成一定的合成气(一氧化碳和氢)。在不同的催化剂作用下，选用不同的工艺条件，单产甲醇(分高压法、低压和中压法)，或与合成氨联产甲醇(联醇法)。将合成后的粗甲醇，经预精馏脱除甲醚，精馏而得成品甲醇。高压法为最先实现工业合成的方法，但因其能耗大，

加工复杂，材质要求苛刻，产品中副产物多，今后将由 ICI 低压和中压法及 Lurgi 低压和中压法取代。

甲醇合成反应是平衡控制，过量的 CO 和 H_2必须通过再循环以提高经济效益。为了加速反应，必须采用催化剂。因此，甲醇合成的操作条件决定了催化剂活性。

(2)生物乙醇生产　乙醇生产方法可概括为两大类，即发酵法和化学合成法，我国乙醇生产以发酵法为主。

1) 发酵法生产乙醇。按生产所用的主要原料的不同，发酵法生产乙醇又分为淀粉质原料生产乙醇、糖质原料生产乙醇、纤维素原料生产乙醇以及用工厂废液生产乙醇等。用糖质原料生产乙醇要比用淀粉质原料简单而直接；用淀粉和纤维素制取乙醇需要水解糖化加工过程；而纤维素的水解又要比淀粉难得多。

2) 化学合成法生产乙醇。它是用石油裂解产出乙烯气体来合成乙醇，有乙烯直接水合法、硫酸吸附法和乙炔法等方法。其中，乙烯直接水合法工艺应用较多，它是以磷酸为催化剂，在高温高压条件下，使乙烯和水蒸气直接反应成乙醇。

现在，合成乙醇在国外约占乙醇总产量的 20%左右，我国大庆市、吉林市曾用过这种方法生产合成乙醇。

用于乙醇生产的主要原料有：

① 淀粉质原料。淀粉质原料是我国乙醇生产的最主要的原料，主要有甘薯(又名地瓜、红薯、山芋)、木薯、玉米、马铃薯(又名土豆)、大麦、大米、高粱等。

② 糖质原料。糖质原料主要是甘蔗、甜菜，还有糖蜜。糖蜜是制糖工业的副产品，甜菜糖蜜的产量是加工甜菜量的 3.5%～5%，甘蔗糖蜜的产量是加工甘蔗量的 3%左右。

③ 纤维素原料。纤维素原料(包括半纤维素)是地球上最有潜力的乙醇生产原料，主要有农作物秸秆，森林采伐和木材加工剩余物，柴草、造纸厂和造糖厂含有纤维素的下脚料，以及城市生活垃圾的一部分等。

④ 其他原料。如造纸厂的亚硫酸盐纸浆废液、淀粉厂的甘薯淀粉渣和马铃薯淀粉渣、奶酪工业的副产品以及一些野生植物等，表 4-5 为几种生产原料的乙醇产量。

表 4-5　几种生产原料的乙醇产量

原料	乙醇产量/(L/t)	原料	乙醇产量/(L/t)
玉米	370	甜土豆	125
糖蜜	280	甜高粱	86
木薯	180	鲜甘薯	80
木料	160	甘蔗	70

乙醇生产还需要多种辅助原料，在不同生产方法的各工艺流程中，如糖化、发酵、水解、脱水、洗涤、消毒、消泡等，需要相应的辅助原料。

由淀粉和纤维素类原料生产乙醇的生化反应可概括为三个阶段：大分子物质(包括淀粉、纤维素和半纤维素)水解为葡萄糖、木糖等单糖分子；单糖分子经糖酵解形成两分子丙酮酸；在无氧条件下丙酮酸被还原为两分子乙醇，并释放出 CO_2。由糖类原料生产乙醇则不经第一阶段，大多数乙醇发酵菌都有直接分解蔗糖等双糖为单糖的能力，而直接进入糖酵解和乙醇还原过程。

3. 甲醇制汽油技术

甲醇转化研究内容非常丰富，事实上，甲醇可以转化得到石油化工过程的大部分基础原料，如三烯（乙烯、丙烯、丁二烯）、三苯（苯、甲苯、二甲苯），也可以得到汽油、柴油等燃料。国外UOP公司、Lurgi公司分别开发了MTO（甲醇转化制烯烃，包括乙烯和丙烯）和MTP（甲醇转化制丙烯）技术，埃克森美孚（Exxon-Mobil）公司开发了MTG（甲醇转化制汽油）技术和MOGD（甲醇转化制汽柴油）。其中Exxon-Mobil公司开发的MTG技术曾在新西兰建设了年产57万t汽油的商业装置，1985年投运，并成功运转了10年。我国企业采用Lurgi公司技术，正在建设大型MTP商业装置。国外公司开发的其他技术，如MTO、MOGD等则暂时没有大型商业装置投运。

中国科学院大连化学物理研究所（简称大连化物所）开发了DMTO（甲醇转化制烯烃，包括乙烯和丙烯），同时国内另一家大型能源公司也在进行日投料100t的全流程甲醇转化制烯烃的实验工作。此外，还有一些研究机构和产业部门也在联合开展甲醇转化制丙烯技术的研究，日投料100t甲醇转化丙烯的装置正在建设中。目前国内在这一领域的研究水平已经处于国际领先的地位。

中国科学院山西煤炭化学研究所（简称山西煤化所）在甲醇转化制下游产品技术方面的研究起始于20世纪80年代，在甲醇转化制汽油方面，主要在催化剂和反应工艺两个方面取得了突破。

在催化剂方面，经过二十多年的研究，在ZSM-5分子筛合成技术和表面控制技术方面获得了大量的技术积累，有超过二十项发明专利获得授权。2005年后，催化剂技术获得进一步突破，在汽油选择性、催化剂单程寿命等方面都得到了大幅度的提高。2007年，甲醇转化专用小晶粒ZSM-5分子筛工业合成技术通过省级技术鉴定，形成了第一代定型催化剂，目前已经具备工业规模生产能力。

在反应工艺方面，山西煤化所与中国化学工业第二设计院开展了合作，共同完成了固定床绝热反应器一步法甲醇转化制汽油新工艺的开发，此项技术与国外技术相比，具有工艺流程短、操作成本低等优势，特别是具有自主知识产权，为技术推广应用提供了可靠的产权保障。固定床绝热反应器一步法甲醇转化制汽油工艺在2006年完成中试取得成功的基础上，山西煤化所、中国化学工业第二设计院又与云南解化集团有限公司合作开展了3500t/年合成汽油工业示范试验。该试验于2007年12月11日投料开机一次成功，生产出合格的93号汽油。这套工业示范装置是目前已经投入运行的汽油产能最大的煤制油装置，主反应器是直径为1m的固定床绝热反应器。在此基础上，单台反应器规模可直接放大到10万t级。

甲醇转化制汽油的原理是甲醇分子脱掉一分子的水，生成只包含碳原子和氢原子的“烃”（CH_2）。从理论上讲，每吨甲醇需要脱掉的水占甲醇质量的56.3%，能够得到的作为汽油的“烃”占甲醇质量的43.7%。表面上看损失很大，但实际上这也正是能量集中和“浓缩”的一个结果。

甲醇制汽油技术，普遍采用固定床，同时采用多反应器和循环操作系统，原料为各种浓度的粗甲醇混合物，采用催化剂（如沸石等）生产汽油。图4-5所示为新西兰以天然气为原料制汽油的工艺流程。该工艺的产品收率见表4-6。

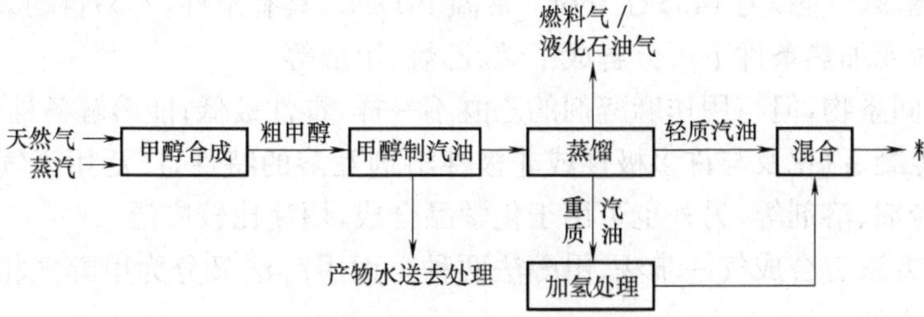

图 4-5　天然气制汽油工艺流程

表 4-6　甲醇制汽油产品收率

产品	产量(甲醇 1000t)
燃料气:桶油当量/天	96.6
液化石油气:桶油当量/天	420
汽油:桶油当量/天	3200

4. 甲醇燃料电池

在过去的几年中,世界上许多医院和学校都安装了燃料电池,大多数汽车公司也已设计出以燃料电池为动力的原型车辆。在北美的许多城市,如芝加哥、温哥华等,以燃料电池为动力的公共汽车正在投入试用,北京在奥运期间也使用了燃料电池公共汽车。

燃料电池通过氧与氢结合生成水的简单电化学反应而发电。它的种类可以多种多样,但都基于一个基本的设计,即它们都含有两个电极,一个阳极和一个阴极。这两个电极被一个位于它们之间的、携带有充电电荷的固态或液态电解质分开。在电极上使用催化剂,例如白金,来加速电化学反应。

六、生物燃料——生物醚

醚是通式为 R—O—R′的一类化合物。在醚的结构中,氧原子与两个烃基相连,烃基可以相同,也可不相同,相同的称为简单醚,不相同的称为混合醚。烃基可为芳烃基或脂肪烃基。两个烃基可以彼此相连,形成环醚,如环氧乙醚。多个氧原子分别与碳原子相连而形成的环状醚称为大环醚或冠醚。链型分子中如果含有多个碳—氧—碳(≡C—O—C≡)结构单元,则称为缩二醇醚,如缩二乙二醇二甲醚($(CH_3OCH_2CH_2)_2O$)。

一般醚以与氧相连的烃基加醚字命名,例如,$C_2H_5OC_2H_5$ 称二乙基醚,简称乙醚;$CH_3OC_2H_5$称甲基乙基醚,简称甲乙醚。

醚与烃类很相似,化学性质比较稳定,在常温下与强碱和碱金属不发生反应,与强酸可形成盐,如反应产物再进一步与氢卤酸作用,则生成卤代烃和醇,醇还可与氢卤酸反应生成卤代烃。醚在避光的情况下与氯或溴反应,可生成氯代醚或溴代醚。醚在光助催化下与空气中的氧作用,生成过氧化合物。

醚类化合物中,二甲醚是清洁燃料。生物醚可由生物甲醇生产。

1. 二甲醚的生产工艺

二甲醚又称甲醚,简称 DME,分子式 CH_3OCH_3。在常压下是一种无色气体或压缩液体,具有轻微醚香味。相对密度 0.666,熔点 −141.5℃,沸点 −24.9℃,室温下蒸气压约为 0.5MPa,与石油液化气(LPG)相似,溶于水及醇、乙醚、丙酮、氯仿等多种有机溶剂。在燃烧时火焰略带光亮，燃烧热(气态)为1455kJ/mol。常温下DME具有惰性，不易自动氧化，无腐蚀、无致癌性，但在辐射或加热条件下可分解成甲烷、乙烷、甲醛等。

二甲醚是醚的同系物，但与用作麻醉剂的乙醚不一样，毒性极低；能溶解各种化学物质；由于其具有易压缩、冷凝、汽化及与许多极性或非极性溶剂互溶的特性，广泛用于气雾制品喷射剂、氟利昂替代制冷剂、溶剂等，另外也可用于化学品合成，用途比较广泛。

二甲醚的生产方法有合成气一步法、甲醇法两种。而甲醇法又分为甲醇气相催化脱水法和甲醇液相催化脱水法。

(1)合成气一步法　以合成气($CO+H_2$)为原料，合成甲醇反应和甲醇脱水反应在一个反应器中完成，同时伴随CO的变换反应。

新鲜合成气中的CO和H_2的比例配成为1∶1左右(配气手段有变换、脱碳等)，与循环气混合后进入二甲醚合成反应器进行反应。反应压力2.0～10.0MPa，温度230～280℃。反应产物经冷却、吸收分离，未反应的CO和H_2气体加压后返回合成反应器循环做反应原料。吸收液经脱除二氧化碳、精馏得到产品二甲醚。而反应产物中的甲醇则经精馏提纯后作为副产品。甲醇产量为二甲醚产量的1%～10%。

合成气一步法的主要特点在于反应的优势，合成甲醇反应和甲醇脱水反应在一个反应器中完成。反应平衡常数大，合成气单程转化率高，达40%～75%。国外开发合成气一步法有代表性的公司有丹麦Topsoe(气相法)、美国APCI(浆态床)和日本NKK公司(浆态床)，但都只是进行了中试，未见工业化生产的报道。我国的山西煤化所、西南化工研究设计院、大连化物所、清华大学、浙江大学、华东理工大学等也正在进行合成气一步法的研究和探索。

(2)甲醇气相催化脱水法　甲醇气相催化脱水法是目前国内外使用最多的二甲醚工业生产方法。国内拥有该项技术并已工业化的有西南化工研究设计院和四川天一科技股份有限公司、山西煤化所、上海石油化工研究院等。国内技术与国外的丹麦Topsoe、日本NEC、德国联合莱茵褐煤公司的该项技术大同小异。

催化剂为ZSM分子筛或γ-Al_2O_3。反应条件为0.5～1.5MPa、230～400℃。甲醇经汽化，在换热器中与反应器出来的反应产物换热后进入反应器中进行气相催化脱水反应，反应产物经换热后，用循环水冷却冷凝。反应器结构有绝热式固定床、换热式固定床、多段冷激式固定床和等温管式固定床等。冷却冷凝后的物料在粗甲醚中间罐进行气液分离。气相为副反应产生的不凝结气和二甲醚、甲醇的饱和蒸气，送洗涤塔用甲醇或甲醇一水溶液吸收回收其中二甲醚。吸收液返回粗甲醚中间罐，吸收尾气送出装置。粗甲醚中间罐的粗二甲醚用精馏塔进行精馏分离，从精馏塔顶出来的二甲醚蒸气经精馏塔冷凝器冷凝后一部分回流入塔，一部分作为产品送产品储罐。

而从二甲醚精馏塔得到的甲醇一水溶液则送甲醇提浓塔精馏提浓甲醇，提浓后的甲醇返回作为反应原料。从甲醇提浓塔排出含醇废水。

(3)甲醇液相催化脱水法　甲醇液相催化脱水法由硫酸法发展而来，而硫酸法生产二甲醚工艺是硫酸法生产硫酸二甲酯生产流程中的前半段生产工艺。原生产硫酸二甲酯的企业都拥有甲醇液相催化脱水法技术。山东久泰化工科技股份有限公司的复合酸液相催化脱水技术在液相法中是国内乃至世界领先的。山东久泰化工科技股份有限公司已有3万t/年的生产装置，并有多套规模在10万t/年及以上的装置正在规划实施。

国内先进的甲醇液相催化脱水法工艺流程如图4-6所示。催化剂为硫酸等无机酸。甲醇脱水反应在液相、常压或微正压、130～180℃下进行。反应产物加热汽化送出反应器，经冷却，反应产物部分冷凝。气相经压缩、液化即得到产品二甲醚；反应产物部分冷凝后的液相主要成分为水、甲醇和二甲醚。液相物料经甲醇提浓塔精馏分离，从塔顶得到甲醇和二甲醚的混合物。塔顶冷凝器未冷凝的二甲醚送压缩机压缩作产品，冷凝液则送回反应系统作为原料。

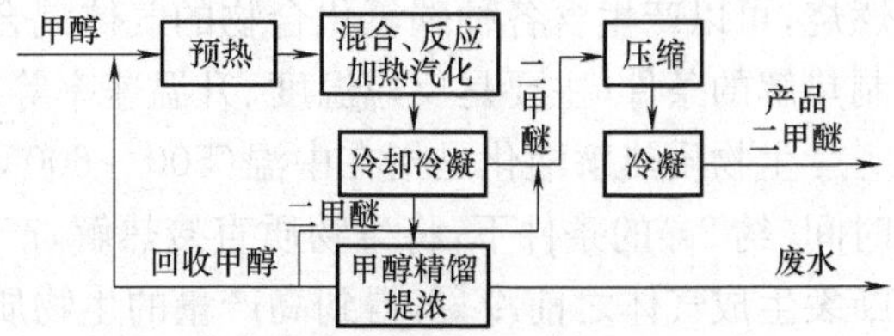

图 4-6 甲醇液相催化脱水法工艺流程

该方法的优点在于反应温度低，由于甲醇脱水反应为放热反应，反应温度越低，平衡转化率越高，故其甲醇在反应器中的单程转化率比气相法高，达90%以上。这样循环的甲醇量少，理论上可减少一定的蒸气消耗。

2. 二甲醚的应用

二甲醚作为一种新兴的基本化工原料，由于其良好的易压缩、冷凝、汽化特性，使得二甲醚在制药、燃料、农药等化学工业中有许多独特的用途。如高纯度的二甲醚可代替氟利昂用作气溶胶喷射剂和制冷剂，减少对大气环境的污染和臭氧层的破坏。由于其良好的水溶性、油溶性，使得其应用范围大大优于丙烷、丁烷等石油化学品。代替甲醇用作甲醛生产的新原料，可以明显降低甲醛生产成本，在大型甲醛装置中更显示出其优越性。二甲醚作为民用燃料气，其储运、燃烧安全性、预混气热值和理论燃烧温度等性能指标均优于石油液化气，可作为城市管道煤气的调峰气、液化气掺混气。二甲醚也是柴油发动机的理想燃料，二甲醚燃料汽车与甲醇燃料汽车相比，不存在汽车冷起动问题。它还是未来制取低碳烯烃的主要原料之一。

由于石油资源短缺、煤炭资源丰富及人们环保意识的增强，二甲醚作为从煤转化成的清洁燃料而日益受到重视，成为近年来国内外竞相开发的性能优越的碳化工产品。

作为液化石油气LPG和石油类燃料的替代品，二甲醚是具有与LPG的物理性质相类似的化学品，在燃烧时不会产生破坏环境的气体，价格低廉且能大量生产。二甲醚与甲烷一样，有望成为21世纪的能源之一。

二甲醚特有的理化性能奠定了其在国际、国内市场上的基础产业地位，可广泛应用于工业、农业、医疗、日常生活等领域。二甲醚未来主要用于替代汽车燃油、石油液化气、城市煤气等，市场前景极为广阔，是目前国际、国内优先发展的产业之一。

自然界里二甲醚并不存在，必须由原料来制成。虽然天然气和煤是目前较好的原料，但在考虑原料问题时，必须同时考虑矿物燃料的资源量。

我国自20世纪80年代就开始将二甲醚用作燃料的开发研究，一部分企业和研究机关的试验已进入实验室规模的验证阶段。要真正替代液化石油气、液化天然气以及石油燃料，必须要考虑制造成本。

第五节 生物质能其他利用技术

一、生物质热解技术

热解是将生物质转化为有用燃料的基本热化学过程。生物质在缺氧加热或部分氧存在时燃烧，可以产生含各种碳氢化合物的气体混合物、油状的液体和含碳的固体残余（即木炭）。控制热解的条件（主要是反应温度、升温速率等）可以得到不同的热解产品。

生物质热解液化是指在中温（500～600℃）、高加热速率（10^4～10^5℃/s）和极短气体停留时间（约 2s）的条件下，将生物质直接热解，产物经快速冷却，可使中间液态产物分子在进一步断裂生成气体之前冷凝，得到高产量的生物质液体油，液体产率（质量比）可高达 70%～80%。气体产率随着温度和加热速率的升高及停留时间的延长而增加，较低的温度和加热速率会导致物料的炭化，使固体生物质炭产率增加。快速热解液化反应对设备及反应条件的要求比较苛刻，但其最大的优点在于产品油的易存储和易运输，不存在产品的就地消费问题，因而得到了国内外的广泛关注。

常用的热解装置类型有固定床、流化床、气流床、旋转炉、旋转锥反应器、分批处理装置等。其中，流化床装置因能很好地满足快速热解对温度和升温速率的要求而被广泛采用。

根据温度、加热速率、固体停留时间及固体粉碎程度等条件的不同，生物质热解可分为慢速热解、快速热解和瞬时热解三种类型。由于快速热解最大限度地增加了液态生物油的产量，其研究与应用越来越受重视。生物油可用于内燃机，便于运输，清洁无污染，还可进行精炼得到其他燃料油。

1. 生物质热解的过程和产物

生物质的热解过程可分为四个阶段。

（1）干燥脱水　温度升高至 105℃以后，生物质物料中的水分子受热后首先蒸发汽化，生物质化学组成几乎不变。

（2）挥发分析出　物料在缺氧条件下受热分解，随着温度升高，到 150～300℃，生物质的热分解比较明显，化学成分开始变化，不稳定成分如半纤维素开始分解成气相物质析出，主要是 CO_2、CO 和少量醋酸等物质。物料虽然达到着火点，但由于缺氧而不燃烧，不能出现气相火焰。

（3）固体分解阶段　当温度升高至 300～600℃时，生物质发生各种物理化学反应，是热解的主要阶段。生成的气体物质有 CO_2、CO、CH_4、H_2 等，液体物质有醋酸、焦油和甲醇等，可燃成分含量增加。这个阶段的热解反应要放出热量。

（4）炭化阶段　随着深层挥发物质向外层的扩散，最终形成木炭。

这几个阶段是连续进行的，不能截然分开。

当生物质在高温下热分解时，产生三种一级产物，即气体、热解油和炭。热解油蒸气在高温下可进一步分解为二级产物气体和焦油。一级热解产物的成分取决于热解温度。温度升高，气体产率增加，固体碳产率减少。在 500℃时，热解油的产率最高，可达 79%。

2. 生物质快速热解液化技术

生物质快速热解液化反应所产生的生物油通过进一步的分离，不仅可作为锅炉和其他加热设备的燃料，再经处理和提炼可作为内燃机燃料，还可用来提取化工产品。从寻求石油的替代品角度考虑，近十几年来，世界上许多国家都很重视生物质快速热解的研究，使其成为生物质能转换的前沿技术。

（1）生物质快速热解液化工艺过程　生物质快速热解液化的一般工艺流程，包括物料的干燥、粉碎、热解、产物炭和灰的分离、气态生物油的冷却和生物油的收集，如图 4-7 所示。

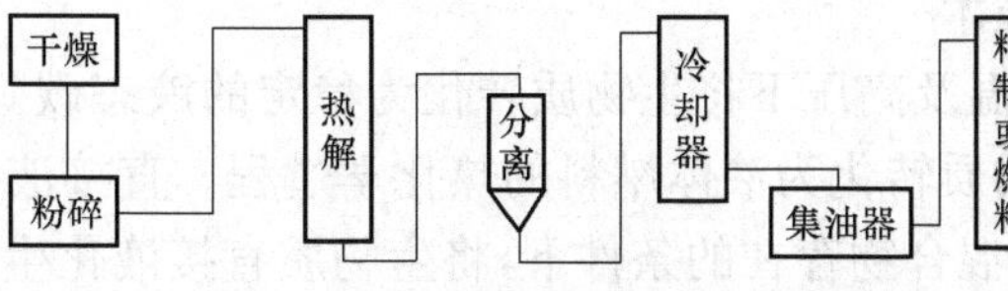

图 4-7 生物质快速热解液化工艺流程

1）干燥。为减少生物油中的水分含量，需要对原料进行干燥。一般要求生物质原料含水率在10%以下。

2）粉碎。为了提高生物油产率，必须有很高的加热速率，要求物料有足够小的粒度。不同的反应器对生物质粒径的要求也不同，旋转锥所需生物质粒径小于200mm；流化床要小于2mm；传输床或循环流化床要小于6mm。

3）热解。热解工艺是液化技术的关键，要求非常高的加热速率和热传递速率、严格的温度控制。

4）分离。固体副产物即炭会在二次裂解中起催化作用，所以应将其从生物油中快速分离。

5）气态生物油的冷却。热解挥发分的停留时间越长，二次裂解生成不可冷凝气体的可能性越大，需快速冷却挥发分产物，得到液体生物油。

(2)生物油的特性　用快速热解的工艺得到的生物油，与通过慢速热解（干馏）或气化工艺得到的焦油，其性质存在着较大的差别。前者常被称为一次油，后者常被称为二次油。焦油的粘度、凝固点比生物油高得多，焦油的密度、灰分、含氮量也比生物油的大。

生物油是有色液体，其颜色与原料种类、化学成分以及含有细炭颗粒的多少有关，从暗绿色、暗红褐色到黑色。它具有独特的气味，似含有酸的烟气味。化学组成主要是解聚的本质素、醛、酮、羧酸、糖类和水，其成分非常复杂。生物油成分的外部影响因素是原料的组成，内部影响因素是反应温度、升温速率、蒸气在反应器中停留时间、冷凝温度、降温速率等。

生物油不能和甲苯、苯等烃类溶剂互溶，但可溶于丙酮、甲醇、乙醇等溶剂。生物油有较高的含氧量与含水量，以木屑为原料制取的生物油含氧量（质量分数）高达35%以上，含水量（质量分数）高达20%以上。生物油粘度范围很宽，动力粘度为5～350mPa·s，并与温度和含水量有关。生物油具有酸性（pH＝2.0～3.5）和腐蚀性，性质不稳定，易于聚合。以木屑为原料制取的生物油，其密度为1130～1230kg/m^3。生物油是可燃性的液体，高位热值为17～25MJ/kg，是中热值燃料。与石油相比，生物油中硫、氮含量低，并且灰分少，对环境污染小。

由于生物油具有含氧量高（意味着其热值还不够高），腐蚀性、粘度较大，化学成分复杂，相对不稳定等弱点，用它代替石油燃料尚有一定距离，还需要对其进行精制与优化，作改性处理。改性的主要目的是以水或二氧化碳的形式去除生物油的氧，从而获得更高的碳氢化合物含量。生物油经改性处理后，可得到接近石油的高品质液体燃料。目前，国外的主要方法有加氢处理和沸石分子筛处理。

由于生物油含氧量很高，所以脱氧需要较长的反应时间。所取得产物处于汽油与柴油的蒸馏范围。完全加氢处理用于取得高等级的碳氢化合物产品，而部分加氢处理则用来增加生物油的稳定性。

二、生物质直接液化技术

生物质液化是指在高温及高压下将生物质转化为稳定的液态碳氢化合物，分为直接液化和间接液化两类，是将生物质转化为液体燃料的热化学过程。直接液化是在高温高压和催化剂作用下，在 H_2、CO 或其混合物存在的条件下，将生物质直接液化生成液体燃料。间接液化一般是先将生物质转化为适合化工生产工艺的合成燃料气，再通过催化剂反应合成为液体碳氢燃料。

生物质液化产物为类似于热解液化产生的生物油，也需要经过改性处理。

1. 生物质直接液化的工艺流程

生物质直接液化，也称为高压液化，它始于 20 世纪 60 年代后期，当时美国匹兹堡能源研究中心的 Appell 等将生物质放入 Na_2CO_3 溶液中，用 CO 加压至 28MPa，在 350℃下反应生成液化油。在此后的二十年多里，一些国家对生物质的直接液化已做了大量的研究工作。和热解相似，该工艺也可把生物质中的碳氢化合物都转化为能源形式。其一般工艺流程如图 4-8 所示。

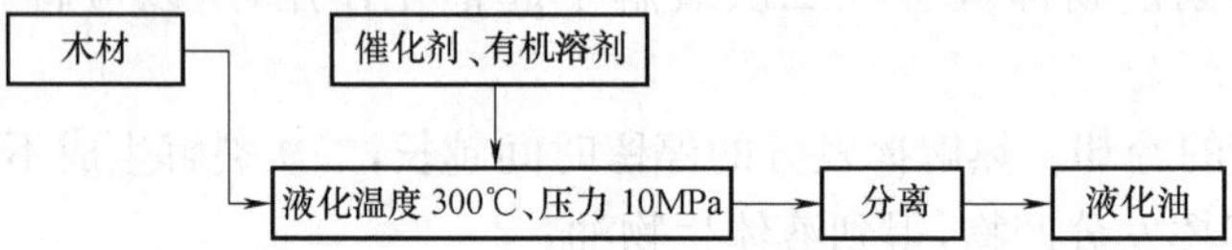

图 4-8 木材原料直接液化流程

生物质的直接液化主要有两种途径，即氢/供氢溶剂/催化剂路线和 CO/H_2O/碱金属催化剂路线。前者如德国林业和林产品研究中心的一步法催化加氢液化技术。其试验在由 3 个 1L 的高压釜组成的系统内进行，它们分别被作为反应器、热分离器和冷却器，以此来模拟一个连续的液化过程。生物质粒子与催化剂和循环油混合。反应在 20MPa 氢压和 380℃下进行约 15min。进入气相的液体产品在热分离器中快速蒸馏，塔底重油用作循环油。其余液体产物冷却到室温后得到一个沸程在 60～360℃的油品，其中 99％为正己烷可溶物，氧含量（质量分数）约 12％。产物油所含能量相当于输入能（生物质和氢）的 59％（质量分数）。

国内也有这方面的研究。最近华东理工大学分别进行了生物质（包括稻壳、木屑和木屑的水解残渣）的单独液化和生物质与煤的共液化。结果表明，生物质的加入促进了煤的裂解，减缓了液化条件。从而可在较温和的条件下得到高的转化率和油产率。因生物质的起始热解温度较低，通过应用适当的催化剂和控制升温速率，使生物质的裂解和煤的裂解过程相匹配是有可能的。这样，就可利用生物质中较高的氢碳比和其裂解产生的活化氢，达到减缓煤液化条件和所需氢耗的目的。目前，煤与生物质共液化的工作尚处在起步阶段，生物质对煤的作用也未能完全了解。

2. 液化油的应用

液化油也是生物油，其特性同热解液化油。经过改性处理，液化油能够作为化石燃料的替代品产生热、电和化学物质，短期内可应用于燃烧和发电，长期考虑可应用于涡轮机和柴油机。将生物油升级为交通油，技术上是可行的，但需进一步的研发。通过生物油提炼和衍生，可获取大量更广泛的化学物质。生物油的主要用途为：

(1)燃烧　由于生物油为液体燃料，因此易于运输、处理和储存，这些优点对现存设备的翻新改造也是重要的。可能只需对设备略加改造或根本不需要改造。由于生物油中含有相当一部分水，其热值比石化油低。不过，火焰燃烧实验表明，生物油可以替代重油和轻油用于工业锅炉。生物油虽然着火、粘度、热值、稳定性和 pH 值特性等同石化油有很大的不同，但其燃烧特性更接近轻质油。用作锅炉的燃料是生物油的最直接应用，同时，生物油还可以适用于与煤共燃的锅炉发电。生物油还可作为柴油机的代用燃料。尽管公开发表的有关生物油燃烧方面的文章较少，但是，在欧洲和北美洲进行的大量有关生物油用于燃烧方面的试验结果表明，生物油易于燃烧，但要对燃烧雾化器经常维护。

(2)发电　生物油可作为锅炉燃料燃烧发电，生物油也可应用于涡轮机发电。从原理上讲，涡轮机可以直接被生物油或改良后生物油燃烧驱动，但还没有多少实际经验，还处于研究阶段。一种可能的途径是重新设计涡轮燃烧器，使其适合燃用生物油；另一种办法是改变生物油的性质，改变生物油的 C、H 比，使其适应现存的涡轮机。在生物油改良方法中，大多数采用加氢处理，全部除去生物油中的氧，这样，改良后生物油就能够完全符合涡轮机的要求，但改良成本较高。

三、生物质气化技术

生物质气化也是生物质热化学转化技术的一种，是在不完全燃烧条件下，使较高相对分子质量的有机碳氢化合物链裂解，变成相对分子质量较低的 CO、H_2、CH_4 等可燃性气体。在转换过程中要加气化剂(空气、氧气或水蒸气)，其产品主要是可燃性气体与 N_2 等的混合气体。

生物质气化和热解的区别在于：

1) 气化过程要加气化剂，主要是空气；而热解过程不加气化剂，特别是不加氧气。

2) 气化的基本目标产物是可燃性气体，在目前的应用技术中，多数以空气为气化剂，产出的可燃性气体含 N_2 较多(体积分数 50%左右)。气体热值较低，一般为 $4\sim6MJ/m^3$(标准状态下)。而热解的目标产物是液、气、炭三种产品，气体的热值较高(中热值气体)，一般为 $10\sim15MJ/m^3$。

3) 气化过程不需要另外考虑加热问题，其转化用热是靠自身燃烧过程生成的热量来供给；而热解是吸热反应，要考虑加热问题。

4) 气化过程包括热解过程，此外，还有燃烧过程和还原过程。

1. 生物质气化技术的发展概况

生物质气化技术已有一百多年的历史。最初的气化器产生于 1883 年。在 20 世纪 20 年代大规模开发使用石油以前，气化器与内燃机的结合一直是人们获取动力的有效方法。生物质气化技术的鼎盛时期出现在第二次世界大战期间。当时，几乎所有的燃油都被用于战争，民用燃料匮乏，因此德国大力发展了用于民用汽车的车载气化器，并形成了与汽车发动机配套的完整技术。以 Imbert 型及其改进型为代表的车载气化器装备了超过一百万辆的汽车，主要的燃料是木炭，当木炭缺乏时也可使用优质的硬木。我国在能源缺乏的 20 世纪 50 年代，也曾使用这种方法驱动汽车和农村排灌设备。当时固定床气化器的技术水平达到相当完善的程度。

第二次世界大战后，中东地区油田的大规模开发使世界经济的发展获得了廉价优质的能源。几乎所有发达国家的能源结构都转向以石油为主，生物质气化技术在较长时期内陷于停顿状态。1973 年秋季发生的石油危机深刻地影响了世界经济的格局。西方各主要工业国家认识到常规能源的不可再生性和分布不均匀性，出于对能源和环境战略的考虑，纷纷投入大量人力、物力，进行可再生能源的研究。作为一种重要的新能源技术，生物质气化的研究重新活跃起来，各学科技术的渗透使这一技术发展到新的高度。主要的技术为固定床气化器和流化床气化器，一般情况已不再使用木炭，而是使用各种木材、林业残余物和稻壳等，产生的可燃气体主要用于发电。小型系统采用固定床气化器和内燃机，大型系统采用流化床气化器和燃气轮机组成联合循环气化发电系统，已经出现了18MW的实验电站。

国内生物质气化技术也在20世纪80年代以后得到了较快发展。20世纪90年代初期，我国研制了由固定床气化器和内燃机组成的稻壳发电机组，开发了200kW稻壳气化发电机组产品并得到推广。同时，中国农业机械化科学研究院、中国林业科学研究院进行了用固定床气化器烘干茶叶和木材、为采暖锅炉供应燃气的研究。20世纪90年代中期，中国科学院广州能源研究所进行了流化床气化器的研制，并与内燃机结合，组成了流化床气化发电系统。使用木屑的1MW流化床发电系统已经投入商业运行，并取得了较好的效益。

在借鉴国外生物质气化技术的基础上，山东省科学院能源研究所在"七五"期间，提出了生物质气化集中供气技术的设想，希望通过技术的研究开发，形成适合我国农村生物质资源和农村能源需求的技术路线。1994年，建成了第一个实际运行的集中供气试点工程以后，迅速在全国推广。目前，全国已经建设了约500个生物质气化集中供气工程。生物质气化集中供气技术在高效利用农村剩余秸秆、减轻由于秸秆大量过剩引起的环境问题、为农村居民供应清洁的生活燃料方面已经开始发挥作用，逐渐成为以低品质生物质原料供应农村现代生活燃气的新途径。

2. 生物质气化的基本原理

生物质气化所用原料主要是原木生产及木材加工的残余物、薪柴、农业副产物等，包括树皮、木屑、枝杈、秸秆、稻壳、玉米芯等。原料来源广泛，价廉易取。其挥发分高，灰分少，易裂解，是热化学转化的良好材料。按具体转化工艺的不同，原料在加入反应炉之前，根据需要应进行适当的干燥和机械加工处理。

(1)生物质气化过程　生物质气化包括热解、燃烧和还原反应。

1）热解反应。当生物质进入气化器后，经过加热，开始热解反应。随温度升高，水分、挥发分气体不断析出，其过程和热解类似。

2）燃烧反应。热解和后面的还原反应是吸热过程，为维持反应必须有足够的热量。最简单的方法是加入空气，通过燃烧来提供热量。参与燃烧的主要是碳，其反应过程和前面的生物质直燃相类似。

3）还原反应。还原反应在燃烧过程之后。燃烧生成的水蒸气和二氧化碳与碳反应生成氢和一氧化碳等，从而完成了固体生物质原料向气体燃料的转变。主要的反应如下：

$$C+H_2O=CO+H_2$$

$$C+CO_2=2CO$$

$$C+2H_2=CH_4$$

还原反应是吸热反应，温度越高反应越强烈。温度低于600℃时，反应已相当缓慢。因此，还原层与氧化层的界面是氧含量等于零的界面，还原层结束的界面为温度等于600℃的界面。目前，气化器还原层的高度主要依靠经验选取。有的研究者指出，还原层高度大致相当于氧化层的6～8倍。

(2)生物质气化的分类

1) 空气气化 空气气化是以空气为气化介质的气化过程。空气中的氧气与生物质中的可燃组分发生氧化反应,放出的热量为气化反应的其他过程即热解与还原过程提供所需的热量,整个气化过程是一个自供热系统。由于空气可以任意取得,空气气化过程又不需外供热源,所以,空气气化在所有气化过程中是最简单、最经济,也最易实现的方式。但由于空气中含有79%(体积分数)的N_2,它不参加气化反应,却稀释了燃气中可燃组分的含量,因而降低了燃气的热值,燃气热值在4～6MJ/m^3。然而用于近距离燃烧或发电时,空气气化仍是最佳选择。

2) 氧气气化。氧气气化以氧气为气化介质。其过程和原理与空气气化相同,只是没有惰性气体N_2稀释反应介质。在与空气气化相同的当量比下,反应温度提高,反应速率加快,反应器容积减小,热效率提高,产气热值提高一倍以上。在与空气气化相同的反应温度下,耗氧量减少,当量比降低。因而,也提高了气体质量。氧气气化的气体产物热值与城市煤气相当,因此,可以用生物质废弃物作为原料,建立中小型的生活供气系统,其气体产物又可用作化工合成燃料的原料。

3) 水蒸气气化。水蒸气气化以水蒸气为气化介质。它不仅包括水蒸气和碳的还原反应,还有CO与水蒸气的反应、各种甲烷化反应及生物质在气化炉内的热分解反应等。其主要气化反应是吸热反应过程,因此,需要外供热源。典型的水蒸气气化燃气成分(体积分数)为:H_2,20%～26%;CO,28%～42%;CO_2,23%～16%;CH_4,20%～10%;C_2H_2,4%～2%;C_2H_6,1%;C_3以上成分,3%～2%。气体的热值为17～21MJ/m^3。水蒸气气化经常出现在需要中热值气体燃料而又不使用氧气的气化过程。

4) 空气(氧气)—水蒸气气化。空气(氧气)—水蒸气气化是以空气(氧气)和水蒸气同时作为气化介质的气化过程。从理论上分析,空气(氧气)—水蒸气气化是比单用空气或单用水蒸气都优越的气化方法。一方面,它是自供热系统,不需要复杂的外供热源;另一方面,气化所需要的一部分氧气可由水蒸气提供,减少了空气(氧气)的消耗量,并生成更多的H_2及碳氢化合物,特别是在有催化剂存在的条件下,CO变成CO_2的反应的进行,降低了气体中CO的含量,使气体燃料更适合于用作城市燃气。

典型情况下,氧气—水蒸气气化的气体成分(体积分数)(反应条件:800℃,水蒸气与生物质比为0.95,氧气的当量比为0.2)为:H_2,32%;CO_2,30%;CO,28%;CH_4,7.5%;C_nH_m,2.5%。燃气低位热值为11.5MJ/m^3。

5) 热分解气化。双床热分解气化是热分解气化的典型形式,将热分解气化过程生成的气体与焦炭分离,焦炭在另一燃烧床中被燃烧,并加热中间介质,为热分解气化提供热量,空气只加入燃烧床,热分解气化产物也不会被N_2所稀释,在气化和燃烧床中分别使用水蒸气和空气为介质,用这种方法既不用氧气也不用外加热源就可获得中热值气体,气体热值可达到10.7MJ/m^3。

3. 生物质气化设备

把农作物秸秆、薪柴等生物质经过气化转变成生物质燃气,需要用生物质气化炉来完成。因此,气化炉便是生物质气化系统的核心设备。

气化炉大体上可分为两大类,即固定床气化炉和流化床气化炉。

(1)固定床气化炉 固定床气化炉是将切碎的生物质原料由炉子顶部的加料口投入固定床气化炉中,物料在炉内基本上是按层次地进行气化反应。反应产生的气体在炉内的流动要靠风机来完成。固定床气化炉的主要类型有上吸式和下吸式两种。

上吸式气化炉的工作过程：原料从上部加入，然后依靠重力向下移动；空气从下部进入，向上经过各反应层，燃气从上部排出。在上吸式气化炉中，原料的移动方向与气流的方向相反，所以也叫逆流式气化炉。刚进入气化炉的原料遇到下方上升的热气流，首先脱除水分，当温度提高到250℃以上时，发生热解反应，析出挥发分，留下的木炭再与空气发生氧化和还原反应。空气进入气化炉后首先与木炭发生氧化反应，温度迅速升高到1000℃以上。然后，通过还原层转变成含一氧化碳和氢等可燃气体后，进入热解层，与热解层析出的挥发分混合成为可燃气体。然后，可以进行去除焦油的精加工。

上吸式气化炉工作在微正压下，由风机向气化炉内送入空气，气化炉负荷量也由进风量控制。气化炉的进料点正好是燃气出口的位置区域，为了防止燃气的泄漏，必须采取专门的加料密封措施。通常采用间歇加料的方式，将炉膛上部做得较大，能储存一段时间的用料（比如1h的料量），运行时将上部密闭，炉内原料用完后停炉加料。如连续运行则必须采用较复杂的进料装置。因此，上吸式气化炉一般适用于木材等密度较大的生物质原料，对原料的尺寸和水分的要求并不苛刻。上吸式气化炉的优点如下：

1）气化效率较高。一方面，因为热解层和干燥层利用了还原反应后气体的余热，出口燃气的温度降低到300℃以下；另一方面，气化炉最下层是氧化层，这里有充足的空气供燃烧所用，底部的木炭可以得到充分燃烧。

2）可燃气体热值较高。因为较高热值的热解产物直接混入了可燃气体。

3）炉排受到进风的冷却，工作比较可靠。

上吸式气化炉也有一个突出的缺点，就是热解产生的焦油直接混入了可燃气体。因此，燃气中焦油含量很高。用木材作为原料时上吸式气化炉产生的燃气中焦油含量达$20g/m^3$以上。这对于燃气的使用是一个很大的问题，因为，冷凝后的焦油会沉积在管道、阀门、仪表、燃气灶上，破坏系统的正常运行。自从有生物质气化技术以来，清除焦油的问题始终是一个技术难点。上吸式气化炉一般用在粗燃气不用冷却和净化就可以直接使用的场合，例如，直接作为锅炉或加热炉的燃料气，在必须使用清洁燃气的场合，只能用木炭作为原料。

下吸式气化炉的工作过程：生物质原料由上部加入，依靠重力逐渐由顶部移动到底部，灰渣从底部排出。空气在气化炉中部的氧化区加入，燃气由反应层下部吸出。下吸式气化炉中原料的移动方向与气流的方向相同，所以也叫顺流式气化炉。在气化炉的最上层，原料首先被干燥。当温度达到250℃以后开始热解反应，大量挥发物质析出。600℃时大致完成了热解反应，此时空气的加入引起了剧烈的燃烧，燃烧反应以炭层为基体，挥发分在参与燃烧的过程中进一步降解。燃烧产物在下方的炭层进行还原，转变为可燃气体。

固定床气化炉的设计目的是将固体生物质原料转换成气体燃料，尽量提高转换效率，降低焦油等杂质含量。下吸式气化炉的热解产物通过炽热的氧化层而得到充分的裂解，因此，焦油含量比上吸式气化炉低得多，这是下吸式气化炉的最大优点，在需要使用洁净燃气的场合得到了更多的应用。下吸式气化炉的另一优点是它的加料端与空气接触，当炉膛设计为负压工况时，加料端不需要严格的密封，运行中可以连续进料。对于秸秆类原料这一点是非常重要的，因为秸秆类原料的密度很小，要设计一个能容纳一定时间料量的炉膛是十分困难的。即使可以做到，因自然堆积角过大，也无法保证运行中反应层的稳定。

下吸式气化炉设计的关键在于保证燃烧的条件和燃烧层、气化层的稳定。对于木炭、木材等优质原料，其设计并不困难。但对秸秆和草类等物理性质较差的低品质原料，如不能保持床层稳定，就不能进行正常的气化。例如，在挥发分大量析出后，秸秆的体积迅速缩小，及时填充空间才能阻断空气的穿透，继续正常的燃烧和还原反应，而秸秆依靠重力向下流动的能力很差，如没有合理的措施，可能会出现较大的空间没有原料，就不能完成气化。因此，连续进料的设备、合理的炉室形状是不可缺少的。

下吸式气化炉的气体一般成分见表 4-7。

表 4-7 下吸式气化炉气体成分

生物质	平均尺寸/mm	气体成分(体积分数,%)							热值/(kJ/m³)
		H_2	CO	CH_4	C_nH_m	CO_2	O_2	N_2	
玉米芯	150	12.21	21.66	1.65	0.34	8.54	0.2	55.4	4575.2
稻壳	15	13.01	22.4	3.7	0.2	7.9	2.2	50.59	5298.5
木屑	10	11.9	21.6	2.61	0.8	10.5	0.4	52.19	5475.8
木块	50～250	12.38	21.1	2.86	0.3	9.6	0.4	53.36	4864.5

(2)流化床气化炉　具有一定粒度的固体燃料，当通过燃料颗粒之间的气流速度相对较低时，燃料层保持静止状态，此时进行的气化为固定床气化。当气流速度继续增加至某一数值时，固体颗粒之间会产生分离现象，少量颗粒在很小的范围内振动或游动，燃料层由静止向流动转化。气流速度进一步提高，全部颗粒被吹起，因悬浮于气流之中而不被吹出，此时即为流化状态，这时的气流速度称为“临界流化速度”。

流化床气化炉一般有一个热沙床，即在流化床气化炉中放入沙子作为流化介质，首先将沙床加热，之后，进入流化床气化炉的物料便能在热沙床上进行气化反应，并通过反应热保持流化床的温度。在流化床气化炉中，物料颗粒、沙子、气化剂(空气)充分接触，受热均匀，在炉内呈“沸腾”状态，气化反应速度快，产气率高。气化反应是在恒温的流化床内进行的，炉内温度高而且恒定，焦油在高温下裂解生成气体，因而燃气中焦油含量较小，但出炉的燃气中含有较多的灰分。流化床气化炉结构比较复杂，设备投资较大，大型气化设备较多。

流化床气化炉分为鼓泡床气化炉(图 4-9)、循环流化床气化炉(图 4-10)、双流化床气化炉和携带流化床气化炉。

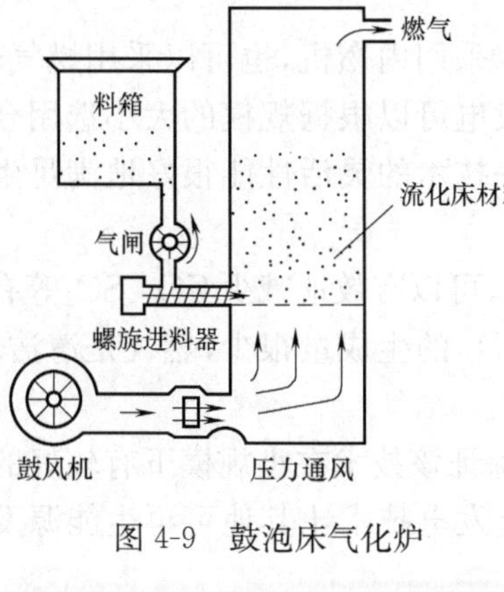

图 4-9　鼓泡床气化炉

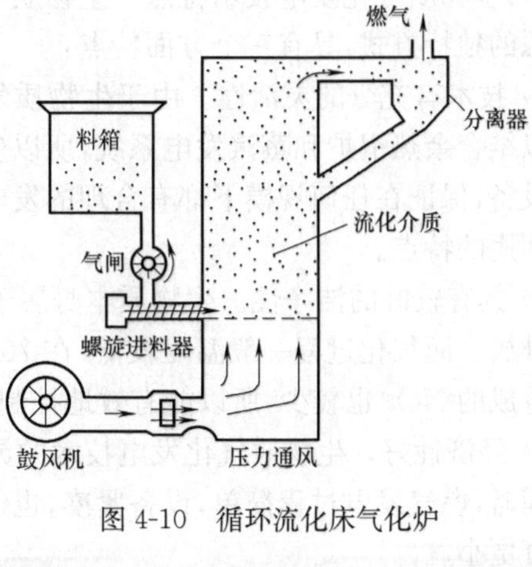

图 4-10　循环流化床气化炉

循环流化床气化炉与鼓泡床气化炉的主要区别是在燃气出口处设有旋风分离器或袋式分离器，将燃气携带的炭粒和沙子分离出来，返回气化炉中再次参加气化反应。

在鼓泡床气化炉中，气化剂从底部的布风板吹入，在流化床上同生物质原料进行气化反应，生成的气体直接由气化炉出口送入净化系统中，反应温度一般控制在800℃左右。鼓泡床流化速度较低，比较适合颗粒较大的生物质原料。鼓泡床气化炉由于存在着飞灰和焦炭颗粒夹带严重、运行费用较大等问题，不适合于小型气化系统，只适合于大中型气化系统。

循环流化床流化速度较高，气体中含有大量固体颗粒。在经过旋风分离器分离后，通过回料管，使这些固体颗粒返回流化床，继续进行气化反应。这样，提高了碳的转化率。循环流化床气化炉的反应温度一般控制在700～900℃。它适用于较小的生物质颗粒，运行简单。

双流化床气化炉（图4-11）分为两个组成部分：一部分是气化炉，另一部分是燃烧炉。气化炉中产出的燃气经分离后，沙子和炭粒流入燃烧炉中，炭粒燃烧将沙子加热，灼热的沙子再返回到气化炉中，以补充气化炉所需的热量。采用该气化炉可获得中热值气体。

携带流化床气化炉是流化床气化炉的一种特例，它不使用惰性材料沙子，气化剂直接吹动炉中生物质原料，原料入炉前须粉碎成细小颗粒，气化温度高达1100℃以上，碳的转化率可达100%，燃气中焦油含量很低，但由于反应温度高，易烧结。

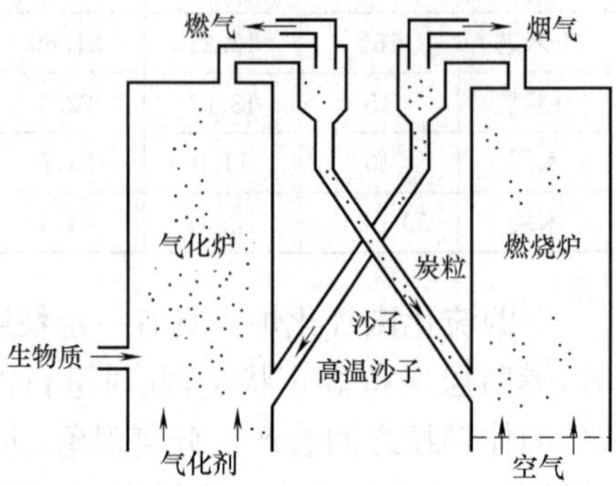

图4-11 双流化床气化炉

4. 生物质气化发电

生物质气化发电技术的基本原理是把生物质转化为可燃气，再利用可燃气燃烧，推动燃气发电设备进行发电。它既能解决生物质难于燃用而又分布分散的缺点，又可以充分发挥燃气发电技术设备紧凑而污染少的优点，所以是生物质能最有效、最洁净的利用方法之一。

气化发电过程包括三个方面：一是生物质气化，把固体生物质转化为气体燃料；二是气体净化，气化出来的燃气都带有一定的杂质，包括灰分、焦炭和焦油等，需经过净化系统把杂质除去，以保证燃气发电设备的正常运行；三是燃气发电，利用燃气轮机或燃气内燃机进行发电，有的工艺为了提高发电效率，发电过程可以增加余热锅炉和蒸汽轮机。

（1）生物质气化发电技术特点　生物质气化发电技术是生物质能利用中有别于其他可再生能源的独特方式，具有三个方面特点：

1）技术有充分的灵活性。由于生物质气化发电可以采用内燃机，也可以采用燃气轮机，还可以结合余热锅炉和蒸汽发电系统，所以生物质气化发电可以根据规模的大小选用合适的发电设备，保证在任何规模下都有合理的发电效率。这一技术的灵活性能很好地满足生物质分散利用的特点。

2）具有较好的洁净性。生物质本身属于可再生能源，可以有效地减少CO_2、SO_2等有害气体的排放。而气化过程一般温度较低，在700～900℃，NO_x的生成量很少，燃气是清洁燃料，燃烧生成的NO_x也较少，所以能有效地控制NO_x的排放。

3）经济性好。生物质气化发电技术的灵活性，可以保证该技术在小规模下有较好的经济性。同时，燃气发电过程简单，设备紧凑，也使生物质气化发电技术比其他可再生能源发电技术投资更小。

总的来说，生物质气化发电技术是所有可再生能源技术中最经济的发电技术，综合的发电成本已接近小型常规能源的发电水平。国内外对生物质气化发电机组的规模大小粗略地认为：500～5000kW为中型，两侧值分别为小型和大型的范围。

(2)生物质气化发电方式　以生物质燃气为燃料进行发电和供热近年来有很快的发展，所用的发电机组基本上有三种类型：一是内燃机/发电机机组；二是汽轮机/发电机机组；三是燃气轮机/发电机机组。有的发电厂将前两者联合使用，即先利用内燃机发电，再利用系统的余热产生蒸汽，推动蒸汽轮机做功发电。由于内燃机发电效率较低，单机容量较小，其应用受到一定限制；也有的发电厂将后两者联合使用，即用燃气轮机发电系统的余热产生蒸汽，推动蒸汽轮机做功发电。比较这两种联合发电方式，后者发展前景较广阔，尤其是在大规模生产的情况下。

还有一种方式是将生物质气化后的燃气，作为大型煤粉炉的再燃燃料，降低NO_x的生成，同时也提高了生物质的利用效率。

(3)生物质燃气发电技术　生物质燃气的特点是热值低（4～6MJ/m^3）、杂质含量高。所以，生物质气化发电技术虽然与天然气发电技术、煤气发电技术的原理一样，但它有更多的独特性，对发电设备的要求也与其他燃气发电设备有较大的差别。

1）生物质气化内燃机发电技术。气体内燃机是常用的燃气发电设备之一，燃气内燃机都要求有强制点火系统，点火系统的设计必须根据燃气燃烧速度等进行调整。燃气内燃机的有效热效率和有效燃气消耗率是衡量发动机经济性能的重要指标。

生物质内燃机需解决以下问题：燃气热值低，使出力下降；含H_2高的爆炸问题，生物质固定床气化燃气有时含H_2高达15%（体积分数）；焦油及灰含量的影响，虽经过净化，生物质燃气仍含有一定的焦油和灰颗粒，会损耗部件；排气温度高使得效率降低，由于热值低，生物质燃气燃烧速度慢，燃烧过程长，会使排烟温度升高。

2）生物质气化燃气轮机发电技术。燃气轮机是最常见的发电设备之一。国内外的燃气轮机技术发展已非常成熟，目前应用最多的是作为航空动力装置。作为发电用途的燃气轮机技术，一般规模在几兆瓦以上，小于3MW的燃气发电设备应用较少，而最大的已达几百兆瓦。燃气轮机最常见的燃料是石油或天然气，其他燃料的燃气轮机很少见。我国的燃气轮机发电技术与国外差别较大，特别是在设备的规模和效率上与国外产品有明显的差距。

生物质气化发电所需要的燃气轮机有其独特性。首先，生物质燃气是低热值燃气，其燃烧温度与发电效率与天然气等相比明显偏低。而且，由于燃气体积较大，压缩困难，从而进一步降低了系统发电效率。其次，生物质燃气杂质偏高，特别是含有碱金属等腐蚀成分，对燃气轮机的转速和材料都有更严格的要求。最后，因为生物质较分散，生物质气化发电规模不可能很大，所以所需的燃气轮机也较小，一般为几兆瓦左右，小型燃气轮机设备的效率较低，而单位造价较高。这几方面使燃气轮机应用于生物质气化发电系统较为困难。

3）生物质气化燃气蒸汽循环联合发电技术。不管是燃气内燃机，还是燃气轮机，发电后排放的尾气温度都在500～600℃之间（如果发电设备带空气增压系统，尾气温度一般在450～500℃之间），从能量利用的角度看，这部分尾气仍含有大量可回收的可用能量。所以，在燃气发电设备后增加余热回收装置（如余热锅炉等）是大部分燃气发电系统提高系统效率的有效途径。在生物质气化发电系统中，除了发电设备尾气中含有大量余热外，生物质气化炉出口的燃气温度也很高（在700～800℃之间），所以，把这部分气化余热和燃气发电设备的余热结合起来，利用余热锅炉和过热器产生蒸汽，再利用蒸汽循环进行发电，是大部分大型生物质气化发电系统采用的气化发电工艺。由于该工艺与传统的煤 IGCC 系统相同，所以一般称生物质整体气化联合循环发电系统（B/IGCC）。

4）生物质气化燃料电池/燃气轮机发电技术。美国有以天然气为燃料的小型燃料电池/燃气轮机发电系统，如 25kW、50kW 发电机组。最近，美国普林斯顿大学能源和环境中心，在研制以生物质燃气为燃料、发电功率为 200kW 的小型燃料电池/燃气轮机发电系统。用固定床下吸式气化炉将生物质气化，产出的燃气经旋风分离器、冷却器和过滤器，使其净化并降温。空气和燃气由压缩机送往燃料电池发电。其间经过热交换器提高了温度，燃料电池未利用的燃料及余热，再通过燃烧器带动燃气轮机发电。由燃气轮机排出的温度较高的气体经热交换器后，再进行余热回收。

5）生物质气化再燃发电技术。再燃的概念最初由 John Zink 公司和 Wendt 等人提出和发展，是在煤粉炉膛内采用二次燃料（又称再燃燃料）作为还原剂，减少 NO_x 排放的技术。生物质气化燃气作为再燃燃料喷入炉膛，研究表明，其降低 NO_x 排放的效果和天然气再燃差别不大。

思考题与习题

4-1 生物质能有何特点？

4-2 主要的生物质能有哪些？

4-3 生物质能转化利用有哪几种方式？各有何特点？

4-4 如何制取沼气？

4-5 生物质有哪些发电方式？

4-6 如何进行生物质的综合利用？

第五章　海　洋　能

第一节　海洋能概述

海洋面积为 $361.057\times10^6 m^2$，约占地球表面积的 71%，平均水深约 3800m，拥有海水 $1.37032\times10^9 km^3$。从地球上海陆分布状况来看，北半球海洋占 60.7%，陆地占 39.3%；而南半球海洋占 80.9%，陆地仅占 19.1%。这显示出南北两半球是非对称的。世界上最深的海是太平洋的马里亚纳海沟，其深度达 11034m，典型海域的基本数据见表 5-1。

表 5-1　典型海域的海深、面积、体积

地区	面积/$10^6 km^2$	体积/$10^6 km^3$	平均水深/m
日本海	1.008	1.361	1350
白令海	2.268	3.259	1470
鄂霍次克海	1.528	1.279	838
东海	1.249	0.235	188
太平洋(包括陆缘海)	179.679	723.699	4028
大西洋(包括陆缘海)	106.463	354.679	3332
印度洋(包括陆缘海)	74.917	291.945	3897

海水的储量是非常巨大的。海水占地球表面存水量的 97.4%，而淡水仅占地球表面存水量的 2.6%。

一、海洋能

海洋能是海洋所具有的能量，即是衡量海水各种运动形态的大小尺度。它既不同于海底下储存的煤、石油、天然气、热液矿床等海底能源资源，也不同于溶存于海水中的铀、锂、重水、氘、氚等化学能源资源，它是主要以动能、位能、热能、物理化学能的形态，通过海水自身所呈现的可再生能源。它是波浪能、潮汐能、海水温差能、海(潮)流能和盐度差能的统称。

海洋能源与常规能源相比具有以下特点：

1) 能量总蕴藏量大，密度低，可再生。

2) 能量随时空变化，但有规律可循。

3) 开发环境严酷，一次性投资大，单位装机造价高，但不污染环境，不占用土地，可综合利用。

二、海洋能利用的发展过程

最早被人们认识并利用的是潮汐能，一千多年前的唐朝，我国沿海居民就利用潮力碾谷子，在山东地区发现了早期的潮汐磨。11 世纪的欧洲西海岸的潮汐磨房使早期工业国家走上致富的道路。在英国萨福尔克至今还保留着一个 12 世纪的潮汐磨，还在碾谷子供游客参观。

20 世纪 50 年代中期，我国沿海出现潮汐能利用高潮，兴建了 40 多座小型潮汐能电站和一些水轮泵站。由于发电与灌溉、交通的矛盾，加上水库淤积、设备简陋等原因，保留下来的只有浙江省沙山 40kW 潮汐能电站。

全世界利用波浪能的设想数以千计，有文字记载的波浪能装置专利可追溯到 1799 年。仅英国，从 1856 年至 1973 年就有 350 项。

利用海洋温差发电的概念一百多年以前已被人们所知。1881 年，法国物理学家阿松瓦尔在报纸上发表《太阳海洋能》的论文，提出海洋吸收并储存太阳能，利用表面温海水与下面冷海水的温差使热机做功。1930 年，另一位法国科学家克劳德在古巴建了一座岸式开式循环发电装置，功率为 22kW，可是发出的电小于运行所消耗的电。尽管如此，这项尝试证明海洋温差有发电的可能。

在海上航行的水手们都懂得借助海流和潮流行船，而现代人想的是利用海流和潮流发电。人们形象地把海流和潮流发电装置比喻成水下风车。我国舟山群岛的潮流速度一般为 1.5～2.0m/s，最大可达 3.6m/s，为世人瞩目。

第二节 海洋能的类型

一、潮汐能

1. 潮汐能的成因

潮汐是海水受太阳、月球和地球引力相互作用后所发生的周期性涨落现象。

(1)潮汐要素　如图 5-1 所示，海水上涨的过程称为涨潮，涨到最高位置称为高潮。在高潮时会出现既不上涨也不下落的平稳现象，称为平潮。平潮时间的长短各地不同，有的地方为几分钟，有的地方可达几个小时，通常取平潮中间时刻为高潮时间，平潮时的高度称为高潮高度。海水下落的过程称为落潮，落到最低点位置时称低潮。在低潮时也出现像高潮时的情况，海水不上涨也不下落，称为停潮。取停潮的中间时刻为低潮时间，停潮的高度称为低潮高度。从低潮时到高潮时的时间间隔称为涨潮时，由高潮时到低潮时的时间间隔称为落潮时。相邻高潮与低潮的潮位高度差称为潮差。从高潮到相邻的低潮的潮差称落潮差，由低潮到相邻的高潮的潮差称为涨潮差。高潮和低潮的潮高和潮时是一个地点潮汐的主要标志，它们是随时间变化的，根据它们的变化规律，可以绘出当地的潮汐现象。

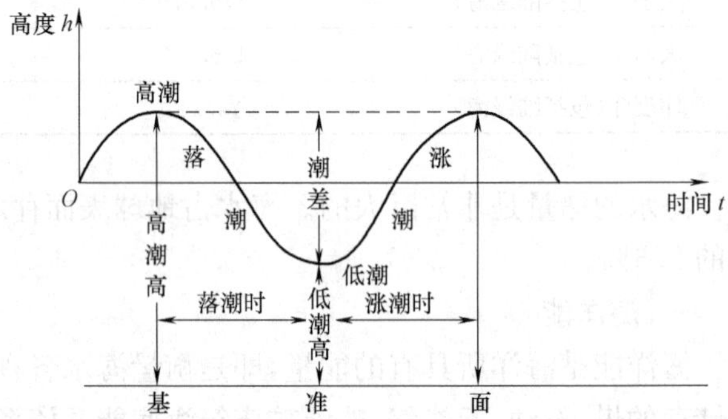

图 5-1　潮汐过程线

(2)潮汐种类　根据潮汐涨落周期和相邻潮差的不同，可以把潮汐现象分为以下三种类型：

1) 半日潮。一般可分为正规半日潮和不正规半日潮。正规半日潮是指一个地点在 24 小时 50 分钟内(天文学上称一个太阴日)，发生两次高潮和两次低潮，两次高潮和两次低潮的潮差近似相等，涨潮时和落潮时也近似相等。不正规半日潮是指在一个太阴日内也有两次高潮和两次低潮，但两次高潮和两次低潮的潮差均不相等，涨潮时和落潮时也不相等。

2）全日潮。全日潮可分为正规全日潮（也称正规日潮）和不正规全日潮（即不正规日潮）。正规全日潮是在一个太阴日内只出现一次高潮和一次低潮。不正规全日潮是在一个朔望月中的大多数天数为不正规半日潮，少数天数为正规全日潮，正规全日潮的天数不超过七天。

3）混合潮。混合潮是正规半日潮和全日潮之间的过渡潮型，一般可分为不正规半日潮和不正规全日潮两种情况。

潮汐除了半日或全日的变化外，还有较长周期的变化，其中最明显的周期为半个太阴月，即 14.7 天。在此期间潮差在最大值和最小值之间变化一周。对半日潮，在新月和满月时出现最大潮差，称为朔望潮和大潮；在半月时出现最小潮差称为弦潮和小潮。对全日潮，大潮发生在南北月球赤纬最大时，又称回归潮；小潮发生在月亮位于赤道附近时，又称赤道潮。对混合潮，在朔望潮与回归潮重合时，易出现最大的潮差。

此外，潮汐还有年周期的变化以及 8.85 年和 18.16 年的长周期的变化。

2. 潮汐能分布

世界上开阔海域低纬度为半日潮，高纬度为全日潮。北大西洋加拿大、美国、英国和法国沿岸为正规半日潮。墨西哥湾、东南亚沿岸为不正规全日潮。美国太平洋沿岸为混合潮。红海是窄长海域的代表；加拿大的芬迪湾是窄长半封闭海湾的典型；欧洲的北海则属于半封闭宽海域，潮波由大西洋进入，其右岸，即英国潮差大，东岸各国潮差小。

渤海中，只有秦皇岛和黄河口附近为正规全日潮，其余海域为不正规半日潮。黄海和东海、台湾海峡大部分海域均为正规半日潮。南海大部分海域为不正规全日潮，广东近岸、越南近岸为不正规半日潮。台湾以东太平洋为不正规半日潮。

渤海潮差大部分为 2～3m。秦皇岛沿岸最小，不到 2m。湾顶潮差大，辽东湾顶达 5.4m，渤海湾顶达 5.1m。黄海海区中部潮差小而近岸大，东岸又比西岸大。朝鲜半岛西侧一般为 4～8m，最大在仁川附近，可达 11m，是世界著名的大潮差区。中国沿岸潮差一般为 2～4m，成山头不到 2m，长江口可有 6.7～8.4m。东海潮差西岸大（4～5m 以上）、东岸小（2m 左右），杭州钱塘江口海宁潮差可达 8.9m，每年农历八月十八的涌潮闻名世界。南海大部分海域潮差均在 2m 以上，最大在北部湾顶，北海可达 7m，粤西可达 4m，以东海长江口、浙江、福建沿海最大。

二、波浪能

1. 波浪能特点

波浪能具有以下优点：

1）波浪能以机械能形式出现，是海洋能中品位最高的能量。

2）波浪能的能流密度最大，在太平洋、大西洋东海岸纬度 40°～60°区域，波浪能可达到 30～70kW/m，某些地方达到 100kW/m。

3）波浪能是海洋中分布最广的可再生能源，大海里很难找到没有波浪的地方。这意味着：①波浪能可通过较小的装置实现其利用；②波浪能可以提供可观的廉价能量；③波浪能可以为边远海域的国防、海洋开发等活动提供能量。因此，世界各海洋大国均十分重视波浪能利用研究。

2. 波浪能资源

据国际能源理事会估计，全球波浪能资源总量 2TW，这仍是一个保守的估计。

波浪能功率随气候变化很大，通常冬季远大于夏季。

三、温差能

1. 温差能起因

辽阔的海洋，除了地球南北的极地和部分浅海，一般是不会结冰的，特别是赤道附近一带海域，海水表面温度几乎是恒温的。一般情况下，海水表层(0～50m)水的温度约为24～28℃。但是海洋很深，有的可深达几千米。水是热的不良导体，热不能传导到海洋深处；而太阳辐射也无法辐射到400m以下的海水。所以，在海洋深处(500～1000m)的海水是很冷的，其终年温度只有4～7℃。这与海洋上层的水温相比较，温差有20℃左右。根据热力学定律，凡有温度差异的海水，都可用来做功，形成海洋温差能。

海洋中上下层水温的差异，蕴藏着一定的海洋温差能，利用海洋温差能可以发电，这种发电方式叫做海洋温差发电。据估计，仅北纬20°至南纬20°之间的海域，海洋温差能大约就可发电26亿kW。全世界蕴藏的海洋温差能为600亿kW。目前技术条件下，我国海域可利用的海洋温差能为1.2亿kW。

由于海洋热能资源丰富的海区都很遥远，而且根据热动力学定律，海洋热能提取技术的效率很低，因此可利用的能源量是非常小的。但是即使这样，海洋热能的潜力仍相当可观。另外，许多具有最大温度梯度的海区都位于发展中国家的海域，可为这些国家就地提供能源。

2. 温差能分布

蕴藏有温差能的条件是在海面与700～1000m深处的海水四季都有20℃以上的温差，且满足此条件的海域距离岸边不远。

符合此条件的海域是由北纬20°至南纬20°的热带，包括菲律宾、印度尼西亚、太平洋赤道两侧的岛屿、我国南海诸岛、非洲印度洋、大西洋两岸及附近岛屿、美国佛罗里达州、中美洲及西印度洋群岛。

我国温差能分布在台湾省的太平洋沿岸，那里岸边是陡崖，有20℃以上温差的海域距岸只数千米，是理想的开发温差能的地方。广东、海南、广西沿岸大陆架很宽，虽有20℃以上的温差，但距岸太远，不宜开发。南海诸岛温差能蕴藏丰富，距岛屿海岸近，开发条件较好。

四、盐差能

1. 盐差能起因

陆地上大大小小的河流，除少数内陆河外，多数都要汇流归大海。它们不断将淡水流入海洋，然后靠太阳的辐射蒸发，水蒸气变成云，变成雨和雪，再降落到大地，这样就构成了水的循环。然而，河水尽管是淡的，但总是带走不少矿物盐类流进大海。水可以蒸发，矿物盐却只能被存留在海洋中，日久天长，海水和河水就不再一样。众所周知，海水有一种苦咸味，这是因为海水里面溶化了不少矿物盐。由于这些使海水变的苦咸的矿物盐，使海水和河水的浓度大不相同，海水盐的浓度高，河水盐的浓度低，在它们之间就形成了盐度差。正是这种盐度差使海水具有了另一种本领，即利用盐度差来发电。

在大江大河的入海口，即江河水与海水相交融的地方，江河水是淡水，海水为咸水，淡水和咸水就会自发地扩散、混合，直到两者盐的浓度相等为止。在混合过程中，还将放出相当多的能量。在海水和淡水混合时，盐的浓度高的海水以较大的渗透压力向淡水扩散而淡水也在向海水扩散，不过渗透压力小。这种渗透压力差所产生的能量，称为海水盐浓度差能或者海水盐差能。

2. 盐差能的分布

盐差能的蕴藏量巨大，主要分布于河流径流入海口、淡水混入海水处。表 5-2 为全国沿岸盐差能资源估算表。

表 5-2　全国沿岸盐差能资源估算表

河名	河口省份	海区	年径流量/$10^8 m^3$	理论功率/$10^4 kW$	各区合计
辽河	辽宁	渤海	118	94.4	639.2(4%)
海河	天津		154	123.2	
滦河	河北		45	36.0	
黄河	山东		482	385.6	
鸭绿江	辽宁	黄海	378	302.4	639.2(4%)
淮河	江苏		421	336.8	
长江	上海	东海	9211	7368.8	8488.8(53%)
钱塘江	浙江		315	252.0	
瓯江	浙江		200	160.0	
交溪	福建		70	56.0	
闽江	福建		621	496.8	
晋江	福建		55	44	
九龙江	广东		139	111.2	
韩江	广东	南海	260	208.0	2663.2(17%)
珠江	广东		3069	2455.2	
小计			15538	12430.4	
其他			4462	3569.6	
共计			20000	16000.0	

由表可知，我国沿海盐差能资源分布情况有以下特点：

1）蕴藏量巨大，理论功率达 1.6×10^8 kW，但资源地理分布不均匀。15 条江河的河口理论功率约为 1.2×10^8 kW，占总蕴藏量的 78%。如长江口约为 7.00×10^4 kW，占全国沿岸总蕴藏量的 46%。珠江口约为 2.00×10^4 kW，占总蕴藏量的 15.3%。

2）规律性变化。我国盐差能资源有明显的季节性变化和年际变化，这种变化是降水季节引起的。夏季多雨，径流量大，往往又集中在几次暴雨过程中。年际变化也很大，长江以南年际变化为 2 倍左右，而淮河以北年际变化可在 5～10 倍。

五、海流能

1. 海流能起因

海流的形成，原因是多方面的，如风、海水的密度，海洋的位置，海陆分布形态，地球自转产生的偏向力（称为科氏力）等都施加了影响，可以说是许多因素综合作用的结果。风不仅能掀起浪，还能吹送海水成流。常年稳定的风力作用，可以形成一支长盛不衰的海流。经久不停的赤道流，就是被信风带吹刮的偏东风而形成的。稳定的西风漂流，则主要是由于强有力的西风带形成的。大洋环流形成的“环”，不仅有风的作用，还有大陆的分布和地转偏向力的作用。当赤道流一路西行，到了大西洋的边缘时，被大陆挡住。其中一小股潜入下层返回，成为赤道潜流；其余大部分受到地球自转的偏向力的作用，便向右转，在南半球则使它向左转。加上大陆的阻挡，向极地方向拐弯，到纬度40°左右时，强大的西风带与地球自转的偏向力形成合力，使海流成为向东的西风漂流。同样的道理，西风漂流到大洋东岸附近，必然取道流向赤道，从而完成了一个大循环。

2. 海流分布

在北太平洋，表层有一个顺时针环流；在南太平洋也有一个方向相反的环流。它们是由南赤道流、东澳大利亚流、西风漂流和秘鲁海流组成的反时针方向的环流。在大西洋的南部和北部也各有一个环流，模样大体与太平洋相仿。北大西洋环流由北赤道流、墨西哥湾流、北大西洋流和加那利海流组成；南大西洋环流由南赤道流、巴西海流、西风漂流和本格拉海流组成。印度洋有点特殊，只在赤道以南有个环流，位于印度洋中部赤道以北，洋域太小，又受陆地影响，无法形成常年稳定的环流。由于季节不同，印度洋北部的海流方向，随着季风改变，夏季是自东向西流，并在孟加拉湾和阿拉伯海形成两个顺时针的小环流；冬季则相反，海流自西向东流。北冰洋由于位置特殊，又受大西洋海流的支配，也只形成一个顺时针的环流。

东海黑潮是黑潮的上游一段。台湾暖流和对马暖流是黑潮分支与局部海水汇集而成的，流向基本上是向东北的。南海暖流常年由西南流向东北，流速可达1m/s。其余的中国沿岸流、朝鲜西岸流、越南沿岸流等都受季风影响，夏季与冬季方向相反。渤海、黄海的环流主要受海面风影响，规律复杂，流速仅0.1～0.25m/s。

第三节　海洋能利用技术

一、潮汐能发电技术

1. 潮汐能发电原理

前苏联的伯恩斯坦对潮汐能发电作过深入研究，提出估算公式。他认为，潮汐能取决于一年中每个潮汐周期内水面的升高和降低，潮汐能电站功率是水库水的重量G(N)和潮差H(m)一半的乘积，即

$$E = \frac{H}{2}G \tag{5-1}$$

$$G = 10^6 HS\rho g \tag{5-2}$$

式中，E为功(kJ)；ρ为密度(kg/m^3)；g为重力加速度(m/s^2)；S为潮汐能电站水库面积(m^2)。

2. 潮汐能发电技术

大海的潮汐能极为丰富，涨潮和落潮的水位差越大，所具有的能量就越大。可利用潮水涨落产生的水位差所具有的势能进行发电。

潮汐能发电设备通常包括：接收能量的设施，即潮汐水库，用以接收、储蓄潮汐能；传输能量的设施，即灯泡贯流式水轮机组或全贯流式水轮机组；转换能量的设施，即发电机。如图5-2所示，当海水上涨时，闸门外的海面升高，打开闸门，海水向库内流动，水流冲动水轮机并带动发电机发电；当海水下降时，把先前的闸门关掉，把另外的闸门打开，海水从库内向外流动，又能推动水轮机带动发电机继续发电。潮汐能发电的类型一般分为单库单向型、单库双向型、双库单向型三种类型。

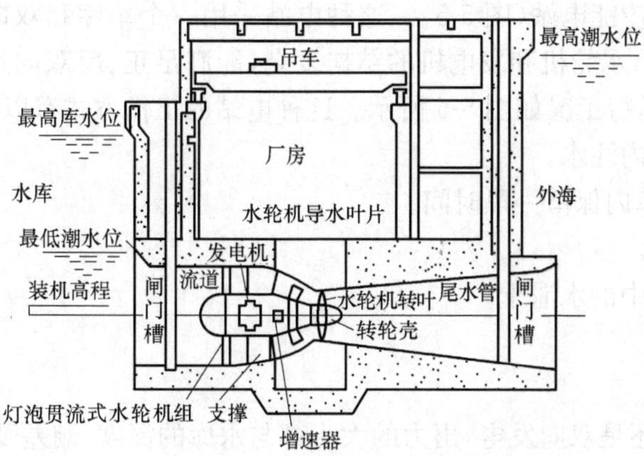

图 5-2 潮汐电站厂房及机组剖面示意图

(1)潮汐能电站的分类

1) 单库单向型潮汐能电站(图 5-3)。这种潮汐能电站一般只有一个水库,水轮机采用单向式。在水库大坝上分别建一个进水闸门和一个排水闸门,发电站的厂房建在排水闸门处。当涨潮时,打开进水闸门,关闭排水闸门,这样就可以在水库内容纳大量海水。当落潮时,打开排水闸门,关闭进水闸门,使水库内外形成一定的水位差,水从排水闸门流出时,冲动水轮机转动并带动发电机发电。由于落潮时水库容量和水位差较大,因此通常选择在落潮时发电。在整个潮汐周期内,电站运行按以下四个工况进行(图 5-4):

图 5-3 单库单向型潮汐能电站

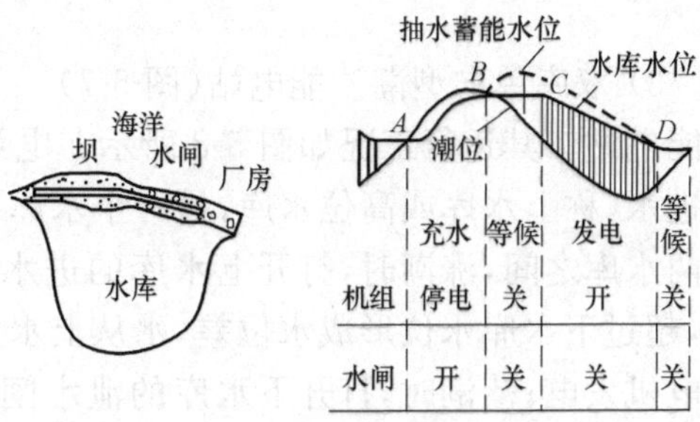

图 5-4 单库单向型潮汐能电站运行工况

① 充水工况。水轮发电机组停止发电,开启水闸。潮水经过水闸和水轮机进入水库,至库内外水位齐平时为止。

② 等候工况。关闭水闸,水轮发电机组停止过水,保持水库水位不变,海洋侧则因落潮而水位下降,直至库内外水位差达到水轮发电机组的起动水头。

③ 发电工况。开动水轮发电机组进行发电。水库的水位逐渐下降,直至库内外水位差小于水轮发电机组发电所需的最小水头为止。

④ 等候工况。水轮发电机组停止运动,水轮机停止过水。保持水库水位不变,海洋侧则因涨潮而逐渐上升,直至库内外水位齐平,转入下一个周期。

这种电站只要求水轮发电机组满足单方向的水流发电,所以机组结构和水工建筑较简单,投资较少。由于只能在落潮时发电,每天有两次潮汐涨落的时候,一般发电仅有 10~20h,所以潮汐能未被充分利用,电站效率低,只有 22%。

2）单库双向型潮汐能电站(图 5-5)。这种电站采用一个单库和双向水轮机，涨潮和落潮都可以发电。其特点是水轮机和发电机的结构复杂，能满足正、反双向运转的要求，一般每天可发电 15～20h。其运行工况如图 5-6 所示。这种电站的工作方式有以下几个步骤：

① 通过水闸向库内注水。

② 等候，让水在库内保留一段时间。

③ 利用落潮发电。

④ 通过水闸将库中的水泄干。

⑤ 等候一段时间。

⑥ 涨潮发电。

无论是单向发电还是双向发电，出力的大小都与水库的深度、潮差及电站的设计有关。

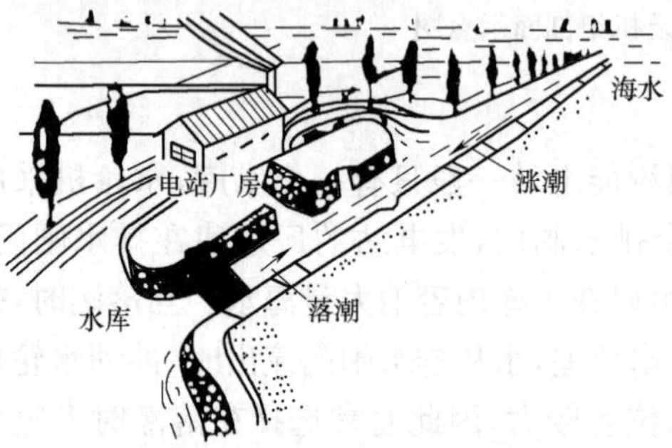

图 5-5　单库双向型潮汐能电站

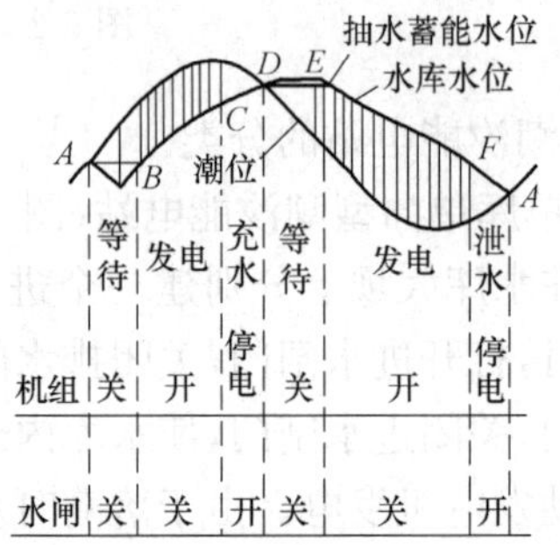

图 5-6　单库双向型潮汐能电站运行工况

3）双库单向型潮汐能电站(图 5-7)。为了提高潮汐能的利用率，可建立双库单向型潮汐能电站。其运行工况如图 5-8 所示。电站需要建立两个相邻的水库，一个水库仅在涨潮时进水，称上水库或高位水库；另一个水库只在退潮时放水，称下水库或低位水库。电站建在两水库之间，涨潮时，打开上水库的进水闸，关闭下水库的泄水闸，上水库的水位不断增高，超过下水库水位形成水位差，水从上水库通过电站流向下水库时，水流冲动水轮机带动发电机发电；落潮时，打开下水库的泄水闸，下水库的水位不断降低，与上水库仍保持水位差。水轮发电机可全日发电，提高了潮汐能的利用率。但由于需建造两个水库，投资较大，经济上不一定合算。

图 5-7　双库单向型潮汐能电站

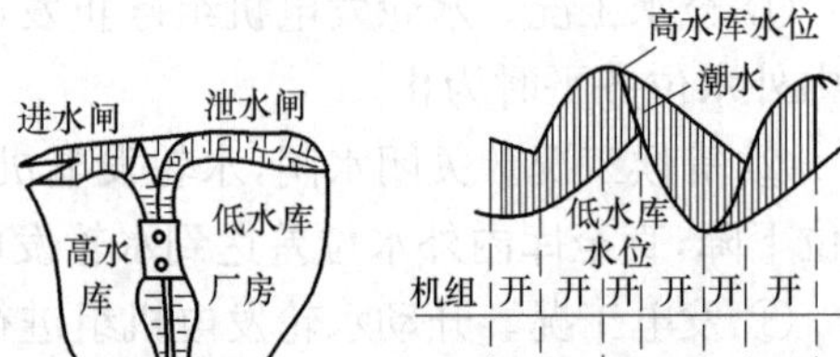

图 5-8　双库单向型潮汐能电站运行工况

4）抽水蓄能潮汐能电站。利用双向可逆式水轮机组，在潮汐能电站平潮后的等候工况中，从电网吸收一部分电能，将水轮机作水泵抽水用，以增加发电的有效水头，即以蓄能方式增加电站的发电效益。因为平潮后抽水，水坝两侧的水位差很小，抽水时所耗电力不大，但是增添的水头到机组发电时却能获得更大的电量。可在用电高峰时，为电网提供一定的电力。

为了实现连续供电，曾有人考虑建造更复杂的电站及采用复杂的运行程序，其中包括建造串式水库和成对水库。串式水库是采用两个水库，一个在高潮时蓄水，另一个在低潮时放水。最简单的工作形式是，当需要电时，让上水库中的水经过水轮机向下水库放水。也有人建议在其他位置再放置水轮机，例如在库与海之间再放置一台水轮机，让水从水库向海中泄放。串式水库可使出力比较固定，一般约为装机容量的40%。成对水库实际上就是由两个单库组成。如果一个在涨潮时工作，另一个在落潮时工作，其出力尽管还不是完全连续的，但也是近于连续的。这些较复杂的设计方案只能在合适的地理条件下才能实现，而且不如单库发电法经济。

虽然在某些情况下潮汐能电站可用于泵水，但一般都用来发电。单库潮汐能电站在每次潮汐过程中产生一个或两个间歇能量脉冲，因而年平均容量因数较低，在0.25～0.35之间，并且容量不稳定。输出脉冲的重复周期为12h 25min。人类的活动是以日出日落为周期的，因此单库潮汐能电站的出力时间与人类的活动节奏无法始终保持同步。但如果潮汐能电站的发电量在电力系统的总容量中仅占很小的比例，这样的出力是可以很容易并入电网的。

采用泵水储能方法来改变发电时间的办法是可行的，但需要较大的资金投入，并且只能获得约75%的发电效率。而另一种方法——压缩空气能量储存法，所需的投资则较少。其出力约为两种能源（潮汐能和燃气涡轮机燃料）分别使用时能够得到的能量的90%。使用这种方法会产生一定程度的废气排放，同等出力情况下，向大气排放的废气约为混合循环燃气电站排放量的1/3，约为火力发电站的1/5。

(2)水轮机组的类型　潮汐发电的关键设备是水轮发电机组，通常为轴流式机组和贯流式机组。

轴流式机组分竖轴式和卧轴式。图5-9所示为竖轴式机组示意图。竖轴式机组是水轮机与发电机的连轴垂直于水面，水轮机置于较大的混凝土蜗壳内，发电机置于厂房的上部，厂房面积较大，工程投资偏高，且进水管和出水管弯曲多，水能损失大，效率低。但是它运行平稳，使用寿命较长，如我国浙江省的沙山潮汐能电站，至今已运行了三十多年，经济效益明显。

贯流式机组有三种，即竖井贯流式水轮机组、灯泡式水轮机组和全贯流水轮机组。

竖井贯流式水轮机组的特点是发电机置于竖井内，竖井上部与电站厂房相通。过流截面分为两半，水流在竖井后面又更新汇合成封闭截面，使水轮机旋转。这样结构较简单，发电机可以整体装拆，便于检修和机组冷却通风。当然，受竖井的影响，水力损失较大。目前，我国运行的小型潮汐能电站多半采用这种机组。

图5-10所示为灯泡式水轮机组示意图。灯泡式水轮机组是一种半贯流式机组，因为其机壳像一个灯泡，所以形象地称为灯泡式。它的发电机转子和定子以及传动装置都安装在灯泡体内。灯泡体和水轮机则置于流道中，水流从灯泡体的壳外流过，只在机壳上部开一通道作为工作人员出入和通风的孔，发电机的引线也由此孔中引出。这种潮汐能电站的运行效率高，缺点是水下运行维修不便，且灯泡体占据的流道体积太大。不过世界上现有的潮汐能电站采用灯泡式机组的还不少。如法国的朗斯潮汐电站、俄罗斯的基斯洛潮汐电站和我国的江厦潮汐能电站都采用这种机组形式。

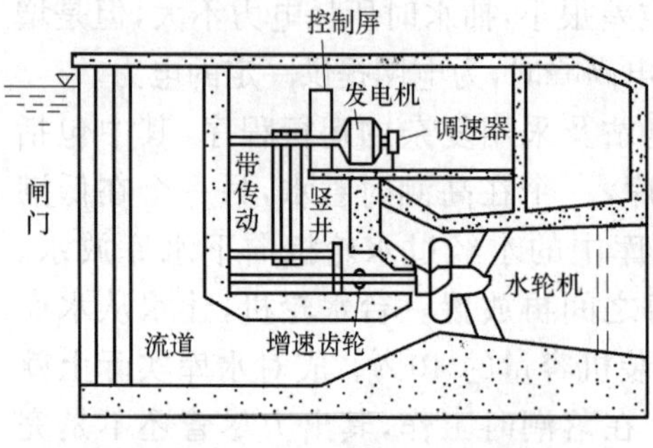

图 5-9 竖轴式机组示意图

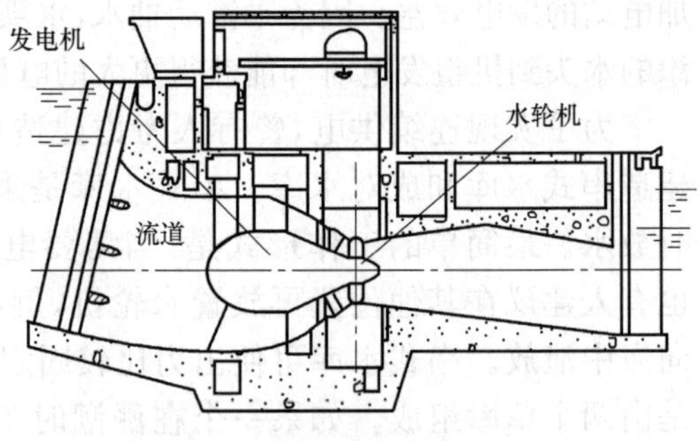

图 5-10 灯泡式水轮机组示意图

图 5-11 所示为全贯流水轮机组示意图。全贯流水轮机组是当代潮汐能电站最先进的机组。加拿大安纳波利斯潮汐能电站安装的 2 万 kW 全贯流水轮机组是目前世界上最大的潮汐发电机组。它是全贯流定桨形式，水轮机桨叶直径为 7.6m，单向退潮发电，设计水头为 5.5m，年发电量为 5 亿 kW·h。这种机组的特点是将发电机的定子装在流道外围，水轮机装在全贯流的流道中，并带动发电机的转子旋转，使整个流道得到合理的充分利用，水工建筑物紧凑。但是大面积的动密封比较困难，技术要求高，目前除少数国家能生产这种大型全贯流水轮组机外，能掌握这种技术的国家还不多。

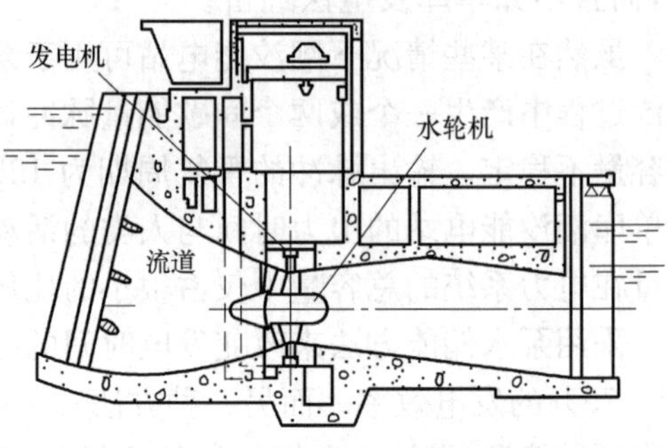

图 5-11 全贯流水轮机组示意图

3. 潮汐能电站实例

(1)法国朗斯潮汐能电站 朗斯潮汐能电站是世界上最大的潮汐发电站，它位于法国西北部大西洋沿岸圣马洛以南 2.5km 处。

该潮汐电站于 1961 年开始兴建，1966 年第一台机组投入运行，1967 年底全部机组投产。该站址潮差最大 13.4m，平均 8m；单库面积最高海平面时为 $22m^2$，平均海平面时为 $12m^2$；大坝总长度为 750m；电站坡高 12m；安装了直径为 5.35m 的可逆转水轮机 24 台，每台 1 万 kW，共 24 万 kW。设备以最大出力和正常效率运行时年平均发电量 5.44 亿 kW·h。它是世界上迄今利用潮汐能或海洋能发电规模最大的电站。

(2)中国江厦潮汐能电站 江厦潮汐试验电站位于浙江省温岭市西南的江厦港上，该港长 9km，港址处宽 686m，过水宽度仅 350m。江厦港是乐清县北端一个狭长封闭式浅海半日潮港，是我国高潮差区之一，平均潮汐为 5.08m，最大潮汐为 8.39m。港址以上港长 5km，集水面积为 $5.3km^2$。电站枢纽由堤坝、泄水闸、发电厂房和升压开关等组成。堤坝为黏土心墙堆石坝，全长 670m。坝高 15.5m，堤顶宽 5.5m，堤底最大宽度 172m。泄水闸建于堤坝与发电厂房之间，为 5 孔平底泄水闸。

该潮汐电站于 1972 年兴建，1979 年水工建筑竣工。1、2 号机组于 1980 年 5 月发电，1985 年 12 月 3、4、5 号机组并网发电。1986 年起，电站转入了正常运行。该电站总装机容量 3200kW，年发电量稳定在 600×10^4kW·h，是当前我国最大、世界第三的潮汐能电站。

二、波浪能发电技术

1. 海洋波浪能发电原理

波浪能是由风把能量传递给海洋而产生的，是海洋能源的一个主要的能源种类。它主要是由海面上风吹动以及大气压力变化而引起的海水有规则的周期性运动。根据波浪理论，波浪能与波高的平方成比例。波浪功率不仅与波浪中的能量有关，而且与波浪达到某一给定位置的速度有关。按照 Kinsman 在 1965 年提出的公式，一个严格简单的正弦波单位波峰宽度的波浪功率 P_W 为

$$P_W = \frac{\rho g h^2 T}{32\pi} \tag{5-3}$$

式中，ρ 为海水密度(kg/m^3)；g 为重力加速度(m/s^2)；h 为波高(m)；T 为周期(s)；P_W 为功率(W)。

波浪能发电(波力发电)的原理主要是将波力转换为压缩空气来驱动空气涡轮机发电。当波浪上升时便将空气室中的空气顶上去，被压缩空气穿过正压水阀室进入正压气缸，并驱动发电机轴端上的空气涡轮机，使发电机发电；当波浪落下时，空气室内形成负压，使大气中的空气被吸入气缸，并驱动发电机另一轴端上的空气涡轮机，使发电机发电，其旋转方向不变，从中排出的空气进入负压气缸，再穿过负压水阀室并到达负压空气室。由于正、负压水阀室相当于单向阀的作用，正、负两条线路互不干扰。用水阀作为单向阀的原理是利用压力差，压力空气只能单向通行。图 5-12 所示为波浪能装置示意图。

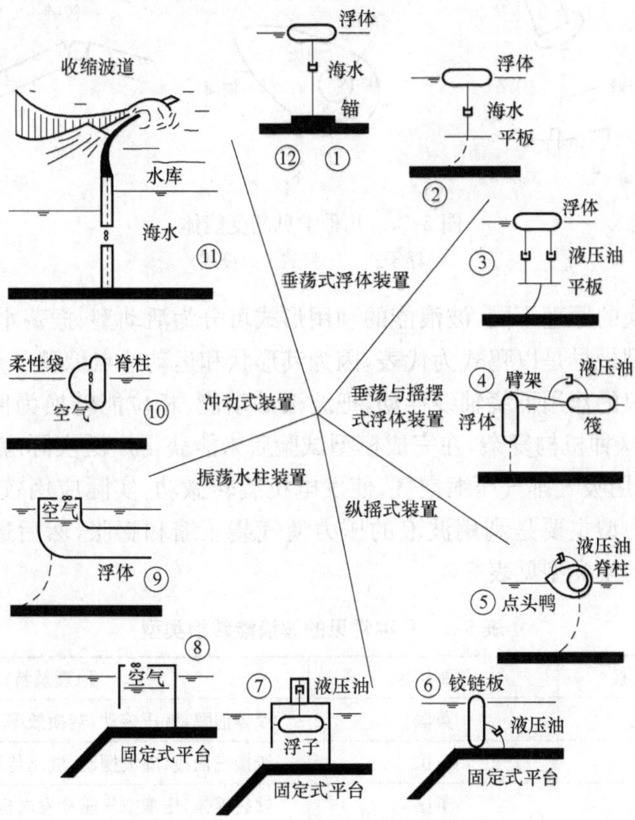

图 5-12　波浪能装置示意图

波浪能发电系统对技术方面的主要要求：一是能有效利用波浪能的转换技术；二是具有可靠性高、寿命长、造价和维护费用低廉的大型设备技术。

(1)波浪能转换的基本原理　波浪能利用的原理主要有三个基本转换环节，即第一级转换、中间转换和最终转换，如图5-13所示。

1)第一级转换。第一级转换是指将波浪能转换为装置实体所特有的能量。因此，要有一对实体，即受能体和固定体。受能体必须与具有能量的波浪相接触，直接接受从波浪传来的能量，通常转换为本身的机械运动；固定体相对固定，它与受能体形成相对运动。

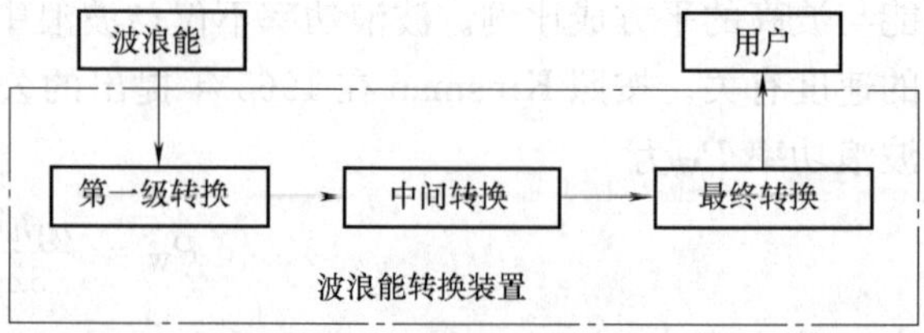

图5-13　波浪能转换的基本形式示意图

第一级转换的受能体有多种形式，如浮子式、鸭式、筏式、推板式、浪轮式等。图5-14所示是几种常见的受能体示意图。此外，还有蚌式、气袋式等受能体，它们是由柔性材料构成的。水体本身也可直接作为受能体，需设置库室或流道容纳这些受能体，例如波浪越过堤坝进入水库，然后以位能形式蓄能。但是通常的波浪能利用，大多靠空腔内水柱振荡运动作为第一级转换。

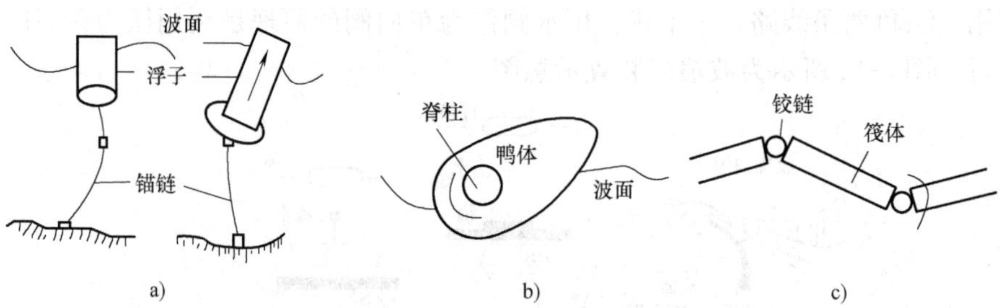

图5-14　几种常见的受能体

a)浮子式　b)鸭式　c)筏式

按照第一级转换的原理不同，波浪能的利用形式可分为活动型、振荡水柱型、水流型、压力型四类。其中活动型最早是以鸭式为代表，因为其形状和运动特点像鸭子点头，故也称点头鸭式。这种装置在波浪的作用下绕轴线摇动，把波浪的动能、相位能转换为回转的机械能，转换效率高达90%。但这种机构复杂，在完成模型试验后未能获得广泛实际应用。振荡水柱型采用空气作为介质，利用吸气排气压缩空气，使发电机旋转做功，实际应用较广。水流型是利用波浪能的位差。压力型主要是利用波浪的压力使气袋压缩和膨胀，然后通过压力管道做功。几种常见的波浪能转换类型见表5-3。

表5-3　几种常见的波浪能转换类型

类型	一级转换	研制国家	原理及特征
活动型	鸭式	英国	浮体似鸭，液压传动，转换效率90%，用于发电
	筏式	英国	铰接三面筏，随波摆动，液压传动，发电用
	蚌式	英国	软袋浮体，压缩空气驱动发电机发电
	浮子式	英国	浮筒起伏运动，带动油泵，用于发电

（续）

类型	一级转换	研制国家	原理及特征
振荡水柱型	鲸鱼式	日本	浮体似鲸鱼，振荡水柱驱动空气发电机发电
	海明号	日本	波浪能发电船，12 个汽室，长 80m，宽 12m
	浮标灯	日本、英国、中国	浮标中心管水柱振荡，汽轮机发电
	岸坡式	挪威	多振荡水柱，汽轮机发电
水流型	收缩水道	挪威	采用收缩水道将波浪引入水库，水轮机发电
	推板式	日本	波浪推动摇板，液压传动，用于发电
	环礁式	美国	波浪折射引入环礁中心，水轮机发电
压力型	柔性袋	美国	海床上固定气袋，压缩空气，汽轮机发电

2）中间转化。中间转化是将第一级转化与最终转化相连接。由于波浪能的水头低，速度也不高，经过第一级转化后，往往不能达到最终转换的动力机械要求。在中间转化过程中，将起到稳向、稳速和增速的作用。此外，第一级转化实际在海洋中进行的，它与动力机械之间还有一段距离，中间转化能起到传输能量的作用，中间转化的种类有机械式、液动式、气动式等。早期多采用机械式，即利用齿轮、杠杆和离合器等机械部件。液动式波浪能发电主要是采用鸭式、浮子式、带转臂的推板凳，将波浪能均匀地转化为液压能，然后通过液压马达发电。这种液动式的波浪能发电装置，在能量转换、传输、控制及储能等方面比气动式使用方便，但是其机器部件较复杂，材料要求高，机体易被海水腐蚀。气动式转换过程是通过空气泵，先将机械能转换为空气压能，再经整流气阀和输气道传给汽轮机，即以空气为传动介质，这样对机械部件的腐蚀比用海水作介质大为减小。因为空气泵是借用水体作活塞，只需构筑空腔，结构简单。同时，空气密度小，限流速度高，可使汽轮机转速高，机组的尺寸也较小，输出功率可变。在空气的压缩过程中，实际上是起着阻尼的作用，使波浪的冲击力减弱，可以稳定机组的波动。近年来采用无阀式汽轮机，如对称翼形转子、S 形转子和双盘式转子等，在结构上进一步简化。

3）最终转化。最终转化多为机械能转化为电能，即实现波浪能发电。这种转化基本上是用常规的发电技术，但是作为波浪能用的发电机，首先要适应有较大幅度变化的工况。一般小功率的波浪能发电都采用整流输入蓄电池的办法，较大功率的波浪能发电站一般与陆地电网并联。

最终转换若不以发电为目的，也可直接产生机械能，如波力抽水或波力搅拌等。也有波力增压用于海水淡化的实例。

（2）波浪能发电站　波浪能发电是继潮汐发电之后，发展最快的一种海洋能源的利用方式。世界上已有日本、英国、爱尔兰、挪威、西班牙、葡萄牙、瑞典、丹麦、印度、美国和中国等国家和地区在海上研建了波浪能发电装置，这些装置漂浮在海面上或固定在海岸边。

图 5-15　日本“巨鲸号”波浪能发电船

1）漂浮式。如图 5-15 所示，日本“巨鲸号”波浪能发电船是继“海明号”之后开发的一种漂浮体，发电原理与“海明号”相似。该发电船长 50m，宽 30m，型深 12m，吃水 8m，排水量 4380t，空船排水量 1290t，安装了一台 50kW 和两台 30kW 的空气透平发电机组，锚泊于 Gokasho 海湾之外 1.5km 处。1998 年 9 月开始持续两年的实海况试验，从试验情况来看，该发电船的各部分工作正常，最大总发电效率为 12%。估计造价在 2000 万元人民币以上。因日本是岛国，缺乏能源、资源和土地，建造“巨鲸号”可以提供洁净的可再生能源，可提供用于养殖的平静海面，并为进一步研究提供海上试验平台。英国“海蛇号”(Pelamis)波浪能发电装置，由英国海洋动力传递公司研制。“海蛇号”是漂浮式的，是由若干个圆柱形钢壳结构单元铰接而成，将波浪能转换成液压能进而转换成电能的波浪能装置。“海蛇号”具有蓄能环节，因而可以提供与火力发电相当稳定度的电力。

英国海洋动力传递公司赢得了建造一个 750kW“海蛇号”波浪能发电装置的项目。该装置的投放地点为苏格兰的 Islay 岛附近海域。该公司还和加拿大的 BC Hydro 公司签订了在加拿大 Vancouver 岛建造 2MW“海蛇号”波浪能发电装置的备忘录。1990 年，中国在琼州海峡“中水道 1 号”灯船成功研制了带后弯管的波浪能发电装置，随后又在湛江水道、珠江口水道的两个灯船上安装了相同的波浪能发电装置，为航标灯(平均功率 30W)和雷达应答器(平均功率 20W)，以提供电源，这是世界上首次将波浪能发电电源用于灯船。“中水道 1 号”灯船锚泊在琼州海峡，风大浪高，虽然，两年多发电效果很好，可是锚链两次被台风打断。安装在湛江水道和珠江口水道两个灯船上的波浪能发电系统，由于锚泊处水流太急，波浪作用效果不很好，发电量小，两三年后被其他电源取代了。随后，又与日本合作研制后弯管的波浪能发电浮体，安装了一台 5kW 空气涡轮发电机组，锚泊在珠江口，进行了实海况发电实验。

2) 固定式。世界各国建成的波浪能发电装置以固定振荡水柱式为最多，其中，日本 4 个，中国 3 个，挪威 2 个，英国 3 个，印度 1 个，葡萄牙 1 个，这些都是示范性的，有的完成在实海况下发电实验后成为遗址，有的还在进行海上实验。此外，日本和中国各有一个摆板式的波浪能发电站，挪威有一个收缩水道水库式的波浪能发电站。日本酒田港防波堤波浪能发电站建成于 1989 年，由日本港湾技术研究所研建，在防波堤中间一段 20m 长的堤上作实验，一台功率为 60kW 的空气涡轮发电机组，1990 年冬天，在有效波高为 2.05m 时输出 18.5kW 的电力。发出的电通过海底电缆输到岸上。挪威 500kW 多共振振荡水柱波浪能发电站和 350kW 收缩水道水库式波浪能发电站分别由挪威 Kvaerner 公司和挪威波能公司在卑尔根市附近的岛上建造，分别于 1985 年和 1986 年建成并向当地电网送电，展示了波浪能发电实用化和商业化的前景。

中国从 1986 年开始在珠江口大万山岛研建 3kW 波浪能发电站，随后几年又在该发电站上改造成 20kW 的发电站，如图 5-16 所示。出于抗台风方面的考虑，该发电站设计了一个带有破浪锥的过渡气室及气道，将机组提高到海面上约 16m 高之处，大大减小了海浪对机组直接打击的可能性。发电装置采用变速恒频发电机与柴油发电机并联运行，发电比较平稳。1996 年 2 月试发电，初步试验的结果表明，20kW 波浪能发电机组在入射波高 $H_{1/10}=1.2\sim1.5m$，平均周期 $T=5\sim6s$ 时的电力平均输出为 3.5～5kW，峰值功率可达 14.5kW，总能量平均俘获宽度比在 20%～40%的范围，优于日本、英国和挪威的同类电站。

位于广东省汕尾市遮浪镇的 100kW 岸式波浪能发电站，是一座与当地电网并网运行的电站，如图 5-17 所示。该电站 2001 年 2 月进入试发电，在入射波高 $H_{1/10}=1\sim3m$，平均周期 $T=5\sim7s$ 时，平均发电功率 $P=5\sim40kW$，最大发电功率 $P_{max}=100kW$。该电站设有过电压自动卸载保护、过电流自动调控、水位限制、断电保护、超速保护等功能。所有保护功能均在计算机控制下自动执行,大大地减少了人工干预,使波浪能发电技术接近实用化。

图 5-16 振荡水柱岸式波浪能发电站

图 5-17 100kW 岸式波浪能发电站

日本室兰工业大学在北海道研建的 80kW 摆式电站和中国国家海洋局海洋技术研究所在山东大管岛研建的 30kW 摆式电站,均是电站通过一个能在水槽中前后摇摆的摆板吸取波浪能。摆板的运行很适合波浪大推力和低频特性,它的阻尼是液压装置。利用两台单向作用的液力泵驱动发电机便可吸取全周期的波浪能。

(3)波浪能发电装置

1) 航标用波浪能发电装置。海上航标用量很大,其中包括浮标灯和岸标灯塔。波浪能发电的航标灯具有市场竞争力。因为需要航标灯的地方,往往波浪也较大,一般航标工人也难到达,所以航运部门对设置波浪能发电航标较感兴趣。目前波力航标价格已低于太阳电池航标,很有发展前景。

波浪能发电浮标灯是利用灯标浮桶作为第一级转换的吸能装置,固定体就是中心管内的水柱。由于中心管伸入水下 4～5m,水下波动较小,中心管内的水位相对海面近乎于静止。当灯标浮桶随浪漂浮时产生上下升降,中心管内的空气就受到挤压,气流则推动汽轮机旋转,并带动发电机发电。发出的电不断输入蓄电池,蓄电池与浮桶上部的航标灯接通,并用光电开关控制航标灯的关启,以实现完全自动化,航标工只需适当巡回检查,使用非常简便。图 5-18 所示为波浪能发电浮标灯示意图。

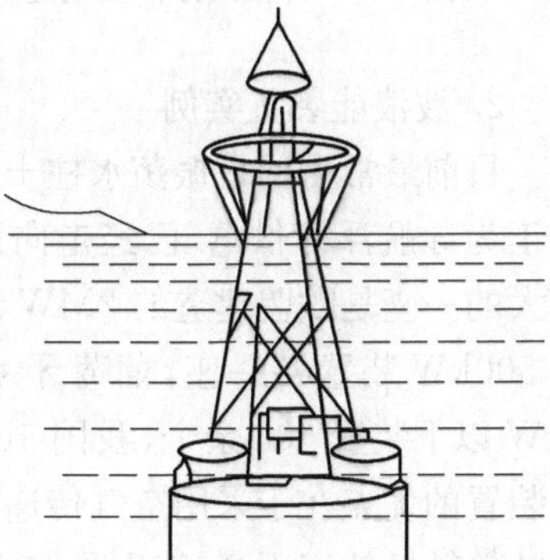

图 5-18 波浪能发电浮标灯示意图

目前,世界上生产波浪能发电装置的国家还不多,其中以日本的产品规格多,已有系列化商品并出口。

2) 波浪能发电船。波浪能发电船是一种利用海上波浪发电的大型装置,实际上是漂浮在海上的发电厂,它可以用海底电缆将发出的电输送到陆地并网,也可以直接为海上加工厂提供电力。日本建造的"海明号"波浪能发电船,船体长 80m,宽 12m,高 5.5m,大致上相当于一艘 2000t 级的货轮。该发电船的底部设有 22 个空气室。每个空气室占水面面积 $25m^2$,室内的水柱受船外波浪作用而升降,使室内空气受压缩或抽吸。每 2 个空气室安装 1 个阀箱和 1 台空气透平和发电机。共装 8 台 125kW 的发电机组,总计 1000kW,年发电量 1.9×10^5 kW·h。日本又在此基础上研究出冲浪式浮体波浪能发电装置,如图 5-19 所示。这种浮体波浪能发电装置可以并列几个，形成一排波浪能发电装置，以减轻强大波浪的冲击，因此也是一种消浪设施。

3）岸式波浪能发电站。为避免采用海底电缆输电和减轻锚泊设施，一些国家正在研究岸式波浪能发电站。

日本建立的岸式波浪能发电站，采用空腔振荡水柱气动方式，如图 5-20 所示。发电站的整个气室设置在天然岩基上，宽 8m，纵深 7m，高 5m，用钢筋混凝土制成。空气汽轮机和发电机装在一个钢制箱内，置于气室的顶部。汽轮机转子翼形对称，机组为卧式串联布置，发电机居中，左右各一台汽轮机，借以消除轴向推力。机组额定功率 40kW，在有效波高 0.8m 时开始发电，有效波高为 4m 时，出力可达 44kW。为使电力平稳，采用飞轮进行蓄能。

英国建成的大型岸式波浪能发电站，设计容量为 5000kW，年发电量 1.646×10^7 kW·h。我国建成的岸式波浪能发电站的装机容量为 20kW。

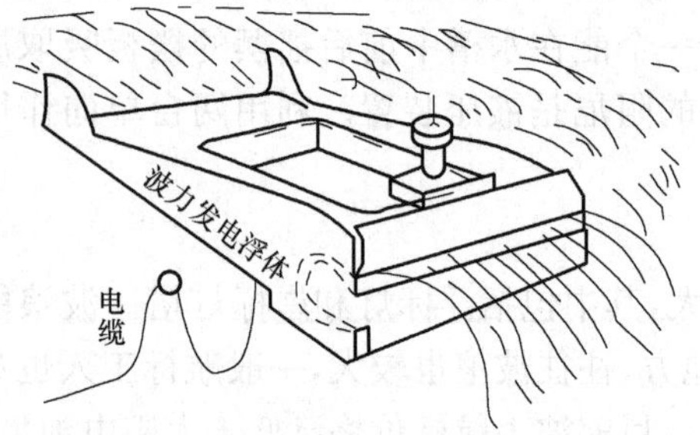

图 5-19　冲浪式浮体波浪能发电装置

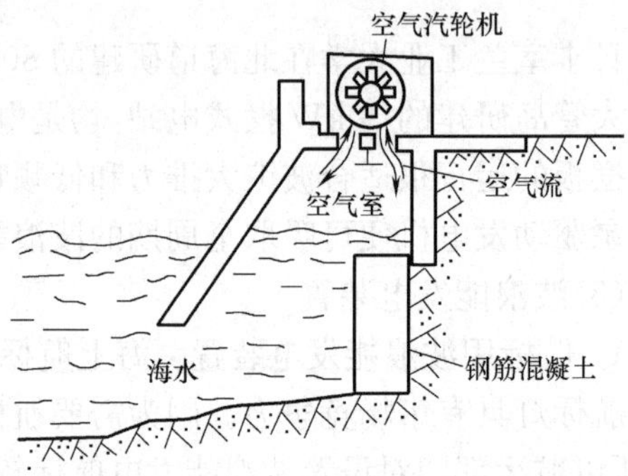

图 5-20　日本某岸式波浪能发电站

2. 波浪能装置实例

目前最常见的是振荡水柱＋空气叶轮的波浪能装置，装机容量 1kW 以下的约有 1000 个，用于为导航浮标供电，已经走向商业化；装机容量数十到数百千瓦的波浪能装置约有 10 座。最大的一座是欧盟建造的 2MW 装置 Osprey，可惜在下水时破损。成功建成的有英国和挪威的 500kW 装置各一座，葡萄牙 400kW 装置一座，日本 120kW 装置一座、40kW 装置一座、1kW 以下装置 600 余个，我国 100kW 装置一座、20kW 装置一座、1kW 以下装置 700 余个。该装置的优点在于采用空气传递能量，避免波浪对脆弱的发电系统的直接打击。其缺点是空气叶轮转换效率不高，特别是在小浪时，而且发电不稳定，对于 10kW 以上的波浪能装置须与柴油机或电网并联才能正常工作。

除了振荡水柱＋空气叶轮之外，目前较为成功的波浪能装置还有振荡浮子式、摆式、筏式与液压系统的组合。

英国的 Pelamis 装置采用筏式＋液压系统，装机容量达到 700kW，是目前世界上装机容量最大的波浪能装置。该装置的优点在于采用了蓄能器，输出稳定，抗风浪冲击能力强。其缺点为俘获波浪能效率不高。

振荡浮子＋液压系统是目前发展势头最猛的波浪能装置。该技术采用浮子俘获波浪能，通过与浮子连接的液压装置将波浪能转换成液压能，再通过发电机转换成电能，或通过其他设备制造淡水或冰。

振荡浮子技术发展迅速的原因是:①俘获波浪能效率以及转换效率均高;②振荡浮子制造相对最为简单;③采用液压系统,能量容易汇集,易规模化应用;④可以提供电力,也可以提供非电力的动力,实现一机多用。

三、温差能发电技术

海洋吸收并储存了大量的太阳能,海洋总是处于热量不平衡中,使海水出现了温差。

1. 海洋温差能转换的原理

海洋温差能转换是将海洋吸收的太阳能转换为机械能,再把机械能转换为电能。在第一步热能转换中,它借助于海底冷水与表层水的温差,构成一种动力循环。目前主要采用朗肯循环。

(1)朗肯循环　朗肯循环是一个典型的热力循环,在海洋温差能转换中,利用流体在饱和区实现等温加热和等温放热的特性来实现朗肯循环。图 5-21 所示为海水温差的朗肯循环温熵图及循环原理。循环由液态工质绝热压缩过程 1—2、液态吸热过程 2—3、等温加热过程 3—4、绝热膨胀过程 4—5、等温冷凝过程 5—1 组成。这样的循环对于常见的海水温差,其热效率为 3%左右,相应海水温差电站的净热效率为 2%左右。根据所用的工质和流程的不同,朗肯循环又分为闭式循环、开式循环和混合式循环。

1) 闭式循环。闭式循环系统示意图如图 5-22 所示,由蒸发器、汽轮发电机、冷凝器和泵组成。工作液为氨、氟利昂等低沸点物质。在蒸发器里通过海洋表层热水,在冷凝器里通过海洋深层冷水,当泵把液态氨或其他工作液从冷凝器泵入蒸发器时,液态氨因受热而变成高压低温的蒸汽,驱动汽轮机带动发电机发电。而从汽轮机出来的低压气态氨回到冷凝器,又重新冷凝成液态氨,再用泵把液态氨泵入蒸发器中蒸发,变成高压低温的蒸汽,继续做功。这样构成一个完整的闭路循环系统。

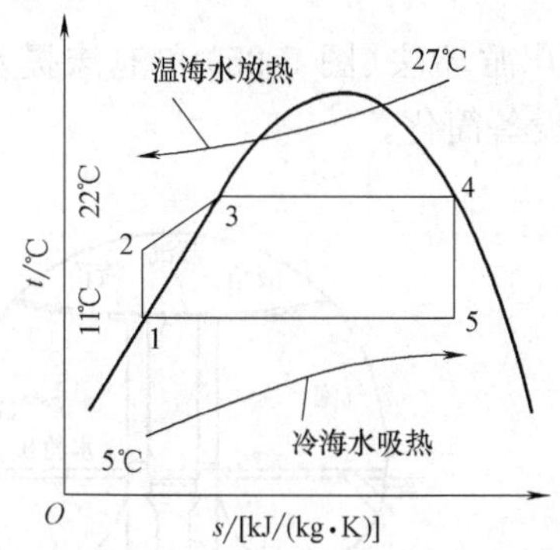

图 5-21　朗肯循环温熵图及循环原理

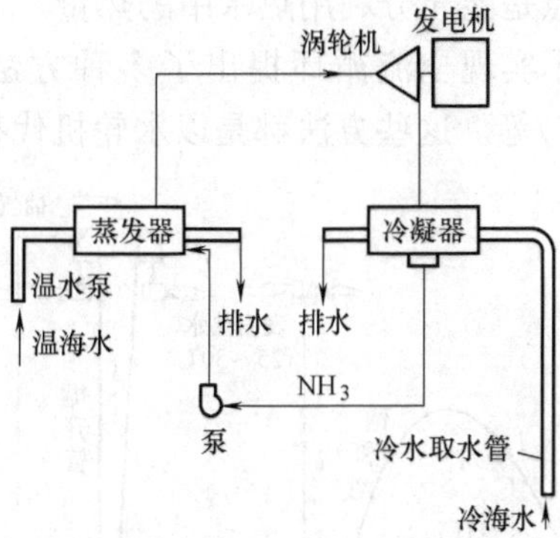

图 5-22　闭式循环系统示意图

2) 开式循环。在朗肯循环中,开式循环也称闪蒸扩容法。开式循环系统示意图如图 5-23 所示,把表层热海水引入低压或真空的闪蒸器中,由于压力大幅度下降,海水沸腾变为蒸汽,从而驱动汽轮机带动发电机发电;使用过的低压蒸汽再进入冷凝器中冷却,冷凝的脱盐水或回收,或排入海洋。这种开式循环系统以海水为工作液,它不仅能发电,而且能得到大量的淡水及副产品。

3) 混合式循环。混合式循环系统(图 5-24)具有开式循环和闭式循环的特点,即保留工作液整个循环的回路。所不同的是,在蒸发器中工作液不是用海水直接加热,而是用热海水扩容变成的蒸汽来加热。同时，这样可以避免蒸发器受到海生物的污染，同时蒸发器高温侧也由原来的液体对流换热变为冷凝放热，使表面传热系数提高。增加了闪蒸环节，使整个循环效率并不高。

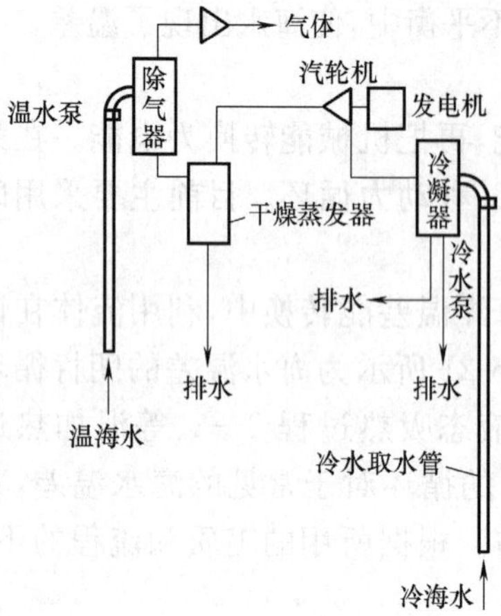

图 5-23　开式循环系统示意图

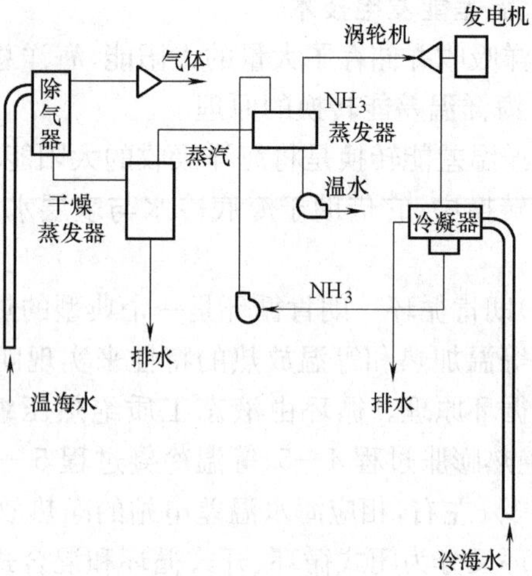

图 5-24　混合式循环系统示意图

(2)全流热力循环　全流热力循环是近年来在利用低温水热能时提出的一种新循环概念。其循环的温熵图如图 5-25 所示。循环由热液体直接在膨胀机中膨胀做功的过程 1—2、膨胀机排出的汽水混合物的冷凝过程 2—3、冷凝水的升压过程 3—4 以及加热过程 4—1 组成。在海水温差能发电中，只有 1—2—3—4 这三个过程，4—1 过程是在自然界中自然完成的。这种循环的优点是能充分利用热水中的热量。

为了实现全流循环提出了多种方法，如雾滴提升循环法(图 5-25)和泡沫提水循环法(图 5-26)等。这些方法都是以水轮机代替汽轮机，使设备简化。

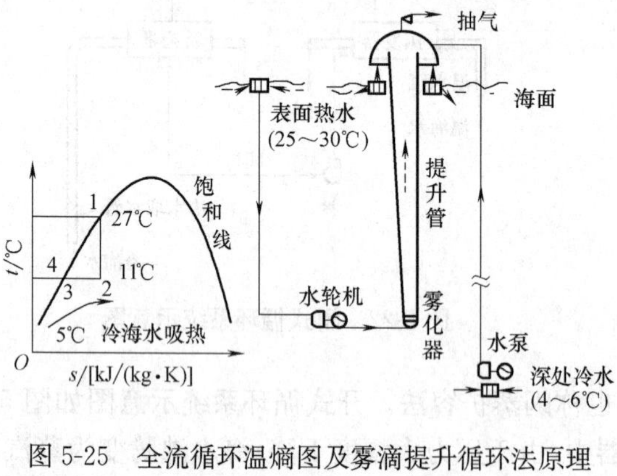

图 5-25　全流循环温熵图及雾滴提升循环法原理

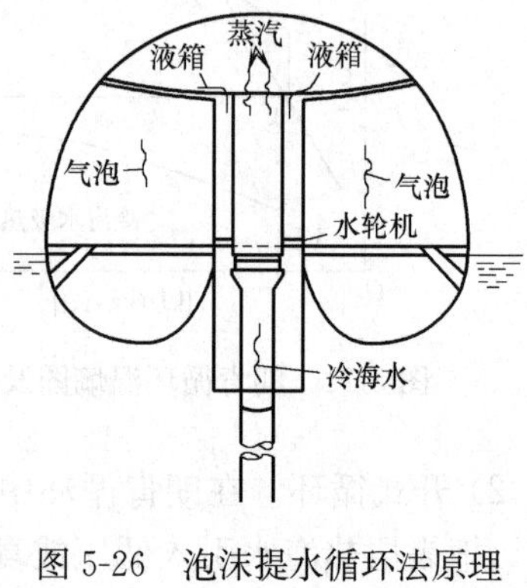

图 5-26　泡沫提水循环法原理

2. 海洋温差能发电装置

海洋温差能转换的核心是温差发电。图 5-27 所示为海洋温差能发电示意图。目前世界上最具有代表性的海洋温差能发电装置是美国夏威夷建立的海洋温差能发电试验装置。该发电装置采用朗肯闭式循环系统，安装在一艘重 268t 的驳船上。发电机组的额定功率为

53.6kW，实际输出功率为50kW，采用聚乙烯制成的冷水管深入海底，长达663m，管径0.6m，冷水温度7℃，表层海水温度28℃。所发出的电可用来供给岛上的车站、码头和部分企业照明。

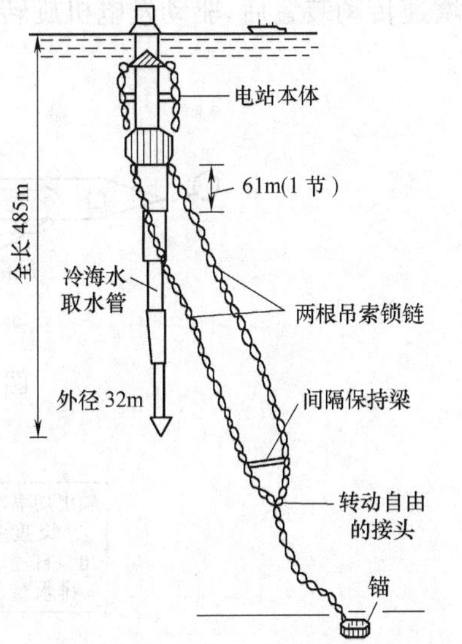

图5-27 海洋温差能发电示意图

四、盐差能利用技术

在江河淡水和海洋咸水交汇处，产生一种物理化学能，可将其转化成渗透压、浓差电池、蒸汽压差和机械转动等形式，然后再转换为电能。

从原理上来说，淡水流经过一个半渗透膜后再进入一个盐水水池可获得理论上的水头。如果在这一过程中盐度不降低，产生的渗透压力足可以将水池水面提高240m，然后再把水池中的水泄放，让水流经水轮机，从而提取能量。从理论上来说，如果用很有效的装置来提取世界上所有河流的这种能量，那么可以获得约26×10^9kW·h的电力。

如图5-28所示，在渗透压的作用下，水压塔中的水位逐渐升高，一直升到两边压力相等为止。如果在水压塔顶端安装一根水平导管，海水就会从导管中喷射出来，冲动水轮机叶片转动，进而带动发电机发电。以色列建立了一座150kW的盐差能发电试验装置。

在20世纪70年代，各国开展了许多调查研究，以寻求提取盐差能的方法。遗憾的是，目前已研究出来的最好的盐差系统是利用反电解工艺（事实上是盐电池）来从咸水中提取能量，但实用开发系统非常昂贵。

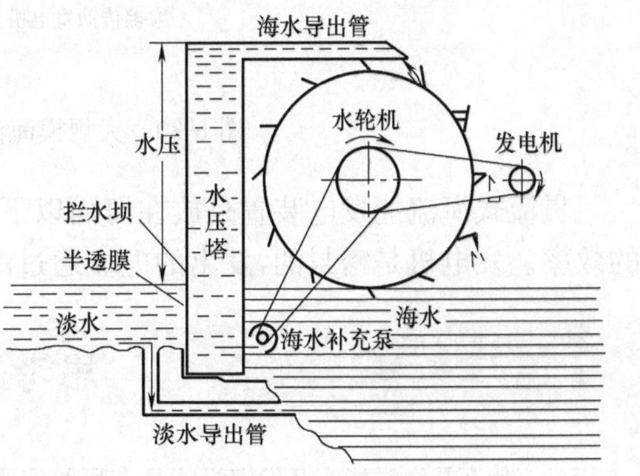

图5-28 海洋盐差能发电示意图

盐差能的研究结果表明，此方面的工作不宜继续下去。

五、海流能转换技术

利用海流的冲击力，使水轮机的叶轮高速旋转，驱动发电机发电。能量转换装置多采用将海水动能转换为旋转能的方式，发出的电可采用海底电缆传送。

已提出了各种各样的设计方案，如降落伞式、科里欧利斯式以及贯流式方案等。

降落伞式海流能发电装置，也称为低流速能变换器，如图5-29所示。这种装置是用50只直径为0.6m的降落伞串缚在一根150m长的绳子上，然后将相连的绳子套在固定于船尾的轮子上，在海中，由于海流带动降落伞，将伞冲开，带降落伞的绳子驱动船上的轮子不停地转动，再通过增速系统带动发电机发电。该装置每天工作4h，发电功率约为500W。

科里欧利斯式海流能发电装置是拥有一套外径171m、长110m、排水量6×10^3t的大型管道的大规模海流能发电系统，外形如图5-30所示。该系统的设计能力是在海流流速为2.3m/s的条件下输出功率为83MW。其原理是在一个大型轮缘罩中装有若干个发电装置，中心大型叶片的轮缘，在海流能的作用下缓慢转动，其轮缘通过摩擦力带动发电机驱动部分运动，经过增速传动装置后，驱动发电机旋转，以此将大型叶片的转动能变换成电能。

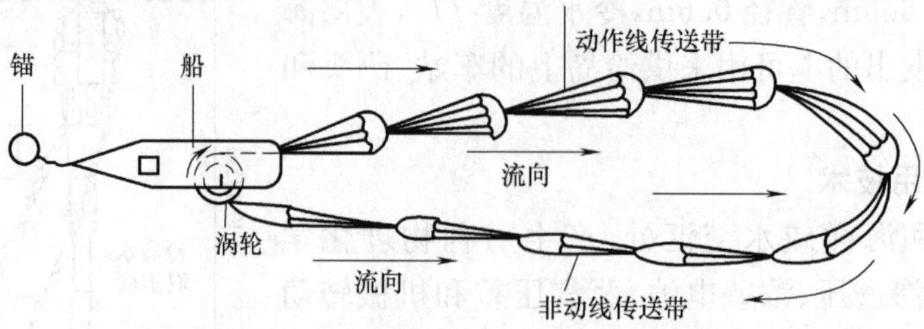

图 5-29　降落伞式海流能发电装置

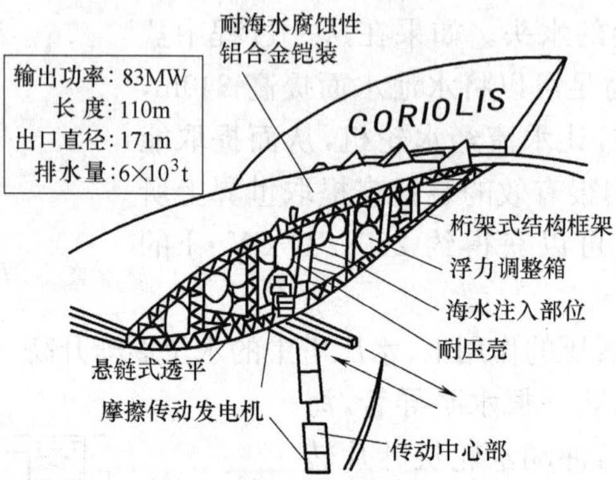

图 5-30　大规模海流能发电系统“Coriolis-1”

贯流式海流能发电装置是放在海面以下，使海流的进口流道都呈喇叭形，用以提高水轮机的效率。发电机是密封的，发出的电流通过海底电缆输送到陆上的变电站。

思考题与习题

5-1　什么是海洋能？开发海洋能具有哪些重要意义？

5-2　海洋能具有什么特点？

5-3　海洋能可分为哪些种类？

5-4　海洋能中的波浪能、潮汐能、海流能和盐差能如何进行计算？

5-5　常见的波浪能发电装置有哪些类型？分别有何特点？

5-6　潮汐能电站有哪些种类？它们有何运行特点？

第六章 地 热 能

第一节 地热能概述

一、地球和地热能

地球分为地壳、地幔和地核三个圈层(图6-1)。地壳和地幔之间的分界面是莫霍面,地幔和地核之间的分界面是古登堡面。地壳是地球最外面的一层,一般厚33km或7km(海洋)。地壳分为上下两层,其间是康拉德面,在10km左右。上部地壳只有大陆有,海洋基本缺失。上部地壳主要为花岗岩层,下部地壳主要为玄武岩层。介于地壳和地核之间的部分是地幔,平均厚度为2870km左右。地幔也分为上下两层,分界面在1000km左右。上地幔主要由超基性岩组成。下地幔主要由超高压矿物组成的超基性岩构成。在上地幔分布着一个呈部分熔融状态的软流圈,其深度在60～400km,是液态岩浆的发源地。地壳和软流圈以上的地幔部分统称为岩石圈。地球的中心部分为地核,半径为3473km左右。地核又可分为外核和内核。根据对地震波传播速度的测定,外核可能是液态物质,内核则是固体物质。地核的物质成分与铁陨石相似,所以有时又叫"铁镍核心"。

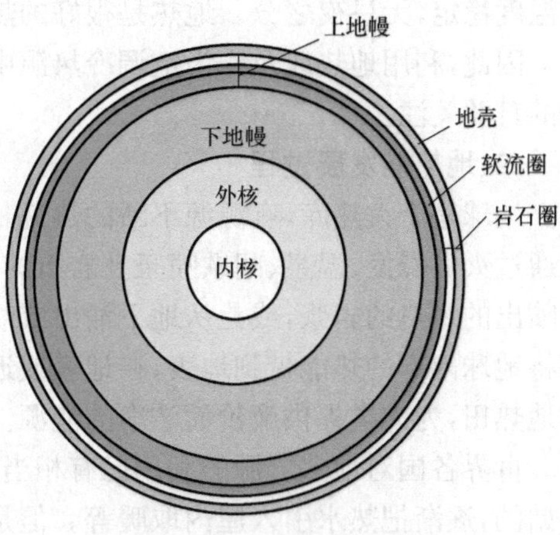

图6-1 地球内部结构剖面图

地热的主要来源是长寿命的放射性同位素进行热核反应,及地球物质中放射性元素衰变产生的热量。在地壳中,地热的分布可分为可变温度带、常温带和增温带三个带。可变温度带,由于受太阳辐射的影响,其温度有着昼夜、年份、世纪甚至更长的周期性变化,其厚度一般为15～20m;常温带,其温度变化幅度几乎等于零,深度一般为20～30m;增温带,在常温带以下,温度随深度增加而升高,其热量的主要来源是地球内部的热能。地球每一层次的温度状况是很不相同的。在地壳的常温带以下,地温随深度增加而不断升高,越深越热。根据各种资料推断,地壳表层的温度为0～50℃,地壳下层的温度为500～1000℃,地壳底部至地幔上部的温度约为1100～1300℃,地核的温度约在2000～5000℃之间。在距地壳1000m处温度为40～45℃,2000m处温度为65～75℃,3000m处温度为90～105℃。温度梯度约为2.5～3℃/100m。假如按照正常的地热增温率来推算,80℃的地下热水,大致埋藏在2000～2500m的地下。那些天然出露的地下热水或蒸汽叫做温泉。温泉是在当前技术水平下最容易利用的一种地热资源。除温泉外,人们也较易通过钻井等人工方法把地下热水或蒸汽引导到地面上来加以利用。因此,地球储存了巨大的热能,据统计,在地壳表面3km以内可利用的热能就有8.37×10^{20}J,接近世界储煤的总发热量;在地壳表层10km的范围内,地热资源就达12.6×10^{26}J,相当于4.6×10^{16}t标准煤,即超过世界技术和经济力量可采煤储量含热量的 70000 倍。

地热能作为一种新能源，是指储存在地球内部的热能，主要分布在构造板块边缘带，特别是火山和地震分布区，其能量载体主要是地下水。地热能具有以下几个方面的特点。

(1)本土能源　开发利用地热能可以缓解对传统能源的依赖，实现能源资源的多元化利用，对加强国家在能源问题上的安全和独立有重要意义。

(2)清洁能源　相对于煤、油等传统化学能源，开发地热能对环境所造成的污染少。

(3)可再生能源　如果开发得当，地热能可以被长期稳定使用。

(4)利用上存在多样性　地热能既可以用于发电，也可以直接利用。

(5)投入产出比高　地热能系统运行、维修费用相对低。它不但可以长期供热，而且供热时温度稳定，无昼夜之分。地热是很好的热泵热源和空调冷源。

因此，利用地热能及作为空调冷热源中能源转换效率最高的水源热泵应用技术，正受到人们的日益关注。

二、地热能发展过程

地球是个大热库，有源源不断的热流。赋存于地球内部的热能，是一种巨大的自然能源，它通过火山爆发、温泉、间歇喷泉及岩石的热传导等形式不断地向地表传送和散失。火山爆发时喷出的炽热的岩浆，或是从地下涌出或喷射出的热水和蒸汽，都是巨大的载热体，它们不断地将地球内部的热能带到地表，在地表或近地表处形成强烈的地热显示和具有经济开发价值的地热田，为人类提供廉价而洁净的能源。

世界各国对地热资源的利用已有相当长的历史，人类利用地热应该是从温泉洗浴到疗疾开始的，逐渐把热水引入屋内取暖等。但是大规模的开发地热是意大利人在拉德瑞罗提取硼酸开始的。自 1827 年起，拉德瑞罗人就用当地的天然喷气孔热蒸汽取代木材燃烧蒸干矿化的泉水，然后从残渣中提取硼酸。1904 年，在拉德瑞罗建起全球第一批利用天然蒸汽发电的实验电站。1982 年在冰岛第一次利用地热水取暖。近几十年内，各国地热利用事业更快发展，截止到 2000 年，世界上利用地热能发电的国家已有 21 个，包括地热直接利用在内共有 58 个国家已有地热利用记载，80 多个国家已有本土地热资源的报道。

中国人直接利用地热已有两千年历史。公元 2 世纪，东汉科学家张衡就在《温泉赋》中描述温泉可以治病，北魏郦道元的《水经注》中也有温泉灌溉一年三熟的记载。

我国地热资源勘探与大规模开发利用始于 20 世纪中叶，其发展阶段大致划分为初创、初步发展、重要进展等几个阶段，各阶段的主要工作简要回顾如下。

1. 初创阶段

我国是温泉广布和热水利用历史悠久的国家。1949 年之后，随着地质普查工作的开展，为建立和扩建温泉疗养院，我国开始对温泉进行调查，在若干温泉区进行了地质勘探，根据所获得的资料对某些地区温泉分布特点和其形成机制作了初步的分析和讨论，并首次新编了全国温泉分布图。

2. 初步发展阶段

由于地热能作为一种新能源在国际上逐渐兴起以及我国著名地质学家李四光教授的倡导，地热资源于 20 世纪 60 年代末至 70 年代初在我国引起广泛的关注，促进了我国地热能研究工作的开展，区域地热资源普查、地热能资源开发利用、地热能基础理论方面都取得了显著的进展。

20 世纪 70 年代以来，我国在 20 多个省区开展地热能资源普查和考察，积累了一批资料，其中尤以中国科学院青藏高原综合科学考察队于1973～1976年对西藏高原地热活动地表热显示的考察最为系统而全面。在地热能的开发利用方面，在这一阶段开始进行地热能发电站的建设。1975年开始布钻勘探的西藏羊八井地热田，是我国经勘探证实的第一个高温地热田，于1977年建立了一座装机容量为1MW的示范性电站。在地热能其他利用方面，北京、天津和西安等地区相继开展了低温热水温室种植、水产养殖、疗养-洗浴和取暖等地热综合利用的试验研究。在地热能基础理论研究方面，初步分析了华北平原地热分布的特点和局部地热异常的形成机制。

3. 重要进展阶段

进入20世纪80年代，我国地热研究在前期工作的基础上，有了重要的进展，主要表现为：

1）在地热方面有重要意义的地区或地质构造单元有计划地进行了研究。

2）有重点地开展了地热资源勘探研究，对我国地热资源分布特点及其应用潜力作了分析和评估。

3）地热研究地域由陆地向海洋扩展。

4）矿山地热和油田地热工作进一步开展。

4. 地热资源市场化阶段

由于地热资源的自身优势和我国社会发展与经济技术进步，20世纪90年代以来，掀起地热资源开发热潮，地热井的深度越来越深（最深已过4000m），范围也远远超出了“地热异常”的概念，具有十分明显的市场特征。这期间的勘查工作多围绕井点进行，未进行全面系统的区域性勘查评价工作。由于地热资源勘查与开采的市场化，造成了不科学的无序开采局面和资源的极大浪费。虽然天津、北京、西安等主要开发区采取了必要的政府干预手段，效果仍不十分明显。

三、地热现象

地热现象就是通过火山、温泉、间歇喷泉等形式由地球内部传送到地表的热能，也就是能为人们所目睹、所触知（通俗地说，就是看得见、摸得着）的这部分热能，如果和整个地球内部不断产生的和储存起来的热能相比较，还只是极小的一部分。地热现象主要有火山爆发、温泉、喷气现象、沸泥塘、水热爆炸、泉华、水热蚀变等。

1. 火山爆发

火山爆发（图6-2）是一种奇特的地质现象，是地壳运动的一种表现形式，也是地球内部的热能在地表的一种最为强烈的显示。火山岩主要来自地壳的中、下部及地幔的顶部，其温度大约为1000℃，呈熔融状态。当地球内部炽热的岩浆沿着地壳的薄弱地带即深断裂带造成的通道冲出地表时，其喷出物在喷火口及其四周堆积而成的山，就叫做火山。

图6-2 火山的喷发

世界最猛烈的一次火山爆发发生在公元前1470年爱琴海中希腊的桑托林岛火山，这次爆发激起了50m高的海浪，摧毁了约130km外克里特岛上的米诺文明中心。这是世界上破坏性最大的一次火山爆发，有人估计，这次火山爆发相当于氢弹爆炸力的130倍。类似的一次发生在1883年8月27日爪哇岛和苏门答腊岛之间海峡中的喀拉喀托火山岛上，据估计，这次火山爆发释放出来的能量相当于20万个投在广岛的原子弹。它是近期历史上最强烈的一次火山爆发，把75km^{2}的海岛全部炸毁。火山灰上升到27km的高空。原来这座火山高出海面500m，爆炸后低于海面300多米。由上述几例即可看出，火山爆发具有巨大无比的能量。

2. 温泉

温泉(图6-3)又称热矿泉或热泉，是指热水和矿水不断溢出地表的水泉。水温在20℃。矿化度在1g/L以上者为矿水。

图6-3 温泉池

沸泉和过热泉是指水在泉口不断沸腾着的水泉，水温达到或超过当地沸点。如西藏查孜沸泉海拔5500m，是我国已知海拔最高的沸泉，水温达86℃，高于当地沸点6℃以上。间歇喷泉是一种奇特而罕见的自然现象，常常坐落在风景秀丽的谷地。世界上有一些国家，如冰岛、美国、新西兰、日本、俄罗斯及我国等都拥有间歇喷泉，如冰岛的大喷泉、美国黄石公园的老实泉。

3. 喷气现象

当走向高温水热活动区时，远远就可以看到一股股白色的水汽柱徐徐上升，犹如炊烟缭绕。这些水汽柱一部分是由间歇喷泉、沸泉、热泉等水面升起的，一部分则是由地面或一些小孔、小洞穴中升起的。这种喷气现象(图6-4)常常与火山作用和岩浆活动相伴生，与火山喷气活动和火山喷发期后的放气现象直接相关。在火山喷发期中或当火山喷发活动停止之后，从炽热的岩浆中分离出大量的水蒸气和气体，它们沿着岩石裂隙和构造通道喷出地表，在地表形成一个个小孔和小洞穴。这种喷出水蒸气和气体的地方称为喷气孔。

图6-4 西藏羊八井蒸汽地热田

喷气孔又称水蒸气孔，是指喷气成分中以水蒸气为主(占气体体积总量的90%以上)的喷气孔。喷气成分中，除水蒸气外，还含有F、Cl、Br、I等的化合物。其水温常在180℃以上。如果水热活动区的地表是由砂土等松散沉积物覆盖时，地面一般无明显的孔洞，水蒸气是沿砂粒间隙冒出地表的，在这种情况下，则形成呈大面积分布的冒汽地面，如果沿裂隙冒出，可称冒汽裂隙。

4. 沸泥塘

沸泥塘的泥浆是由水热蚀变的矿物及沸水组成的。由于水热蚀变矿物的成分不同，因而呈现出各种不同的色彩。一般来说，水热蚀变矿物的成分主要是黏土，其中常常夹有明矾石、氧化铁和硫化铁等，因此，沸泥塘的泥浆常具有乳白、黄褐或橙红等颜色，在阳光的照耀下，色彩鲜艳夺目。

沸泥塘的泥浆有稀有稠，主要取决于泥浆中所含的水量及水热蚀变矿物含量的多少。由于夏季气温高，水蒸发量大，泥浆就很稠，冬季气温低，水蒸发量小，泥浆就比较稀。在沸泥塘内，常有大量的气泡析出，随着泥浆稀稠程度的不同，也可以说随着季节的不同，常常形成各种奇异的形态，如“蛙跃式”、“蛇头式”、“同心圆状”、“花絮式”以及“泥火山锥”等。

5. 水热爆炸

在高温地热区，除可以看到前面所提到的热泉、沸泉、间歇喷泉、喷气孔及沸泥塘等地表地热显示外，还常常见到大大小小的坑穴，有的充水，有的不充水，坑穴的周围，还可见到散落的石块和砂土。这些坑穴不是火山活动的产物，也不是降落陨石碰撞面产成的，而是由水热爆炸产生的，因此称水热爆炸坑(穴)。

水热爆炸是比较罕见的地热现象，仅在冰岛、美国、新西兰、意大利、日本及我国等少数国家可以观察到这种现象。一般认为，在高温地热区，由于近地表岩体中含有水温高达200～250℃以上的过热水，这些过热水上升到近地表时因压力降低而大量地扩容成蒸汽并强烈地冲破盖层，同时将盖层的岩石块及砾石、砂土等连同热水和蒸汽一起抛掷出地表，在地表除形成一些干坑穴外，还常常形成热水湖、热水塘等。被抛掷到地表的碎石块及砂土按轻重大小散落在坑穴或湖塘周围，这种现象称为水热爆炸，也可称为泥火山。

6. 泉华

当地下热水和蒸汽沿着一定的通道(这些通道常常是陡立的或是近垂直的断裂带和裂隙带)上升至地表或赋存于地下浅部，由于温度和压力条件的变化，它们在地下深循环运移过程中，曾一度溶解于其中的矿物质，这时又从流体中沉淀了下来，形成色彩和形态各异的泉华沉积，通常称泉华。因此，每当步入温泉区或喷泉区时，无论是高温区还是低温区，常常可以见到色彩鲜艳和千姿百态的泉华(图6-5)。这些泉华为地热区增添了不少异彩，也和间歇喷泉一样，吸引着大量的研究者和游人。

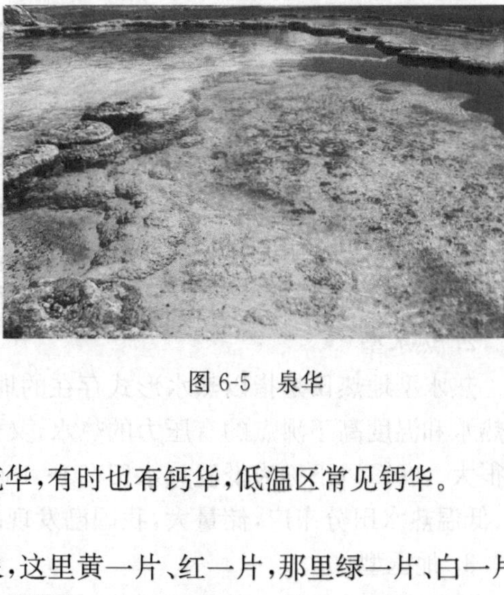

图6-5 泉华

泉华的种类在高温水热活动区主要为硅华、硫华，有时也有钙华，低温区常见钙华。

7. 水热蚀变

在高温地热区，到处都可以见到水热蚀变现象，这里黄一片、红一片，那里绿一片、白一片，如同画家的彩色盘，色彩十分鲜艳，为地热区增加了异彩。

水热蚀变带是指高温热水(汽)沿构造通道上升与围岩的岩石和矿物相互作用发生水热蚀变后所形成的蚀变带。在热水(汽)与围岩相互作用中，无论是热水或围岩的化学成分或矿物成分都发生了相应的变化，如热水失去一些钾，得到一些钙，围岩发生方解石化、白云石化、绢云母化、沸石化等，这就叫水热蚀变。

由于水热蚀变带常常能较准确地预测深部存在高温热储，因此有的国家如新西兰、日本、美国、冰岛等，十分重视地热区蚀变带的研究，并已获得大量的研究成果。正如在找矿中把靠近矿脉的矿物蚀变研究作为指导找矿的标志一样，在地热勘探中，应用某些水热蚀变矿物作为寻找地热储体的标志已取得显著成效。

第二节 地热资源类型及地热资源的分布

一、地热资源的类型及特点

地热资源是指在当前技术经济和地质环境条件下，地壳内能够科学、合理地开发出来的岩石中的热能和地热流体中的热能及其伴生的有用组分。

一般说来，深度每增加 100m，地球的温度就增加 3℃左右。然而在某些地区，地壳构造活动可使热岩或熔岩到达地球表面，从而在技术可以达到的深度上形成许多个温度较高的地热资源储存区。要提取和实际应用这些热能，需要有一个载体把这些热能输送到热能提取系统。这个载体就是在渗透性构造内形成含热水层的地热流。这些含水层或储热层便称为地热田。热液源在全球分布很广，但很不均匀。高焓（焓表示为可实际利用的能量）地热田位于地质活动带内，常表现为地震、活火山、热泉、喷泉和喷气等现象。地热带的分布与地球大构造板块或地壳板块的边缘有关，主要位于新的火山活动区或地壳已经变薄的地区。低焓地热资源要比高焓地热资源丰富，而且分布也比较广，大多分布在深海沉积的盆地上，例如美国墨西哥湾沿岸、加拿大西部、西西伯利亚及中欧和南欧相当一部分地区，此外还分布在高焓地热资源的边缘地区。

地质学上常把地热资源分为蒸汽型、热水型、干热岩型、地压型和岩浆型五大类，有另一种分法把蒸汽型和热水型合在一起统称为热液。

1. 蒸汽型

蒸汽型地热田是最理想的地热资源，它是指以温度较高的干蒸汽或过热蒸汽形式存在的地下储热。形成这种地热田要有特殊的地质结构，即储热流体上部被大片蒸汽覆盖，而蒸汽又被不透水的岩层封闭包围。这种地热资源最容易开发，可直接送入汽轮机组发电，腐蚀较轻。可惜蒸汽型地热田很少，仅占已探明地热资源的 0.5%，而且地区局限性大，到目前为止只发现两处具有一定规模的高质量干热蒸汽储藏，一个位于意大利的拉德瑞罗，另一个位于美国的盖瑟尔斯地热田。

2. 热水型

热水型地热田是指以热水形式存在的地热田，通常既包括温度低于当地气压下饱和温度的热水和温度高于沸点的有压力的热水，又包括湿蒸汽。这类资源分布广，储量丰富，温度范围很大。90℃以下称为低温热水田，90～150℃称为中温热水田，150℃以上称为高温热水田。中、低温热水田分布广，储量大，我国已发现的地热田大多属这种类型。

3. 地压型

地压型地热田是一种目前尚未被人们充分认识的，但可能是十分重要的一种地热资源。它以高压高盐分热水的形式储存于地表以下 2～3km 的深部沉积盆地中，并被不透水的页岩所封闭，可以形成长 1000 千米、宽几百千米的巨大的热水体。地压水除了高压（可达几百个大气压）、高温（温度处在 150～260℃范围内）外，还溶有大量的甲烷等碳氢化合物。所以，地压型地热资源中的能量，实际上是由机械能（高压）、热能（高温）和化学能（天然气）三个部分组成。由于沉积物的不断形成和下沉，地层受到的压力会越来越大。地压型地热田一般与石油资源有关。地压水中溶有甲烷等碳氢化合物，形成有价值的副产品。

4. 干热岩型

干热岩是指地层深处普遍存在的没有水或蒸汽的热岩石，其温度范围很广，在 150～

650℃之间。干热岩的储量十分丰富，比蒸汽、热水和地压型资源大得多。目前大多数国家都把这种资源作为地热开发的重点研究目标。不过从现阶段来说，干热岩型资源是专指埋深较浅、温度较高的有开发经济价值的热岩。提取干热岩中的热量，需要有特殊的办法，技术难度大。干热岩体开采技术的基本概念是形成人造地热田，亦即开凿通入温度高、渗透性低的岩层中的深井（4000～5000m），然后利用液压和爆破碎裂法形成一个大的热交换系统。这样，注水井和采水井便通过人造地热田联结成一个循环回路，水便通过破裂系统进行循环。

5. 岩浆型

岩浆型地热田是指蕴藏在地层更深处、处于动弹性状态或完全熔融状态的高温熔岩，其温度高达600～1500℃左右。在一些多火山地区，这类资源可以在地表以下较浅的地层中找到，但多数则是深埋在目前钻探还比较困难的地层中。火山喷发时常把这种岩浆带至地面。岩浆型资源据估计约占已探明地热资源的40%。在各种地热资源中，从岩浆中提取能量是最困难的。岩浆的储藏深度在3000～10000m之间。这种资源目前尚未被开发，美国在这方面的研究计划已于1991年终止，有待于在今后开展进一步研究。

上述五类地热资源中，目前应用最广的是热水型和蒸汽型，干热岩型和地压型尚处于试验阶段，开发利用很少。不过，仅仅是蒸汽型和热水型地热能，其储量也极为可观。仅按目前可供开采的地下3km范围内的地热资源来计算，就相当于2.9×10^{12} t煤炭燃烧所发出的热量。地热资源是地球上能源资源的重要组成部分，虽然至今尚难准确计算其储量，但是根据一些专家的估计，美国能源部曾把各种类型的地热资源和其他化石能源作过比较，认为能量最大的为干热岩型地热，其次是地压型地热和煤炭，再次为热水型地热，最后才是石油和天然气。可见，地热作为能源将会对人类的生活起着很重要的作用。随着科学技术的不断发展，完全可以确信，地热能的开发深度还会逐渐增加，为人们提供的热量将会更大。

二、全球地热资源的分布

地热资源的生成与地球岩石圈板块发生、发展、演化及其相伴的地壳热状态、热历史有着密切的内在联系。按板块构造学说，地热带首先被划分为板缘（或板间）地热带和板内地热带两大类。板缘地热带是指沿板块边界展布的相对比较狭窄但延伸可达数千米的高温地热带。板缘地热带因具有全球规模而且首尾相接，故常常被称为环球地热带。

板内地热带通常是构造活动相对稳定的地带。板内地热带一般是指广泛分布于板块内部地壳隆起区（褶皱山系、山间盆地）及地壳沉降区（主要是大型中新生代沉积盆地）规模相对较小的低温地热带。

板缘地热带属火山型。从全球地质构造观点来看，大于150℃的高温地热资源带主要出现在地壳表层各大板块的边缘，如板块的碰撞带、板块开裂部位和现代裂谷带。在板内存在热点、热柱的地方，也分布有少数火山型高温地热带，如太平洋板块内的夏威夷岛。在这些地方的地壳浅部，存在着强大的火山或岩浆热源，可以观测到高热流及高强度的区域地热异常区，地表水热活动强烈，高温地热资源（150℃以上）丰富，地热田温度普遍高于当地沸点，多数高达200～300℃。板内地热带属非火山型。这里，无火山或岩浆热源，在地壳浅部观测到接近或稍高于地壳平均值的热流值和区域地热正常区，有的地方可见低强度的局部地热异常现象。在板内无论是隆起区或沉降区，在构造破碎带或一些自流盆地内，都赋存有丰富的中低温地热资源（150℃以下），地热温度一般都低于当地沸点，多介于60～90℃之间。

在一定地质条件下的地热系统和具有勘探开发价值的地热田都有其发生、发展和衰亡过程，绝对不是只要往深处打钻，就可到处发现地热。地热资源也和其他矿产资源一样，有数量和品位的问题。就全球来说，地热资源的分布是不平衡的。明显的地温梯度每千米深度大于30℃的地热异常区，主要分布在板块生长、开裂的大洋扩张脊和板块碰撞、衰亡的消减带部位。环球性的地热带主要有下列四个：

1. 环太平洋地热带

它是世界最大的太平洋板块与美洲、欧亚、印度板块的碰撞边界，包括堪察加半岛、日本、菲律宾、印度尼西亚，以及从南美西部起直至阿根廷、秘鲁、厄瓜多尔、中美洲和北美西部。世界许多著名的地热田，如美国的盖瑟尔斯、长谷、罗斯福，墨西哥的塞罗、普列托，新西兰的怀腊开，我国的台湾马槽，日本的松川大岳等均在这一带。

2. 地中海—喜马拉雅地热带

它是欧亚板块与非洲板块和印度板块的碰撞边界。这条地热带横穿亚洲一直延伸到地中海地区。世界第一座地热发电站意大利的拉德瑞罗地热田就位于这个地热带中。中国的西藏羊八井地热田及云南腾冲地热田也在这个地热带中。

3. 大西洋中脊地热带

大西洋中脊地热带在大西洋海洋板块开裂部位，冰岛的克拉弗拉、纳马菲亚尔和亚速尔群岛等一些地热田就位于这个地热带。热地壳物质存在于洋中脊（如爱尔兰和亚速尔群岛）和内大陆断裂区（如东非断裂、肯尼亚和埃塞俄比亚断裂）。

4. 红海—亚丁湾—东非裂谷地热带

它包括吉布提、埃塞俄比亚、肯尼亚等国的地热田。

除了在板块边界部位形成地壳高热流区而出现高温地热田外，在板块内部靠近板块边界部位，在一定地质条件下也可形成相对的高热流区。其热流值大于大陆平均热流值1.46热流单位，达到1.7～2.0热流单位，如我国的胶东半岛、辽东半岛，华北平原及东南沿海等地。

三、我国地热资源的类型和分布

我国处于全球欧亚板块的东南边缘，在东部和南部分别与太平洋板块和印度洋板块连接。我国蕴藏着丰富的地热资源，两个高温地带或温泉密布地带就分别位于上述两个板块边缘的碰撞带上，而中、低温泉密布带则多集中于板块内的区域构造边界的断层带上。我国温泉出露最多的省区是西藏自治区、云南省、台湾省、广东省及福建省，温泉数约占全国温泉总数的1/2以上，在常规能源比较缺乏的福建省，已探明的地热能达3.34×10^{20}J，相当于117亿t标准煤。

我国是世界上地热资源储量较大的国家之一，尤其是中低温地热资源，广泛分布于我国东南沿海、西南地区、胶东半岛、辽东半岛和沉积盆地。根据1999年国土资源部地质环境司组织全国各省、自治区、直辖市区国土资源部门开展的"中国地热资源开发利用规划"提供的资料，全国现有温泉约2710眼，地热井约2239眼，地热田约275处，地热水开采量约$3.5\times10^9 m^3/a$，主要用于采暖、洗浴、医疗、旅游、养殖、种植以及发电等，促进了区域社会经济发展。

1. 我国高温地热资源的分布

我国高温地热资源主要分布在西藏、滇川及台湾地区，呈现出两条沿板块边界展布的高温温泉密集带，目前被划为两个地热带，即藏滇地热带和台湾地热带。藏滇地热带又称喜马拉雅地热带。藏滇地热带和台湾地热带分别构成环球地热带，即地中海—喜马拉雅缝合线型地热带及西太平洋岛弧型地热亚带的重要组成部分，是我国开发利用高温地热资源的远景地区。

(1)藏滇地热带　藏滇地热带位于印度与欧亚两大板块的边界。著名的雅鲁藏布江深断裂带，为大陆板块碰撞的结合带，也称为地缝合线，在我国境内，长达2000km。在该带内，目前西藏已发现水热活动区200余处，其中有350余处已经初步调查。在水热活动区，水热活动十分强烈、类型俱全，西藏水热区的海拔多在4000m以上，水温在86～94℃之间的水热区有100余处，其水温已超过当地沸点。正在开发中的羊八井地热井位于该地热带中段，为著名的温蒸汽型地热田。著名的云南腾冲火山温泉区，位于该地热带的东南端，这里的水热活动也十分强烈。

(2)台湾地热带 台湾地热带位于太平洋板块与欧亚板块的边界，为西太平洋岛弧型地热亚带的一部分，是我国东南部海岛地热活动最强烈的一个带，水热活动区有100余处，其中100℃以上的有6处。台湾岛北端北投附近大屯火山群共有13个地热区，水热活动尤为强烈，有大量热泉、沸泉和喷气孔，其中一个喷气孔温度可高达120℃。地热勘探结果表明，由1005m深的地热钻孔中已获得294℃的高温蒸汽。

2. 我国低温地热资源的分布

我国低温地热资源广泛分布于板块内部我国大陆地壳隆起区和地壳沉降区。在板内地壳隆起区，发育有不同地质时期形成的断裂带，已经多期活动，有的近时期活动性仍比较强烈，它们多数可成为地下水运动和上升的良好通道。大气降水渗入地壳深部，经深循环在正常地温梯度下加热，常常在相对低洼的地方(山前或山间盆地、滨海盆地，多在河谷底部)，沿活动性断裂带涌出地表形成温泉。根据地壳隆起区温泉的密集程度，目前可初步划分出两个低温地热带，即东南沿海地热带和滇川地热带。

(1)东南沿海地热带 东南沿海地热带位于太平洋板块与欧亚板块交接带以西我国大陆内侧，包括江西东部、湖南南部、福建、广东及海南岛等地。东南沿海地热带是我国低温温泉最为密集的地带，集中分布的温泉就有500余处，其中广东在250处以上，福建150余处。温泉的水温大部分介于40～80℃之间，也有少数在80℃以上。该地热带已进行勘探的地热田有广东丰顺邓屋(93℃)、广东汕头东山湖(102℃)、福州(98℃)及湖南灰汤(92℃)等。东南沿海地热带为我国开发低温热水资源的有利地区。

(2)滇川地热带 滇川地热带位于印度与欧亚两大板块交接带以东纵贯滇川南北，沿南北构造带展布。这里，新构造运动强烈，地层频繁。分布在该地热带的温泉共有100余处，南段较密集，温度多在60℃以上，个别达92℃；北段较稀疏，水温多在60℃以下。

第三节 地热能的利用

人类很早以前就懂得利用地热能。古罗马人建造了利用地热能的浴池和房屋，在冰岛、土耳其和日本等国的地热地区至今仍保留类似的做法。其中冰岛是地热较多的国家，已有40%的居民利用地热取暖。

我国高温地热资源(温度高于150℃)目前已有5500个地热点，45个地热田，热储温度均超过200℃。如果能将其全部转化为电能，将会对我国能源结构产生巨大影响。我国从20世纪70年代开始进行地热能的研究、开发和利用，受到政府的高度重视和支持。如今一套比较完全的地热勘探技术、资源评价方法已经建立；地热监测体系、生产与回灌体系正在逐步完善；地热发电技术、地热供热技术及全自动温控地热供热技术、地热干燥技术、地热吸收式空调制冷技术、建筑物空调蓄冷节能技术、地热能梯级综合利用技术等地热能应用技术已较成熟；地热开发利用工程的勘探、设计、施工已有资质实体；地热开发应用设备基本配套，形成了国产化。地热能利用在地热发电、地热供暖、地热务农、地热行医方面起着重要作用。

一、地热发电

1. 地热发电的发展

当然，地热能的最大利用潜力是发电。世界上最早的地热发电站于1904年在意大利塔斯坎尼的拉德瑞罗地区建成。在当地，温度为140～260℃的蒸汽从地隙中喷出，因含有污染的化学物质，涡轮机不能直接引用蒸汽，便将地热蒸汽引入热交换器，利用其热量加热净水，再将干净的水蒸气引入涡轮机。1913年，250kW的发电机组开始发电，目前装机容量达到4.2×10^5kW。

截至2005年，国内外32个国家建立了大大小小的地热电站，发电装机容量已达8.0×10^6kW，其中，美国有2.817×10^6kW，意大利有1.518×10^6kW，日本有8.95×10^5kW，新西兰有7.55×10^5kW，我国有3.08×10^4kW。单机容量最大的是美国盖瑟尔斯地热站的11号机，为1.060×10^5kW，美国地热发电规模较大，发展速度很快。1960年，加利福尼亚州在盖瑟尔斯建成第一座地热蒸汽电站，装机容量1.0×10^5kW。1979年，美国地热发电量达66.3kW，居世界第一位。随着全世界对洁净能源需求的增长，将会更多地使用地热资源，特别是在许多发展中国家地热资源尤为丰富。据资料介绍和预测，今后世界上地热发电将有相当规模的发展，全世界发展中国家理论上可取得8.0×10^7kW的地热发电量，印度尼西亚的地热理论潜力就达到1.9×10^7kW。为了推动世界地热发电技术的发展，联合国开发计划署专门负责地热开发工作。其主要成员有美国、意大利、新西兰、日本、中国等。

我国进行地热发电研究工作起步较晚，始于20世纪60年代末期。1970年5月，首次在广东丰顺建成第一座设计容量为86kW的闪蒸地热发电试验装置，地热水温度91℃，厂用电率为56%。随后又相继建成江西温汤、山东招远、辽宁营口、北京怀柔等地热试验发电站共11座，容量大多为几十至一两百千瓦。采用的热力系统有闪蒸和双循环两种(均属于中低温地热田)。到目前为止，除西藏羊八井地热发电站是我国最大的地热发电站且一直在安全稳定地发电外，其他11座地热发电站都相继停运。其原因主要是：地热水温度较低(多在65～91℃)，热效率低(1.5%～4%)，厂用电率高(40%～60%)，没有工业开发利用价值。

目前，西藏羊八井地热发电站还具有很大的开发潜力(图6-6)。根据报告，2006～2010年，利用原ZK4001井和新增一口深部高温生产井，兴建装机6MW的第三发电站是可行的；2010年以后还可考虑再建第四电站，装机容量为12MW。

图6-6　西藏羊八井地热发电站

2. 地热发电系统

地热发电实际上就是把地下的热能转为机械能，然后再将机械能转变为电能的能量转换过程。地热发电原理与一般火电并无根本的区别，不同之处是地热电站用“地热天然锅炉”从而代替由火电站燃烧化石燃料的化学能转换为热能的过程。作为地热能的载热体可以是蒸汽和热水，它们的温度和压力要比火电站的高压锅炉产生的蒸汽温度和压力低得多。由于液体类型、温度、压力和焓的不同，地热发电方式也不一样。

地热发电方式主要分为蒸汽型和热水型两类，其他还有联合循环发电、全流发电和干热岩发电。地热蒸汽发电包括一次和二次地热蒸汽发电，闪蒸地热水发电包括单循环闪蒸地热水发电和双循环闪蒸地热水发电。

(1)地热蒸汽发电热力系统

1) 系统原理。蒸汽型地热发电是把地热田中的干蒸汽直接引入汽轮发电机组发电，但在引入发电机组前应把蒸汽中所含的岩屑和水滴(10μm 及以上)分离出去。这种发电方式最为简单，但干蒸汽地热资源十分有限，且多存于较深的地层，开采技术难度大，故发展受到限制。该系统主要有背压式和凝汽式两种发电系统。系统原理如图 6-7 所示。

2) 适用范围。该系统适用于高温(160℃以上)地热田发电，系统简单，热效率为 10%～15%，厂用电率为 12%左右。

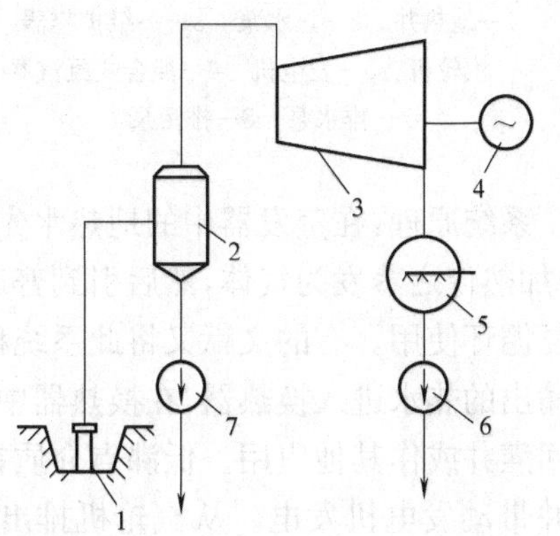

图 6-7　地热蒸汽发电热力系统

1—地热井　2—分离器　3—汽轮机　4—发电机
5—混合式凝汽器　6—排水泵　7—排污泵

(2)单循环闪蒸地热水发电热力系统　这种发电方式的地热水直接进入系统参与做功，根据水的沸点和压力之间的关系，把地热水送到一个密闭的容器中降压扩容，使温度不太高的地热水因气压降低而沸腾，变成蒸汽。由于地热水降压蒸发的速度很快，是一种闪急蒸发过程，同时地热水蒸发产生蒸汽时体积迅速扩大，所以这个容器叫做扩容器或闪蒸器。用这种方法产生蒸汽来发电就叫闪蒸地热水发电。这是利用地热田热水发电的主要方式之一，该发电方式分单级闪蒸系统和双级(或多级)闪蒸系统。系统原理：闪蒸是将地热井口来的中温地热汽水混合物，先送到扩容器中进行降压扩容(又称闪蒸)使其产生部分蒸汽，再引到常规汽轮机做功发电。扩容后的地热水回灌地下或做其他用途。

1) 单级闪蒸系统。单级闪蒸系统简单，投资低，但热效率较低(一般比双级闪蒸系统低 20%左右)，厂用电率较高，适用于中温(90～160℃)地热田发电。系统原理如图 6-8 所示。

2) 双级闪蒸系统。双级闪蒸系统热效率较高，厂用电率较低，但系统复杂，投资较高，适用于中温(90～160℃)地热田发电。系统原理如图 6-9 所示。

(3)双循环地热水发电热力系统　双循环地热水发电又叫热交换法地热发电，该发电方式不是直接利用地下热水所产生的蒸汽进入汽轮机做功，而是通过热交换器利用地下热水来加热某种低沸点介质，使之变为气体去推动汽轮机发电，这是利用地热水发电的另一种主要方式。该发电方式分单级双循环系统和双级(或多级)双循环系统。

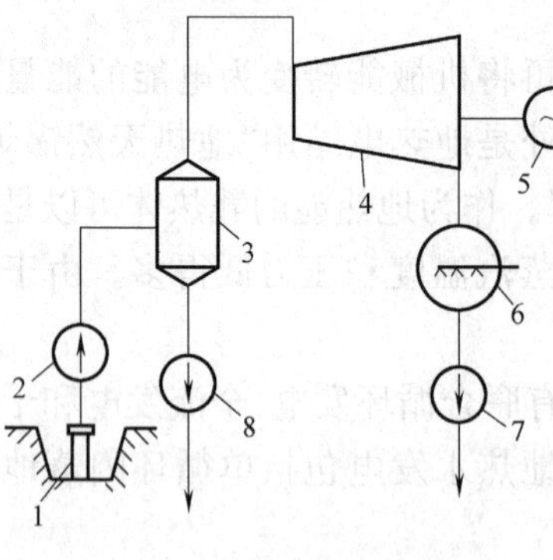

图 6-8 单级闪蒸地热水发电热力系统
1—地热井 2—热水泵 3—一级扩容器
4—汽轮机 5—发电机 6—混合式凝汽器
7—排水泵 8—排污泵

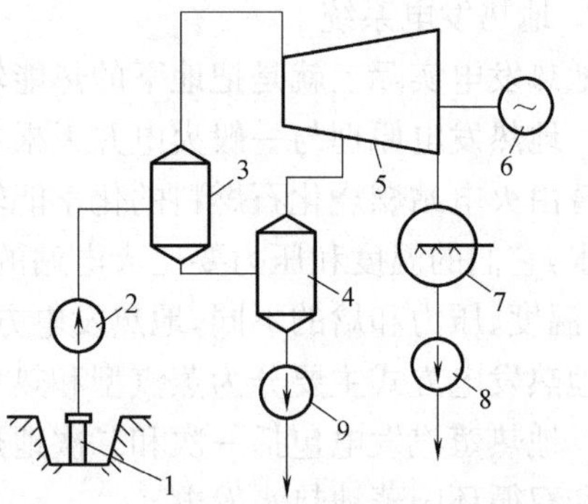

图 6-9 双级闪蒸地热水发电热力系统
1—地热井 2—热水泵 3—一级扩容器
4—二级扩容器 5—汽轮机 6—发电机
7—混合式凝汽器 8—排水泵 9—排污泵

系统原理：在蒸发器中的地热水先将低沸点介质（如氟利昂、异戊烷、异丁烷、正丁烷、氯丁烷）加热使之蒸发为气体，然后引到普通汽轮机做功发电。排气经冷凝后重新送到蒸发器中，反复循环使用。有的文献又将此系统称为双流体地热发电系统。该系统的工作过程是：地热井输出的热水进入换热器，在换热器中将热量传给低沸点介质，放热后温度降低了的地热水排入回灌井或作其他应用。低沸点介质在换热器中吸热后变为具有一定压力的蒸汽，推动汽轮机并带动发电机发电。从汽轮机排出的气体，在冷凝器中凝结成液体，用泵将液体送入换热器，重新吸热蒸发变成气体。如此周而复始，地热水的热量不断传给低沸点介质，便可连续发电。

这种发电方式比闪蒸发电系统复杂，对于温度较低（一般在 150℃以下）而不宜采用闪蒸发电的地热水，可以采用此方式。从理论上讲，几十摄氏度的地热水便可用双循环式进行发电，但温度过低时经济性差。从经济性考虑，一般温度在 90℃以下的地热水不宜用来发电，可用于直接供热。

1）单级双循环系统。单级双循环系统简单，投资少，但热效率低（比双级双循环系统低20%左右），对蒸发器及整个管路系统严密性要求较高（不能发生较大的泄漏），还要经常补充少量中间介质，一旦发生泄漏，对人体及环境会产生危害和污染。该系统适用于中低温（50～100℃）地热田发电。系统原理图如图 6-10所示。

2）双级（或多级）双循环系统。双级（或多级）双循环系统热效率高（比单级双循环系统高20%左右），但系统复杂，投资高，对蒸发器及整个管路系统严密性要求较高，也存在防泄漏和经常需补充中间介质的问题。该系统适用于低温（50～100℃）地热田发电。系统原理如图 6-11所示。

从理论上讲双循环系统适用中低温地热田的发电，但造价一般是闪蒸系统的 1.5 倍以上，中间介质都存在易燃易爆、需要专门运输和储存设备等不利因素。所以，目前世界上在进行工业开发利用的地热电站中采用双循环系统的较少。

与单循环闪蒸地热水发电热力系统相比，双循环地热水发电热力系统有如下几点：

① 低沸点工质蒸汽压力高，比体积小，所以双循环地热水发电热力系统的管道和汽轮机

尺寸较小，结构紧凑，造价较低。

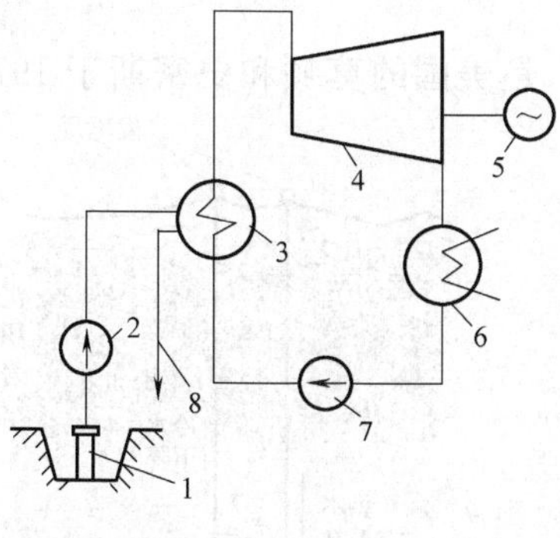

图 6-10　单级双循环地热水发电热力系统
1—地热井　2—热水泵　3—蒸发器
4—汽轮机　5—发电机　6—表面式凝汽器
7—循环泵　8—排水管

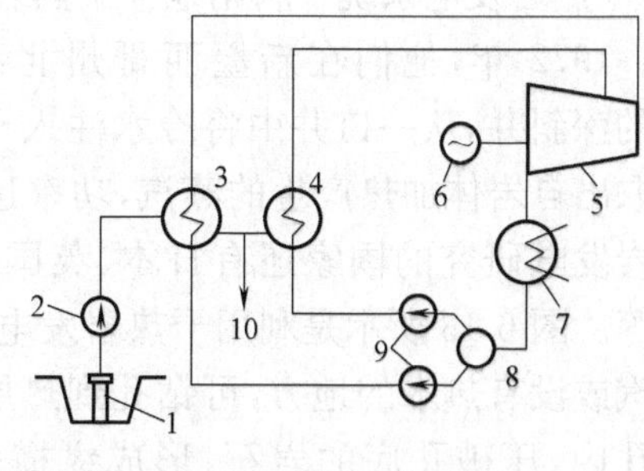

图 6-11　双级双循环地热水发电热力系统
1—地热井　2—热水泵　3—一级蒸发器　4—二级蒸发器
5—汽轮机　6—发电机　7—表面式凝汽器　8—储液罐
9—循环泵　10—地热水排水管

② 地热水与发电系统不直接接触，可避免管道和汽轮机受地下水的腐蚀。

③ 可以利用含盐量大、腐蚀性强和不凝性气体含量大的地热资源。

④ 可以利用温度较低的地热资源。

双循环地热水发电热力系统的缺点有：低沸点工质较贵，有的还易燃易爆，或有毒性，因此对系统的密封性、安全性要求较高；采用间壁式换热器，传热温差损失较大；同时低沸点工质的传热性能较差，换热器的换热面积较大，增强了设备的投资；对系统的操作和维护的技术要求较高。

(4)联合循环地热发电系统　20 世纪 90 年代中期，以色列奥玛特公司把蒸汽发电和地热水发电两种系统合二为一，设计出一个新的系统，称为联合循环地热发电系统。这种地热发电系统一个最大的优点就是适用于温度高于 150℃的高温地热流体发电，经过一次发电后的流体，在不低于 120℃的工况下，再进入双工质发电系统，进行二次做功，充分利用了地热流体的热能，既提高了发电效率，又将以往经过一次发电后的排放尾水进行再利用，大大节约了资源。该系统目前已经在一些国家安装运行，经济效益和环境效益都很好。

图 6-12 所示是该系统的示意图。从图上看出，从生产井到发电，再到最后回灌到热储，整个过程都是在全封闭系统中运行的，因此即使是矿化程度很高的热卤水也可以用来发电，不存在对环境的污染。同时，由于是全封闭系统，在地热电站也没有刺鼻的硫化氢味道，因而是环保型地热系统。这种地热发电系统进行 100％的地热水回灌，从而延长了地热田的使用寿命。

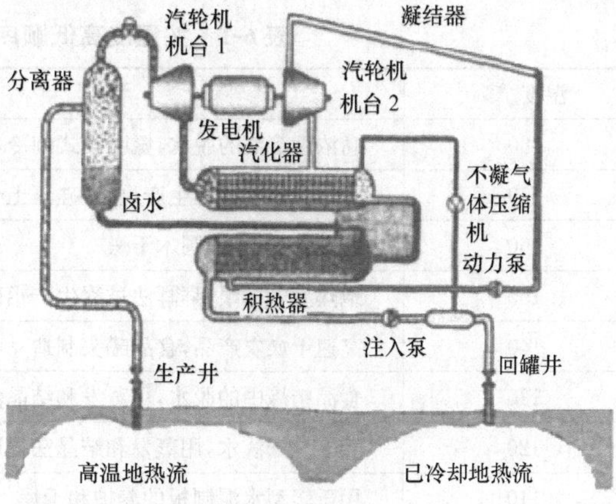

图 6-12　联合循环地热发电系统示意图

(5)全流发电系统　该系统将地热井井口的全部流体，包括所有的蒸汽、热水、不凝气体及化学物质等，不经处理直接送进全流动力机械中膨胀做功，其后排放或收集到凝汽器中。该系统可以充分利用地热流体的全部能量，但技术上有一定的难度。

(6)干热岩发电系统　利用地下干热岩体发电的设想，是美国的莫顿和史密斯于1970年提出的。1972年，他们在新墨西哥州北部打了两口约4000m的深斜井，从一口井中将冷水注入干热岩体，从另一口井取出自岩体加热产生的蒸汽，功率达2300kW。进行干热岩发电研究的国家还有日本、英国、法国、德国和俄罗斯等。图6-13所示是利用干热岩发电的示意图。在没有蒸汽或没有热水的地方，可钻孔到热层，用泵将高压水注入孔内，压破孔底的岩石，形成纵横交错的巨大裂缝。水进入裂缝中，受热沸腾变为蒸汽，从穿透裂岩的第二个钻孔升到地面，引入蒸汽涡轮机发电，不断注入热岩裂隙中的冷水，使裂缝更多更大，从而可以吸取更多的热量。干热岩发电的关键技术是能否将深井打入热岩层中。美国新墨西哥州的洛斯阿拉莫斯国家试验室正在对这一系统进行远景试验。

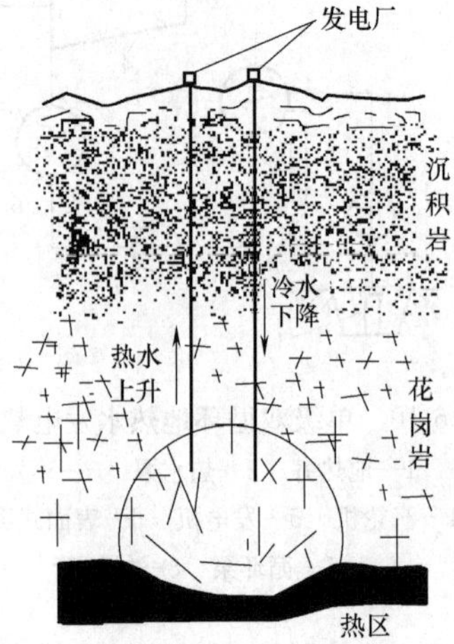

图6-13　利用干热岩发电的示意图

二、地热直接利用

将地热能直接用于采暖、供热和供热水是仅次于地热发电的地热利用方式。因为这种利用方式简单、经济性好，热源温度与用户使用温度匹配，能源利用度高，可操作性强，受到各国重视，特别是位于高寒地区的西方国家，其中冰岛开发利用得最好。冰岛早在1928年就在首都雷克雅未克建成了世界上第一个地热供热系统，现今这一供热系统已发展得非常完善，每小时可从地下抽取7740t80℃的热水，供全市11万居民使用。由于没有高耸的烟囱，冰岛首都已被誉为“世界上最清洁无烟的城市”。此外，利用地热给工厂供热，如用作干燥谷物和食品的热源，用作硅藻土生产及木材、造纸、制革、纺织、酿酒、制糖等生产过程的热源也是大有前途的。目前世界上最大两家地热应用工厂就是冰岛的硅藻土厂和新西兰的纸浆加工厂。地热能应用于哪一个方面，关键取决于地热流体的温度水平。按温度高低顺序排列的地热能应用领域见表6-1。

表6-1　按温度高低顺序排列的地热能应用领域

温度/℃	应用领域
180	高浓度溶液的脱水，氨吸收式制冷，纸浆蒸煮
170	通过硫化氢过程生产重水，硅藻土干燥
160	鱼类食品干燥，圆木干燥
150	地热发电低限，拜耳法过程生产铝矾土
140	高速干燥农产品，食品罐头制造
130	食品精炼中的脱水，用蒸发和结晶法提取盐类
120	蒸馏生产淡水，用蒸发和结晶法提取盐类
110	用于轻型水泥制板的养护和干燥
100	有机物质、海草、牧草以及蔬菜等干燥，羊毛的洗涤和干燥

（续）

温度/℃	应用领域
90	储存鱼的干燥，强化融冰融雪
80	建筑群冬季采暖，农作物冬季种植采暖，牛奶消毒
70	制冷的温度下限，甜菜糖提取
60	动物饲养房采暖，温室空间和地下的增温
50	种植蘑菇，矿泉疗养
40	土壤加温
30	游泳池，发酵作用，以及供寒带区全年采矿用水防冻
20	养鱼，水浮莲养殖

虽然地热利用面广，但形成一定规模的应用，还主要集中在地热供暖、地热工业利用、地热种植养殖以及地热旅游等几方面。

1. 地热供暖系统

从能源合理利用和品位匹配的角度出发，在设计地热供暖系统时，应将地热供暖热负荷作为供暖基本热负荷，以满足大部分的供暖需要。对于严寒冬季供热负荷不足部分，可以考虑在地热供暖系统中设置调峰热源（锅炉、热泵等）。这样调峰热源可以消耗较少的燃料，达到充分利用地热源的目的。

地热供暖系统可分为地热直接供暖系统与地热间接供暖系统两类。地热直接供暖系统是指来自地热井的地热水，经过管道系统直接送往用户的供暖系统（图 6-14a）。供暖后的回水可作为综合利用或回灌。地热直接供暖系统要求地热井供水稳定，水质好，无腐蚀性。地热直接供暖系统一般由地热井及井口装置、除沙器、流体输配管道系统、用户系统和排放系统以及必要的调峰设备所组成。

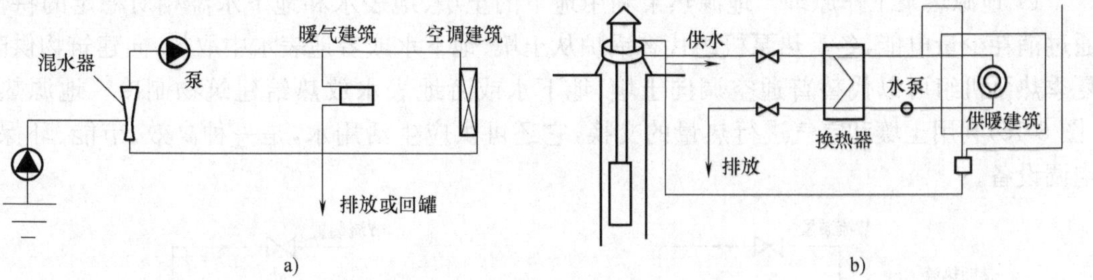

图 6-14 地热供暖系统

a)直接供暖 b)间接供暖

北京市小汤山的某地热直接供暖系统。地热井最大流量为 50t/h，设计供水温度为 59℃，回水温度为 39℃。地热水经除沙器到分水器，在分别送到供暖用户。井口采用氮气密封，以减轻井口设备的腐蚀。为保证系统水力稳定，系统配备了定压装置和安全阀。对于非供暖期，地热水直接从旁路进入集水器，作为生活热水供应。

对于有腐蚀性的地热水，应采用地热间接供暖系统（图 6-14b）。采用换热器将地热水和供暖循环水隔开。地热水通过换热器将热量传给洁净的循环水后排放或综合利用。

天津市某小区间接供暖系统，地热井斜深为2010m，垂深为1800m，水温为92.5℃，水流量为156t/h，地热供暖面积达18.85万m^2。来自地热井的热水进入换热器，经板式换热器换热后降至45℃，其中一部分作为地热浴室的热源，其余部分回灌（排放）。供暖用水在板式换热器内加热后，再进入锅炉加热至90℃，然后进入居民用户。供热回水温度为39～40℃。换热器选用耐腐蚀的钛板换热器。供热负荷的控制通过调节热水循环泵的流量来实现。

2. 地源热泵系统

地源热泵技术是一种利用地下浅层的热资源（也称地能，包括地下水、土壤或地表水等），通过输入少量的高位能源（如电能），将低温位能向高温位能转移，以实现既可供热又可制冷的高效节能空调系统。地源热泵利用地能一年四季温度稳定的特点，冬季把地能作为热泵供暖的热源，即把高于环境温度的地能中的热能取出来供给室内采暖，夏季把地能作为空调的冷源，即把室内的热能取出来释放到低于环境温度的地能中。通常地源热泵消耗1kW的热量，用户可以得到4kW左右的热量或冷量。地源热泵技术利用地球表面浅层地热资源，没有燃烧、排烟及废弃物，清洁环保，是21世纪的环保技术。

地源热泵的历史可以追溯到1912年瑞士的一个专利，而地源热泵真正意义的商业应用也只有十几年的历史。欧洲第一台热泵机组是在1938年间制造的。它以河水低温热源，向市政厅供热，输出的热水温度可达60℃。在冬季采用热泵提供采暖需要，在夏季也能用来制冷。1973年的能源危机，使热泵的发展形成了一个高潮。目前，欧洲的热泵理论与技术均已高度发达，这种"一举两得"并且环保的设备在法国、德国、日本、美国等发达国家业已广泛使用。美国和加拿大主要关注地源热泵中埋管方式的地源热泵应用，更偏重用于住宅和小型商用系统的地源热泵方式，多采用水—空气系统，而在大型建筑方面，美国推行WLHP系统（水环热泵系统）。与美国的地源热泵发展有所不同，瑞典、瑞士、奥地利、德国等国家主要利用浅层地热资源和地下季节性蓄能应用。

（1）地源热泵工作原理及分类

1）地源热泵工作原理。地源热泵利用地下的土壤、地表水和地下水温相对稳定的特性，通过消耗少量电能，冬季热泵机组代替锅炉从土壤、地下水或者地表水中取热，向建筑物供暖；夏季热泵机组可以代替普通空调向土壤、地下水或者地表水放热给建筑物制冷。地源热泵（图6-15）利用土壤和空气进行热量的交换，它还可供应生活用水，是一种高效、节能、环保的空调设备。

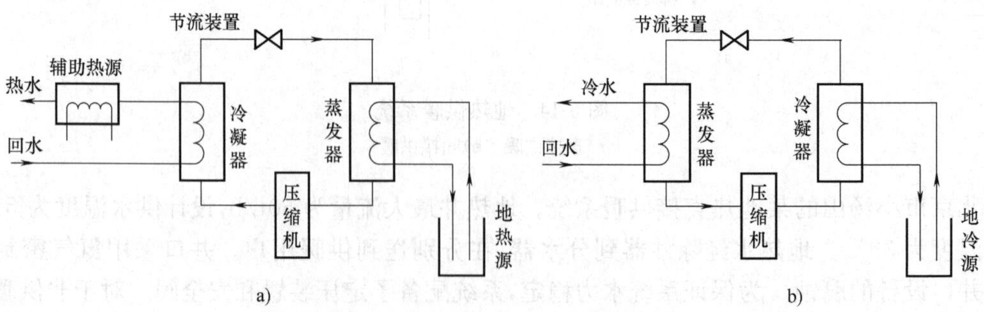

图6-15 地源热泵工作原理图
a)冬季工作原理 b)夏季工作原理

地源热泵供暖空调系统主要分三部分，即室外地能换热系统、水源热泵机组和室内采暖空调末端系统。

地源热泵同空气源热泵相比，有许多优点：

① 全年温度波动小。冬季温度比空气温度高，夏季比空气温度低，因此地源热泵的制热系数、制冷系数要高于空气源热泵，一般可高 40%，因此可节能和节省费用 40%左右。

② 冬季运行不需要除霜，减少了结霜和除霜的损失。

③ 地源有较好的蓄能作用。

2）地源热泵分类。地源热泵按照室外换热方式不同可分为三类，即土壤地源热泵、地下水地源热泵和地表水地源热泵。

① 土壤地源热泵。土壤地源热泵包括一个土壤耦合地热交换器。在液体温度较低时，系统中需加入防冻液，北方地区应用时应特别注意。对于地表水和地下水源缺乏的地区，土壤地源热泵也许是最佳的选择。土壤地源热泵由于只从土壤中取热而不取水，因而不会因地热抽水对地面形态造成影响，也不会因地热回水对环境造成污染。土壤地源热泵分水平埋管方式、垂直埋管方式和蛇形埋管方式三种（图 6-16）。

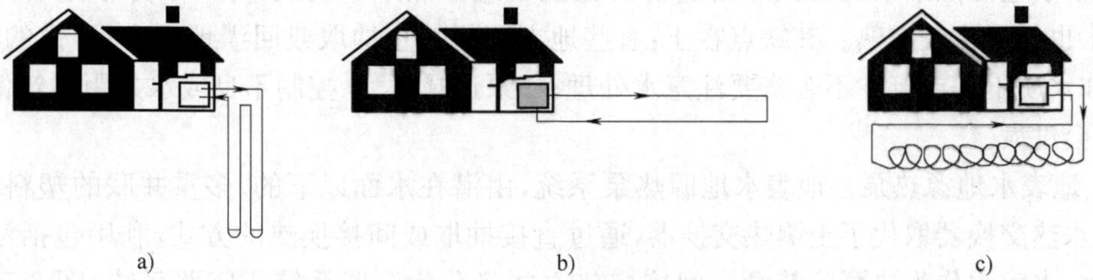

图 6-16　土壤地源热泵
a）垂直埋管　b）水平埋管　c）蛇形埋管

垂直埋管换热器通常采用的是 U 形管方式，按其埋管深度可分为浅层（深度小于 30m），中层（30～100m）和深层（深度大于 100m）三种。埋管深，地下岩土温度比较稳定，钻孔占地面积较少，但相应会带来钻孔、钻孔设备和高承压埋管的造价提高。总的来说，垂直埋管换热器热泵系统优点在于：占地面积小；土壤的温度和热特性变化小；需要的管材最少，泵耗能低；能效比很高。而缺点主要在于：由于相应的施工设备和施工人员的缺乏，造价偏高。

水平埋管换热器有单管和多管两种形式。其中单管水平埋管换热器占地面积最大，虽然多管水平埋管换热器占地面积有所减少，但管长应相应增加来补偿相邻管间的热干扰。除需要较大场地外，水平埋管换热器系统的缺点还在于：运行性能不稳定（因为浅层大地的温度和热特性随着季节、降雨以及埋深而变化）；泵耗能较高；系统效率降低。

蛇形埋管换热器比较适用于场地有限又较经济的情况。虽然挖掘量只有单管水平埋管换热器的 20%～30%，但是用管量会明显增加。这种方式的特点类似于水平埋管换热器，所以有的文献将其归入水平埋管换热器。

② 地下水地源热泵。在土壤地源热泵得到发展以前，欧美国家最常用的地源热泵系统是地下水热泵系统。目前这种地源热泵在民用中已经很少使用，主要应用在商业建筑中。最常用的系统形式是采用水—水式板式换热器，一侧走地下水，一侧走热泵机组冷却水。地下水地源热泵分为双井系统和单井系统，如图 6-17 所示。

早期的地下水地源热泵系统采用的是单井系统，即将地下水经过板式换热器后直接排放。

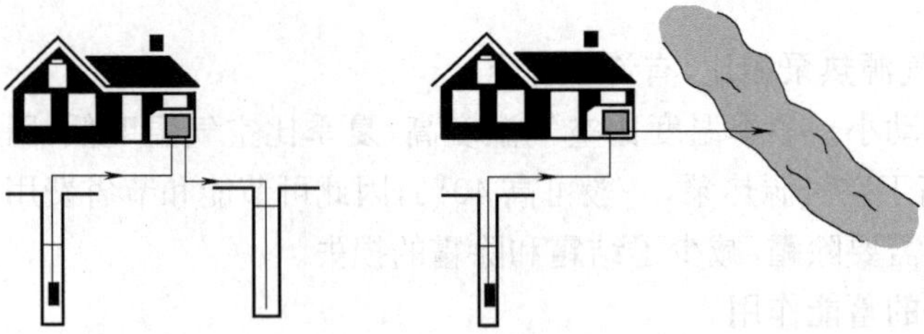

图 6-17　地下水地源热泵
a)双井系统　b)单井系统

这样做，一是浪费地下水资源；二是容易造成地层塌陷，引起地质灾害，还会造成环境污染。

在双井系统中，地下水和建筑内循环水之间是用板式换热器分开的。双井系统通常包括带潜水泵的取水井和回灌井。该系统克服了单井系统的缺陷，但会受到场地和资金的限制。

地下水地源热泵系统的优点是造价要比土壤地源热泵系统低，另外水井很紧凑，占地很少，技术也相对比较成熟。其缺点在于：有些地方法规禁止抽取或回灌地下水；可供的地下水有限；如水质不好或打井不合格要注意水处理；如泵选择过大、控制不良或水井距建筑偏远，泵耗能就会过大。

③ 地表水地源热泵。地表水地源热泵系统，由潜在水面以下的、多重并联的塑料管组成的地下水热交换器取代了土壤热交换器，通过直接抽取或间接换热的方式，利用包括江水、河水、湖水、水库水作为热泵冷热源。间接换热方式又分为开路系统或闭路系统(图 6-18)。与土壤地源热泵一样，它们被连接到建筑物中，并且在北方地区需要进行防冻处理。

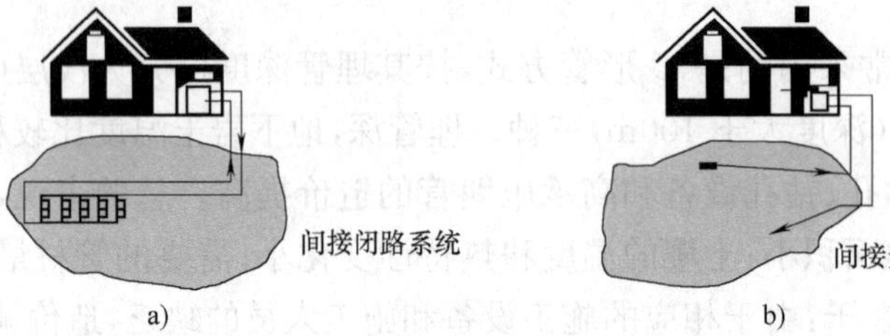

图 6-18　地表水地源热泵
a)间接闭路系统　b)间接开路系统

(2)地源热泵应用方式　地源热泵的应用方式从应用的建筑物对象可分为家用系统和商用系统两大类，从输送冷热量方式可分为集中系统、分散系统和混合系统。

1）家用系统。家用系统是指用户使用自己的热泵、地源和水路或风管输送系统进行冷热供应的系统，多用于小型住宅、别墅等户式空调。

2）集中系统。集中系统是指热泵布置在机房内，冷热量集中通过风道或水路分配系统送到各房间的系统。

3）分散系统。分散系统是指用中央水泵，采用水环路方式将水送到各用户作为冷热源，用户单独使用自己的热泵机组调节空气的系统。此系统一般用于办公楼、学校、商用建筑等，可将用户使用的冷热量完全反应在用电上，便于计量，适用于目前的独立热计量要求。

4）混合系统。混合系统是指将地源和冷却塔或加热锅炉联合使用作为冷热源的系统。

混合系统与分散系统非常类似，只是冷热源系统增加了冷却塔或锅炉。

南方地区冷负荷大，热负荷低，夏季适合联合使用地源和冷却塔，冬季只使用地源；北方地区热负荷大，冷负荷低，冬季适合联合使用地源和锅炉，夏季只使用地源。这样可减少地源的容量和尺寸，节省投资。

分散系统或混合系统实质上是一种水环路热泵空调系统形式。

(3)地热水利用率和系统运行的总效率　地热水利用率的定义为：地热水利用率＝地热水实际供热量/地热水可供热量。

其表达式为

$$\xi = \frac{T_{01} - T_{02}}{T_{01} - T_{ave}} \tag{6-1}$$

式中，ξ 为地热水利用率；T_{01} 为地热供水温度(℃)；T_{02} 为地热回水温度(℃)；T_{ave} 为所在地区全年平均温度(℃)，例如北京全年平均温度为 11.9℃。

显然，地热水利用率 ξ 主要取决于回水温度。回水温度越低，地热水利用率 ξ 越高。一般地热水利用率 ξ 在 40%～70%之间。

该系统的总效率可以用如下的计算方法获得，即

$$\eta = Q/P \tag{6-2}$$

式中，η 为地热供热系统的总效率；Q 为地热供热系统的总热量(kW)；P 为地热供热系统的总输入功率(kW)。

$$Q = Q_1 + Q_n \tag{6-3}$$

式中，Q_1 为直接供热热量(kW)；Q_n 为热泵机组的制热量(kW)。

$$N = N_1 + N_2 + N_3 + N_4 + N_5 \tag{6-4}$$

式中，N_1 为热泵的输入功率(kW)；N_2 为地热井潜水泵的输入功率(kW)；N_3 为地热管道泵的输入功率(kW)；N_4 为水源侧循环水泵的输入功率(kW)；N_5 为负荷水泵输入功率(kW)。

地热供热系统的总热量 Q 越大，地热供热系统的总输入功率 P 越小，系统的总效率 η 越高，可见系统的总效率 η 是一个大于 1 的数。

3. 地热在农副业的应用

地热在农业中的应用范围十分广阔，如利用温度适宜的地热水灌溉农田，可使农作物早熟增产；利用地热水养鱼，在 28℃水温下可加速鱼的育肥，提高鱼的出产率；利用地热建造温室，育秧、种菜和养花；利用地热给沼气池加温，提高沼气的产量等。

用于农业的地热水，主要为低矿化、低温(40℃以下)地热水，绝大部分直接用于灌溉。

我国利用地热水进行水产养殖始于 20 世纪 70 年代，北京、天津、福建等地起步较早，现已遍及 20 多个省(自治区、直辖市)的 47 个地热田，养殖场地 200 多处，鱼池面积近 200hm^2，主要养殖罗非鱼、鲤鱼、草鱼、鳗鱼、甲鱼、青虾、牛蛙等。水产养殖耗水量约占地热水总用水量的 15%。如北京小汤山地热田建有两处水产养殖场，养殖水面 13.8hm^2，年产鱼 20 万 kg，启用 8 个地热井，年耗水 120 万 m^3，亩平均年耗地热水 5800m^3，产鱼每千克耗地热水 6.0m^3。估计全国用于水产养殖所消耗的地热水约 1400 万 m^3。

4. 地热在疗养保健和旅游方面的作用

地热在医疗领域的应用有广阔的前景，目前热矿水就被视为一种宝贵的资源，为世界各国所珍惜。由于地热水从很深的地下提取到地面，除温度较高外，常含有一些特殊的化学元素，

从而使它具有一定的医疗效果。如饮用含碳酸的矿泉水，可调节胃酸，平衡人体酸碱度；饮用含铁矿泉水后，可帮助治疗缺铁贫血症；用氢泉、硫水氢泉洗浴可帮助治疗神经衰弱和关节炎、皮肤病等。由于温泉的医疗作用及伴随温泉出现的特殊的地质、地貌条件，使温泉常常成为旅游胜地，吸引大量疗养者和旅游者。我国利用地热治疗疾病历史悠久，含有各种矿物元素的温泉众多，因此充分发挥地热的辅助医疗作用，发展温泉疗养行业是大有可为的。因火山活动而在云南腾冲境内形成的汽泉、温泉群约有 80 处，温泉的水温高达 90℃以上。这些汽泉、温泉可以治疗风湿性关节炎、腰肌劳损、坐骨神经痛等病症。图 6-19 所示为云南腾冲温泉（著名的热海大滚锅）。

图 6-19 云南腾冲温泉

随着与地热利用相关的高新技术的发展，人们能更精确地查明更多的地热资源，钻更深的钻井将地热从地层深处取出，因此地热利用也必将进入一个飞速发展的阶段。

三、地热能开采

地热蒸汽有时在 50～200m 的浅处就有，但是，这种浅源地热蒸汽的产量时常不稳定，发电或工业应用的蒸汽通常靠 500～2000m 深的钻井才能找到。有时，勘探地热蒸汽需要 2500～3000m 深的钻井，不过这并不普遍。

地热井通常用钻石油和天然气的标准旋转钻机进行开采，但是，蒸汽钻井与石油和天然气钻井在某些方面有显著不同。

1. 地热井

地热井是整个地热工程中最关键的一个装置。中低温地热井的井口设备，一般包括地热井泵、井口装置和测量仪表。高温地热井由于多为自喷井，一般不需要地热井泵，但井口装置比较复杂，技术上的要求也比较高，有些类似石油的井口装置。

井口的闭井压力可能非常高，它可能大大地超过流量受到控制的运行条件下的压力，在有气体的汽水混合物的井孔中尤其如此。这种压力可以通过安装在井口主阀门下面的排气阀以连续小量排放的方式加以解除。此外，当关闭截止阀时，由于高速运动的汽水混合物的冲击，可能有一个很大的力强加到阀门板上，为了防止损坏，这种用途的阀门应有较大的阀座表面及良好的导滑以防止划伤接合面，较好的办法是在没有流动的条件下操纵主阀门，以及在主阀门的上部安装另一阀门，以控制流量。即使这个阀门失去作用，主阀门也会发挥最后一道屏障的作用。

地热井水泵与一般的水泵不同，它必须能耐高温和耐腐蚀。一般地热井水泵有两种类型，即长轴深水泵和潜水泵。前者水泵在井下，电动机在井口，两者之间用长轴（≥100m）连接。它可以在高温地热井（200℃以上）中运行，但转速低，流量较小，扬程较低。后者电动机直接潜入地热井井口，通过短轴与泵头相连。潜水泵实际上是一种多级离心泵，所以它的转速高、流量大，扬程也高。由于电动机为高温流体所包围，电动机绕组要求有较高的密封性和绝缘性能，它只适合输送 100℃以下的地热流体。潜水泵的安装位置深，可达数百米。

地热井井口装置要求密封性好，能防止空气进入系统，同时为减轻地热水对井口的腐蚀，减少地热水中氧气与氯离子联合作用时对输水设备的腐蚀危害，在一些有腐蚀作用的地热井的装置中，较为常用的一种方法是氮气保护法，以防止地热水在井口与空气接触，还能满足井管热伸缩的要求，如图6-20所示。井口装置中必须装置测量水温、水压和流量的仪表。

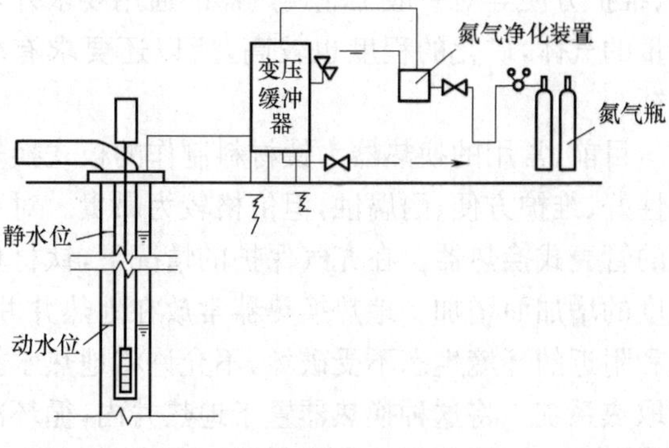

图 6-20 氮气井口保护系统

有的地热井，由于地质及施工方面的因素，水中的含砂量超过国家规定的工业用水含砂量标准（含砂量应低于 1/200万），影响热水的正常使用。若含砂量高的地热水用于供暖，会造成管路系统堵塞，因此对于含砂量超过标准的地热井，应采取除砂措施。目前国内设计的旋流式除砂器(图 6-21)是一种较为理想的除砂设备，该设备一般安装在地热水井口的出水管上。

对于压力较高的地热井，由于地热水到达地面井口时压力降低，部分地热水会发生汽化，且大量不溶性气体也会析出，呈现汽—液两相状态，为了使换热器或供水管道正常运行，需要在井口设置汽(气)—液分离装置，一般采用分离器、集水箱(或分水箱)及配管系统。

我国的部分地热水中含有较多的铁离子，对地热水利用装置可靠运行产生不利影响。可以采用氧化除铁法，降低热水暴露在空气中的概率，使水中的铁离子氧化成铁胶体沉淀物，然后过滤去除。为了提高氧化反应，也可以通过天然锰砂的催化作用来加速铁离子的氧化反应。常用的地热水爆气装置有水—气射流泵式爆气溶氧装置和强制热风式爆气塔。

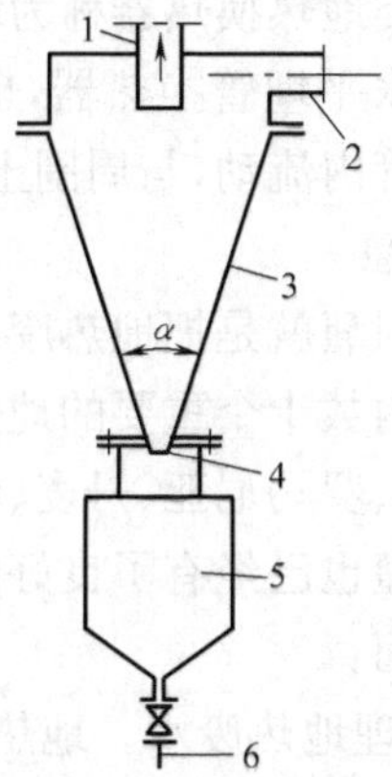

图 6-21 旋流式除砂器主要部分

1—出水管 2—进水管 3—圆锥体

4—推砂口 5—储砂蓬 6—排砂管

2. 地热流体输送装置

地热流体输送也是地热工程中重要的环节。输送的流体可以是气态、液态或气—液两相混合物。

蒸汽输送系统通常由一条或几条大直径的主干管道和许多来自井口装置的较小的分支管道所组成，后者在方便的地点与主管道相连。输送的距离可达数千米，在大规模开发中，可能需要有几条管道伸向地热田的各个部分。在设计输送系统时，主要考虑的问题是选择管道直径，以使井口与管道交付端之间的压降不致太大。运行压力的选择自然取决于井群的排放特性和它们在不同井口压力下的产量。主要由流动引起的压力降，使蒸汽中的能量减少，如果流动引起的压力降过大则在井口会引起不需要的压力增加，以及随之而来的产量降低。

一般中低温地热流体主要是以热水的形式进行输送。地热水输送管道可选钢管、石棉水泥管、球墨铸铁管、聚乙烯管、铝塑管和玻璃纤维增强塑料管。

3. 换热器

地热利用中使用的换热器有很多种类，除了要求具有传热性能好、流动阻力小和结构紧凑、维护方便等对一般工业换热器的通用要求外，由于地热水中常常会有很多腐蚀性的离子和少量的气体，矿化的程度也较高，所以还要求有较好的耐腐蚀性能，以防止地热水对金属的腐蚀。

目前，常用的换热器为钛材料制作的板式换热器。它的特点是结构紧凑、占地面积小、传热性好、维护方便、耐腐蚀，但价格较为昂贵。对于高温高压的热水，需要采用钛材料制成的耐压的管壳式换热器。在充气保护的情况下，钛材料的均匀腐蚀速度每年只有 0.03mm，且不随温度的增加而增加。地热换热器常放在地热井井口附近。但对于特殊地区，为了保护地热资源和附近的环境生态不受破坏，不允许将地热水抽出地面。这时可采用一种称为井下换热器的取热系统。将这种换热器置于地热井内，循环冷水通过循环泵从地面打入井下换热器，通过换热器吸收地热水的热量后，再从换热器的另一端送到地面热水供应管道中。这种换热器的优点是只取热不取水，有很好的环保效应。但是井下换热器由于受到换热器换热面积和体积的限制，只适用于热负荷较小的供水系统。

另一类地热换热器称为埋管换热器，一般用塑料管制成。埋管换热器可以是埋设在浅层土壤中的水平埋管换热器，也可以是通过垂直钻孔安装在较深土壤中的 U 形管埋管换热器。循环水在管内流动，与周围土壤进行换热。埋管换热器一般供地源热泵与土壤进行换热使用。

4. 回灌

地热回灌就是把地热废水、常温地下水、地表水甚至污水灌入热储中。目前回灌已经成为世界范围内数十个重要的地热田生产运行中的一项日常工作，在美国、新西兰、冰岛、意大利、法国、日本、罗马尼亚、丹麦、菲律宾和萨尔瓦多等国家得到了广泛的应用。在我国，北京、天津的地热回灌也已经有了良好的开端。回灌是地热田管理中最为复杂的一项技术，其目的有以下几个方面：

1）处理地热废水。地热废水的温度一般高于环境温度，其中通常含有较高的盐分，其中有些化学组分是有毒有害的，地热废水的直接排放可能对环境造成热污染和化学污染。

2）改善或恢复热储的产热能力。地热田中的地热能一部分储存在其中的热流体中，而绝大部分储存在岩石骨架中，通过把温度较低的水注入热储中，经过加热后再抽取出来，就可能提高地热资源的利用效率。

3）保持热储的流体压力，维持地热田的开采条件。一般来说，地热的开采会导致热储压力降低，如果开采量过大，使补给和开采失去平衡时，热储压力会持续降低，使地热田的生产能力降低，甚至丧失生产能力和引起地面沉降。回灌对于维持或恢复热储压力、稳定地热田的开采条件以及预防地面沉降具有重要作用。

1969 年，美国加州盖瑟尔斯地热田的回灌项目揭开了地热回灌的序幕。目前，这项技术在美国、新西兰、冰岛、意大利、法国、日本、俄罗斯等国家得到了不同程度的应用，无论是用于发电还是在直接利用的地热田都取得了一定的效果。

美国的盖瑟尔斯地热田是最有代表性的高温地热回灌实例。该地热田位于陡峻的山地，是世界著名的地热田。由于长期开采，热储压力从 3.4×10^3 Pa 下降到了 1.3×10^3 Pa，使地热田的产汽量和电站的发电能力严重下降。1969 年，在该地热田开展了世界上第一个地热回灌项目，把发电之后冷凝的地热流体回灌入热储中，以避免热流体在地表排放而引起的热污染和化学污染，克服热储压力的降低，维持地热田的生产能力。但是，即使将开采的所有地热流体均回灌到热储中，仍然不能完全克服热储压力的降低。这样，从 1980 年开始使用地表水进行回灌。1997 年，在地热田投资 4500 万美元用于回灌处理后的污水和湖水的试验。这一项目是世界上第一个利用污水回灌增加地热田发电能力的系统，大大提高了电站的发电能力。而在这一工程实施之前电站发电能力每年下降 25～30MW。

我国最早的地热回灌为 1982 年初在北京城区地热田进行的回灌试验。当时，北京城区地热田内已经有地热井 40 眼，年地热水开采量已超过 $30\times10^4m^3$，热储压力逐年下降。为了充分利用地热资源并研究地热回灌的效果，利用一眼深 1274.65m 的地热井回灌 40℃的地热采暖尾水，取得较好的效果。目前，天津市的地热回灌已经具有一定的规模，北京地区又开始了最新的地热回灌，西安市正在计划开展地热回灌。虽然地热回灌在全国范围的发展程度还比较低，但地热回灌的作用和意义已经得到了广泛的认识和关注。

思考题与习题

6-1 我国的地热资源分布特点是什么？

6-2 结合学过的知识分析地热发电面临哪些问题？应如何解决？

6-3 为什么要进行地热回灌？

6-4 北京地区的某地源热泵地热供水温度为 170℃，地热回水温度为 39℃，那么此地源热泵的地热水利用率 ξ 是多少？

6-5 试说明单循环闪蒸地热发电的基本原理，并比较单循环闪蒸地热发电和双循环闪蒸地热发电的不同点，除此之外，指出还有什么地热发电方式。

6-6 地源热泵与空气源热泵相比有哪些优点？按换热方式不同分为几类？各有何优缺点？

第七章 水 能

第一节 水能概述

一、水能利用的发展过程

水能资源是以位能、压能和动能等形式存在于水体中的能源资源，也称水力资源。水能资源是可再生能源。广义的水能资源包括河流水能、潮汐能、波浪能和海洋热能等资源；狭义的水能资源指河流水能资源。水能是世界能源的重要组成部分，水电提供着1/5的电力需求。与煤炭等化石能源发电相比，水能具有无温室气体排放、资源可再生等优点，是符合可持续发展要求的重要能源。

水利的发展和应用可追溯到远古时代人类利用建坝技术挡水、建造水利工程，已有几千年的历史。早在两千多年前，在埃及、中国、印度和希腊已出现水轮、水车、水磨和水碓等，利用水能于农业生产。据文字记载，公元前2世纪希腊就出现了水磨，我国在东汉时期就有水碓、水排、水磨的记载，利用水激木轮进行磨面、舂米、提水灌溉和鼓风铸铁。这些都是水力原动机的雏形。

18世纪30年代开始有新式微型水力站。世界上第一台水锤泵站设备诞生于18世纪70年代初，1754年，瑞士著名科学家欧拉奠定了反击式水轮机的理论基础。1834年，法国的富尔内龙(Fourneyron)造出了第一台功率为4.5kW的向心式水轮机。此后，冲击式、混流式等水轮机相继出现。

19世纪下半叶，出现了钢筋混凝土，进一步推动了轻型混凝土建筑物和水坝技术的发展。19世纪70年代，世界上出现了水电站。进入20世纪后，许多新兴科学技术开始在水利工程中得到广泛应用。水坝建设在20世纪70年代的顶峰时期，全世界几乎每天都有两三座新建的水坝交付使用。有关资料表明，至20世纪末，世界上有24个国家的90%电力来自水电，有1/3的国家的水电比例超过50%。有75个国家主要依靠水坝来控制洪水，全世界约有40%的农田依靠水坝提供灌溉。为此，水坝建设、水力发电已经成为当今人类社会文明的重要组成部分。

随着电力系统的发展，1882年在瑞士苏黎世的奈特拉诞生了世界上第一座抽水蓄能电站。抽水蓄能电站具有上下水库，利用电力系统多余的电能，把下水库的水抽到上水库内，以位能的形式蓄能，需要时再从上水库放水到下水库进行发电的水电站。目前，全世界抽水蓄能电站的装机容量超过1亿kW，发展势头已超过了常规水电站。

20世纪70年代以来，可再生能源和绿色电力开发日益受到重视，并形成区域微电网系统。我国小水电已发展成为800个县的主力电源，拥有50多个以小水电站群为主的地区电网系统。目前，我国已建或在建，如葛洲坝、二滩、小浪底、三峡等一批令世人瞩目的大型水电站，为当地的旅游、经济发展及居民生活水平的提高，作出了巨大贡献。

二、基本术语

1. 水量资源

水量资源是指考虑水的可利用数量(具有可用质量)的水资源,一般指陆地上每年可以恢复更新的淡水。如大气降水,江河、湖泊、水库中的地表水和土壤、地下含水层中的淡水。这部分水参与全球水循环,每年可以得到更新,并且在多年之内可以保持质量的动态平衡。由于大气降水是水量资源的总补给来源,因此从广义上讲,地区总降水量,就是地区水资源总量。

2. 水能资源

水能资源一般是指利用江河水流具有的势能和动能下泄做功,推动水轮发电机转动发电产生的电能。一般流量大,落差大,所含的能量就大。海洋中所蕴藏的潮汐能资源及波浪能资源等,虽然也属于水能资源范畴,但一般均将其列入海洋能资源。水力发电,并不消耗水量资源,而是利用了江河流动所具有的能量。如不利用,江河水流会下泄冲刷淤积河床。我国具有巨大的江河径流和落差,形成了我国水电能资源的丰富蕴藏量。

水头和流量是表示水能大小的两个要素,因此也是水力发电的两个要素。

(1)水头　水头是指水流集中起来的落差,即上游水位与下游水位之间的差值,单位为 m,以 H 表示。河道水头的大小可以用河道的坡降及水平距离的乘积来计算。如某段河道的坡度为 1‰(即 1000m 下降 1m),其水平距离为 1000m(图 7-1)。

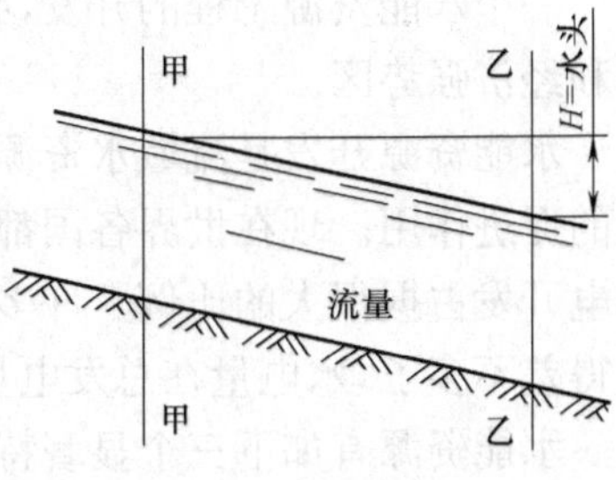

图 7-1　河段水头

水电站的总水头一般指水电站上下游水位差,如图 7-2 所示。但由于各种水电站布置形式不同,总水头也有差别。水电站水轮机的工作水头(或称净水头)$H_{净}$,还应从总水头 $H_{总}$ 中扣除水流进入水闸、拦污栅、水管、弯头和闸阀等所产生的水头损失 h_1,以及水从水轮机出来与下游接驳的水位降 h_2,即 $H_{净}=H_{总}-h_1-h_2$。

(2)流量　流量是指每秒流过河床任一横断面的水量,单位为 m^3/s。河道的流量随季节和降雨量的变化而变化,水库、闸坝等的流量可按需要调节,一般取枯水季节流量的 1～2 倍作为河道电站的设计流量。

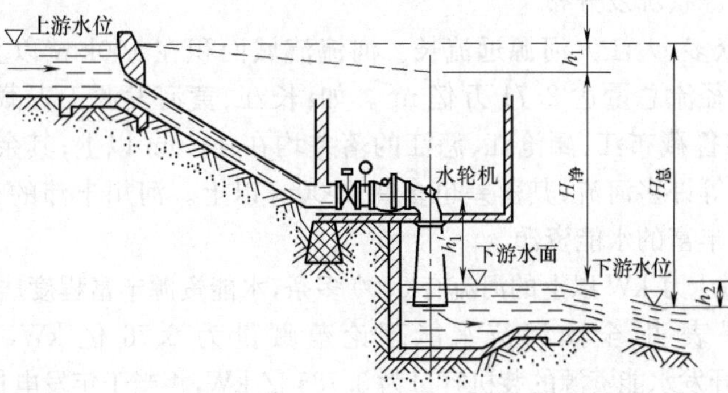

图 7-2　水电站水头示意图

三、水电能源的特点及性质

水能资源是随自然界的水文循环而重复再生的,可周而复始供人类持续利用。可以用"取之不尽,用之不竭”来描述水能资源的可再生性。

水能资源可以产生水电能源。水电能源是一种可再生,清洁廉价,便于调峰,能修复环境生态,兼有一次与二次能源双重功能,能极大促进地区社会经济可持续发展,具有防洪、航运、旅游等综合效益的电能资源。水电能源在生产运行中,不消耗燃料,不排放有害物质,其管理运行费与发电成本费以及对环境的影响远比燃煤电站低得多,是成本低廉的绿色能源。水电能源调节性能好、起动快,在电网运行中担任调峰作用,快捷而有效,可确保供电安全,在非常情况和出现事故情况下减少电网的供电损失。水电能源与矿物能源同属于资源性一次能源,转换为电能后称为二次能源。水电能是一次能源开发和二次能源生产同时完成的能源,兼有一次能源建设与二次能源建设的双重功能;它不需要一次能源矿产开采、运输、储存过程的费用,降低了能源成本。

水能资源开发修建水库,改变了局部地区的生态环境,一方面需要淹没部分农田土地,城镇古迹,造成移民搬迁;另一方面,可修复该地区的小气候,形成新的水域生态环境,有利于生物生存,有利于人类进行防洪、灌溉、旅游和发展航运。

一个水能资源工程的开发,必然使该地区的社会经济发展,人口增长,并形成一个新的城市和经济强势区。

水能资源开发是流域水资源综合利用的重要组成部分,对江河流域综合开发治理具有极大的促进作用。现在世界各国都采取优先开发水能资源的政策,使得许多国家的电力工业中水电开发占据很大的比例。许多国家的水能资源已开发过半或开发殆尽。只有在水能资源开发得差不多了,水电量在总发电量的比例才下降。

水能资源有如下三个显著特点:①循环不息的河水及其落差所蕴藏的能量可以不断再生,是可再生能源;②利用水力发电,可节省火力发电所需煤炭、石油、天然气和核能发电所需铀等宝贵的不可再生的能源资源,如每 1kW·h 水电相当于可节约 0.3~0.4kg 的煤炭(火电燃料);③水力发电不排放有害气体、烟尘、热水和灰渣等污染物,没有核辐射的危险。

第二节　水能资源分布状况

一、我国水能资源状况及分布

我国河川水系众多,大江大河源远流长。河流流域面积在 100km^2 以上的河流有 5 万多条,河川多年平均年径流总量达 2.71 万亿 m^3。如:长江、黄河发源于青藏高原,落差分别为 5400m 和 4830m;雅鲁藏布江、澜沧江、怒江的落差均在 4000m 以上;其余的如大渡河、雅碧江、岷江、珠江、红河等许多河流,其落差也多在 2000m 以上。河川丰沛的径流量和巨大的落差,构成了我国十分丰富的水能资源。

我国水能蕴藏量 1 万 kW 以上的河流有 3000 多条,水能资源丰富程度居世界第 1 位。全国水能资源普查结果表明,全国河流水能理论蕴藏量为 6.76 亿 kW,相当于年发电量 59220 亿 kW·h;可开发水能资源的装机容量为 3.785 亿 kW,相当于年发电量 19230 亿 kW·h;经济可开发水能资源的装机容量为 2.9 亿 kW,相当于年发电量 12600 亿 kW·h。不论是水能理论蕴藏量,还是可开发水能资源量和经济可开发水能资源量,我国均居世界第 1 位。

我国水能资源的分布,西多东少,大部分集中于西南地区。在全国可开发水能资源的年发电量中,西南地区占 67.90%,中南地区占 15.4%,西北地区占 9.9%,东部的华北、东北、华东三大区只占6.8%。其中特别是四川(包括重庆)、云南、西藏的可开发水能资源占全国的64.5%,是水能资源最为丰富的地区。其水能资源分布及开发情况如图7-3所示。

我国小水电资源也十分丰富,分布范围广泛。据文献报道,我国小水电资源的理论蕴藏量为16366万kW,可开发资源量为7130万kW,年发电量可达2000~2500亿kW·h。在全国2300多个县中,有1573个县拥有可开发小水能资源,有1104个县可开发小水电资源超过1万kW,其中:有471个县为1万~3万kW,有499个县为3万~10万kW,有134个县为1010万kW以上。

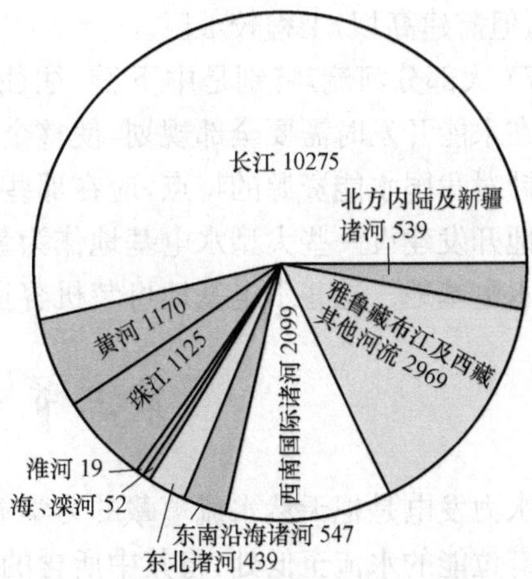

图7-3 水能资源分布状态(单位:亿kW·h)

二、我国水能资源的特点

1)资源丰富,但人均资源量并不丰富,地区分布不均衡,与经济发展的现状不匹配。表7-1列出了我国水能蕴藏量及可开发的水能资源。

表7-1 我国水能蕴藏量及可开发的水能资源

地区	水能蕴藏量			可能开发的水能资源		
	装机容量/MW	年发电量/亿kW·h	占全国比例(%)	装机容量/MW	年发电量/亿kW·h	占全国比例(%)
华北地区	12299.3	1077.4	1.8	691.98	232.25	1.2
东北地区	12126.6	1062.3	1.8	1199.45	383.91	2.0
华东地区	30048.8	2632.3	4.4	1790.22	687.94	3.6
中南地区	64083.7	5613.8	9.5	6743.49	2973.65	15.5
西南地区	473311.8	41462.1	70.0	23234.33	13050.36	67.8
西北地区	84176.9	7373.9	12.5	4193.77	1904.93	9.9
全国	676047.1	59221.8	100.0	37853.24	19233.04	100.0

2)大型电站比例大,且分布集中。各省(区)单站装机10MW以上的大型水电站有203座,其装机容量和年发电量占总数的80%左右;而且,70%以上的大型电站集中分布在西南四省。

3)总开发率很低,东西开发差异极大。全国平均开发率按电量算仅为9.12%,位居世界第83位,排在很多发展中国家如印度、越南、泰国、巴西、埃及等国家之后。东部已开发70%以上,可开发的大型水电站只剩下4座,共161万kW,即黑龙江的尼尔基电站(25万kW)、浙江的滩坑电站(60万kW)和大均电站(46万kW)以及福建的街面电站(30万kW)。西部开发率仅7.5%,西部的水电开发才刚刚开始,因此在21世纪,水电要结合国家的西部大开发战略,大力开发西部水电,实施大规模的西电东送,才能实现资源的优化配置和电源结构的合理调整。

4)资源的开发和研究程度较低。目前已开发资源约为15%。

5)气候受季风影响,降水和径流在年内分配不均,夏秋季4~5个月的径流量占全年的60%~70%,冬季径流量很少,因而水电站的季节性电能较多。

6)地少人多,建水库往往受淹没损失的限制,而在深山峡谷河流中建水库,虽可减少淹没损失，但需建高坝，工程较艰巨。

7）大部分河流，特别是中下游，往往有防洪、灌溉、航运、供水、水产、旅游等综合利用要求。在水能开发时需要全部规划，使整个国民经济得到最大的综合经济效益和社会效益。

针对我国水能资源的特点，应在那些水能资源丰富、开发条件良好的河流或河段上，比较集中地开发建设一些大型水电基地作为骨干电源。根据我国能源开发的规划，计划建设 12 个大型水电基地。这些水电基地可装机容量为 205232MW，年发电量为 9458.8 亿 kW·h。

第三节　水力发电技术

水力发电是把天然水流蕴藏的力学能转换为电能的发电方式，它利用河川、湖泊等位于高处具有位能的水流至低处，将其中所含的位能转换成水轮机的动能，再以水轮机为原动机，推动发电机产生电能。即利用水力（具有水头）推动水力机械（水轮机）转动，将水能转变为机械能，再由水轮机带动发电机随水轮机转动便可发出电来，这时机械能又转变为电能。水力发电在某种意义上讲是水的势能变成机械能，又变成电能的转换过程。水力发电是目前技术最为成熟的一种可再生能源发电技术。

水力发电依其开发功能及运转形式可分为惯常水力发电与抽水蓄能发电两种。

一、小水电站技术

1. 基本概念

所谓小水电，通常是指小水电站及与其配套的电网的统称。联合国开发计划署（UNDP）在 1980 年召开的第二次国际小水电会议上，确定了如下三种小水电容量范围：小型水电站（Small），1001～12000kW；小小型水电站（Mini），101～1000kW；微型水电站（Micro），100kW 以下。我国原国家发展计划委员会关于水电站规模的现行规定为：电站总容量在 5.0 万 kW 以下的为小型；5.0 万～25 万 kW 的为中型；25 万 kW 以上的为大型。我国自 20 世纪 70 年代以来，小水电一般是指单站容量在 1.2 万 kW 以下的水电站及其配套小电网。以后，随着国民经济的发展，提高为 2.5 万 kW；自 1996 年起，小水电站的容量范围进一步提高为按单站5 万 kW计算。目前，我国将容量小于 500kW 的小型水电站称为农村小水电。

我国小水电建设自 1912 年建成云南石龙坝第一座小水电站开始，到 1949 年新中国成立前夕，全国水电总装机容量仅为 26 万 kW，其中小水电站 26 座，装机 2800kW，发展缓慢。新中国成立后，我国政府十分重视水电尤其是小水电的开发，积极帮助和扶持广大山区结合当地水利建设兴办小水电站。1979 年以后，小水电得到更快的发展。到 1994 年底，全国有小水电站 47313 处，机组 70054，装机容量 1577.7 万 kW，年发电量 508.5 亿 kW·h，分别为同期全国水电装机容量的 33%和发电量的 29%。在全国 2166 个县中，有 793 个县以小水电供电为主，而且以小水电为依托建立了近 800 个县和跨县电网，其中跨县电网 42 个。

对我国小水电的快速发展，联合国工业发展组织的官员称，这是发展中国家自力更生解决农村能源问题，加速地方经济和文化发展的范例。鉴于我国小水电发展的显著成就，1980 年以来联合国在杭州召开了近 20 次国际小水电会议，并在杭州建立了亚太地区小水电研究培训中心；1994 年，联合国开发计划署（UNDP）又正式把国际小水电中心设在我国，表明我国小水电已走向世界。

2. 小水电站的特点

小水电站一直受到人们的重视，主要是由于有以下特点：

1）运行寿命长，坚固耐用，价格稳定，并且水资源是可再生的。对于用电规模较小的边远地区来说，所有这些优点使小水电站成为最具有吸引力的选择对象。

2）需水量不大，小河流都可以用来发电。

3）一般来说，小水电站造成的环境影响小。

4）当把河水用于其他目的时，可以结合灌溉和供水等，建立小水电发电系统。

5）在工业化国家，常常把小水电站作为局部地区工业的能源。但在适宜的条件下，小水电站也可并入公用供电系统供电。

6）对已有的大坝和设施上的旧的小水电站进行改建，发电的成本较低，比较经济。

7）小水电站建设规模适中、投资少、工期短、见效快，不需要大量水库移民和淹没损失。

8）由于农村小水电系统服务于本地区，分散开发、就地成网、就近供电、发供电成本低，是大电网的有益补充，具有不可替代的优势，适合国家、地方、集体、企业、个人以及外资等各种投资开发，符合先进的分散分布式供电战略方向。

9）农村小水电资源分散在广大的农村地区，适合于农村和农民组织开发，吸收农村剩余劳动力，有利于促进较落后地区的经济发展。

当今的小水电技术是已经得到充分验证的成熟技术。小水电站的建造不复杂，所需工艺也较简单，并可大量地利用当地的劳动力和材料。另外，小水电站建造周期短。各种现有的并已经过实践验证的小水电站设计方案，无论是建造方面，还是运行方面，均可广泛适用于各地的不同的条件。小水电站运行方式多种多样，既可采用简单的人工操作，也可采用全自动的计算机化控制。

3. 小水电站的工作原理、结构及类型

根据物体从高处落下可以做功产生一定能量的原理，河水从高处落下也同样可以产生能量。水位越高，水量越多，产生的能量也就越大。水力发电就是水流通过水轮机把水的势能和动能转换为机械能，再由水轮机带动发电机把机械能转换为电能的发电方式。所以水力发电站则是把水能转换为电能的工厂。

为把水能转换为电能，需修建一系列建筑物，并在建筑物内安装水轮机、发电机和附属设备等机电设备。这一整套建筑物和机电设备的总和，即称为水力发电站，简称水电站。其结构及整套建筑物和机电设备的组成，如图 7-4 所示。

按照集中水头的方式，水电站分为堤坝式、引水式和混合式三类。

(1)堤坝式　在河道峡谷处，拦河筑坝，形成水库，抬高水位造成集中落差，构成发电水头的电站，称为堤坝式水电站。其主要组成部分是堤坝、溢洪道和厂房。堤坝式水电站一般可与灌溉、防洪、航运等工程结合起来。根据水电站所处位置的不同，又可分为两种：厂房和坝在一起，起承受挡水作用的，称为河床式水电站，如图 7-5 所示；厂房在坝后，水头由坝造成，厂房不起挡水作用，

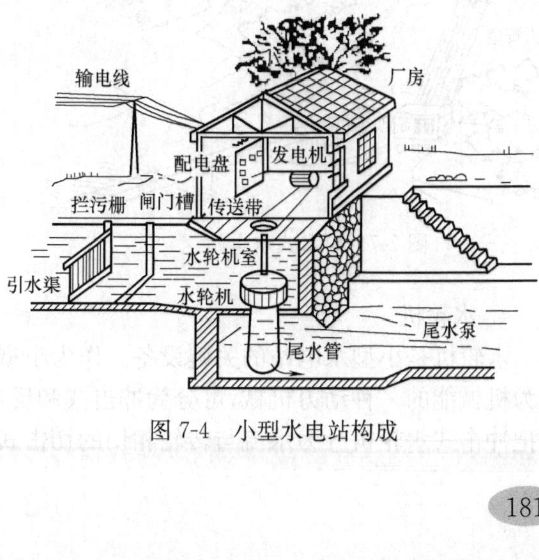

图 7-4　小型水电站构成

水流经过一短的压力管道引到厂房发电的，称为坝后式水电站，如图 7-6 所示。堤坝式水电站由于筑堤工程量较大，且技术也较复杂，因此采用此种水电站应事前认真研究技术条件、经济效益、投资情况以及上游可能淹没的损失等诸因素，方可施工兴建。

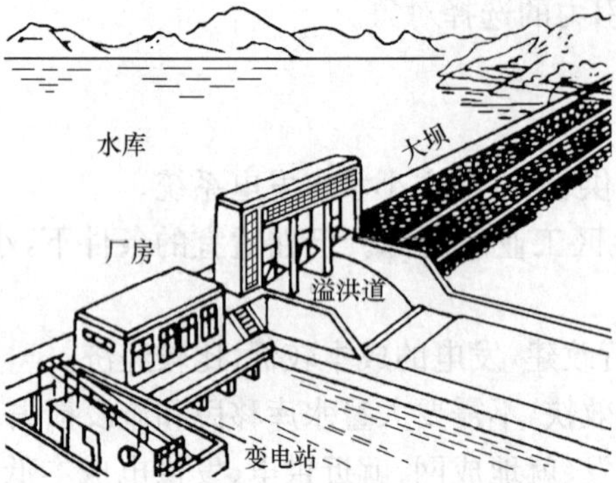

图 7-5 河床式水电站

图 7-6 坝后式水电站

(2)引水式 在河道坡降较陡的河段，建筑堤坝或闸取水，使水通过坡降平缓的引水道，引到河段下游，在那里形成集中落差，构成发电水头的电站，称为引水式水电站。这种水电站适合于坡降较大、流量小、河道有弯曲的地形，如图 7-7 所示。引水式水电站的主要特点是工程简单、造价便宜，因此农村普遍采用此种类型的水电站。

(3)混合式 水头一部分由堤坝造成，一部分由引水建筑物造成的水电站，称为混合式水电站。堤坝所形成的水库可用来调节水量，引水渠道则可在不增加坝高的条件下增加水头，所以该水电站具有上述两种水电站的优点。该水电站，一般适用于坝址上游河段坡降较缓(坡度>1‰～3‰)、而下游又较陡的地区，可在这些地区河道坡降平缓的狭窄河段建坝。这样，既可用来蓄水，又能得到水头。在蓄水坝的一端，沿河岸开挖坡降较平的引水渠，将水引到一定地点，再用压力水管把水输向低端建站处，其布置如图 7-8 所示。

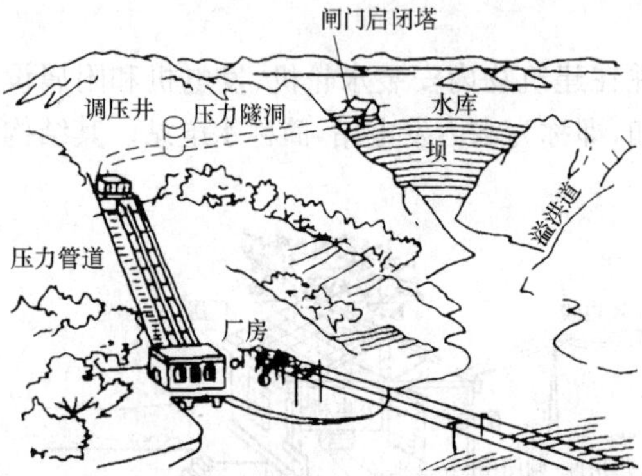

图 7-7 引水式水电站

图 7-8 混合式水电站

4. 水轮机

水轮机是小型水电站的关键设备。作为小型水电站的原动机，水轮机是把水流的能量转换为机械能的一种动力机械，可分为冲击式和反击式两类。按照水流冲击转轮方向的不同，又可把冲击式水轮机分为水流与转轮相切的切击式(或称水斗式)、水流斜侧冲击转轮的斜击式以及水流两次冲击转轮的双击式等。反击式水轮机也可根据水流在转轮内流动特点的不同分成混流式、轴流式、斜流式以及贯流式等类。小型水电站水轮机的主要类型及适用范围见表 7-2。各种水轮机的工作原理示意图如图 7-9 所示。常用水轮机的外形图如图 7-10 所示。

表 7-2 小型水电站水轮机的主要类型及适用范围

类型		适用水头 H/m	优缺点	备注
反击式水轮机	混流式	10350	运行稳定,效率较高,适用于中等水头和中等流量	
	轴流式	2～40	过水能力大,适用于低水头、大流量电站,运行稳定性较差,低负荷时效率较低	有定桨式和转桨式两种结构
	贯流式	0.5～16	水流通畅,过水能力大,水力损失小,效率较高,土建投资少,适用于低水头、大流量水电站	有全贯流式和半贯流式两类
冲击式水轮机	切击式	80～800	适用于高水头、小流量水电站,多用于水头 50m 以上、流量 $1m^3/s$ 以下水电站,结构比混流式简单	
	斜击式	20～300	转轮简单,过水能力大,制造容易,使用流量比切击式大些,但效率较低	

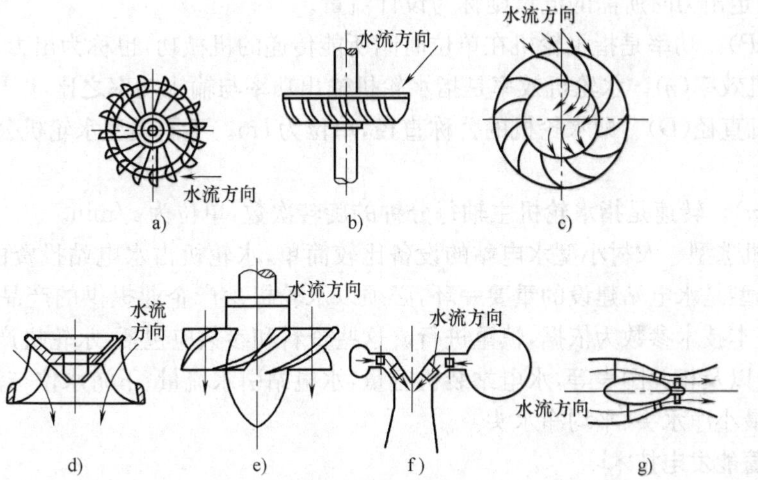

图 7-9 各式水轮机的工作原理示意图

a)切击式水轮机 b)斜击式水轮机 c)双击式水轮机 d)混流式水轮机

e)轴流式水轮机 f)斜流式水轮机 g)贯流式水轮机

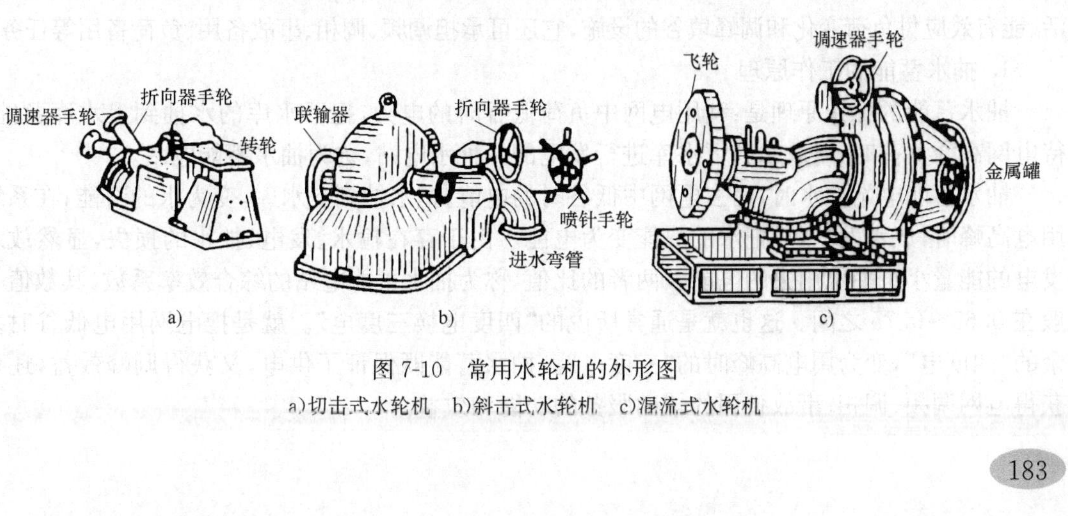

图 7-10 常用水轮机的外形图

a)切击式水轮机 b)斜击式水轮机 c)混流式水轮机

(1)水轮机调速器　其功用是根据负荷增减调节进入水轮机的流量,使水轮机出力适应负荷的变化,保持在额定值,从而保持电网频率稳定,以保证电能质量稳定和机组安全运行。调速方式有手动、半自动和自动三种。小型机组上常用的自动调速器有TT—35、TT—75、TT—150、TT300系列和XT—300、XT—600、XT—1000系列。调速器型号由两部分组成:第一部分表示调速器的形式,用汉语拼音字母表示,T表示单调节,ST表示双调节,YT表示带油压装置的调速器,TT表示特小型调速器;第二部分对大型系列表示主配压阀直径,单位为mm。

(2)水轮机阀门　常用的有平板闸门、蝶阀和球阀等。其作用是截断进入水轮机的水流。

(3)水轮机的工作参数　它反映水轮机工作过程的基本特征,是选择水轮机的主要技术依据。水轮机的主要工作参数有:

1) 工作水头(H)。工作水头是指水轮机蜗壳进口断面与尾水管出口断面之间的单位能量差。工作水头是水轮机做功的有效水头。它还包括设计水头、最大水头、最小水头等参数。设计水头指水轮机发出额定出力时的最小水头。水电站上游水位最高而下游水位最低时为最大水头,反之为最小水头。

2) 流量(Q)。流量是指单位时间内水轮机所耗用的水量,即水轮的流量,单位为kg/s。水轮机发出额定出力时所需的流量则称为设计流量。

3) 功率(P)。功率是指水轮机在单位时间所能传递的机械功,也称为出力。

4) 水轮机效率(η)。水轮机效率是指水轮机输出功率与输入功率之比,以%表示。

5) 水轮机直径(D)。即水轮机的公称直径,单位为cm。不同类型水轮机公称直径的表示方法不同。

6) 转速(n)。转速是指水轮机主轴每分钟的旋转次数,单位为r/min。

(4)水轮机选型　农村小型水电站的设备比较简单,水轮机占水电站投资的很大比例,因此水轮机的选型是水电站建设的重要一环,必须以水轮机生产企业提供的产品技术资料及水电站设计的基本技术参数为依据,慎重进行。这些资料和参数应包括:水轮机产品目录、样本、工作性能曲线以及相关图表等,水电站装机容量,水电站引水流量、下游水位与流量关系曲线,最大净水头、最小净水头、平均净水头。

二、抽水蓄能发电技术

由于用电负荷波动较大,电力系统不仅要解决供电容量问题,更需要解决保证电网经济安全运行供电的峰谷差调度问题。很多电厂都必须参加电网的调峰,担任电网调峰的电力设备有调峰火电机组、燃气轮机组、核电机组和抽水蓄能机组等,其中抽水蓄能机组是一种起动快、调节灵活、能有效应付负荷变化和调峰填谷的设施,它还可承担调频、调相、事故备用、负荷备用等任务。

1. 抽水蓄能的工作原理

抽水蓄能的工作原理是:利用电网中负荷低谷时的电力,把下水库的水抽到上水库蓄能,待电网高峰负荷时,再放水到下水库进行发电的一种水电站,称为抽水蓄能电站。

抽水蓄能电站抽水时,用去电网中低谷时的电能,把水抽到上水库,变为水的势能;在系统用电高峰时,放水发电,再把水的势能变为电能。由于存在输水、发电、抽水的损失,显然放水发电的能量小于抽水用去的电能。两者的比值,称为抽水蓄能电站的综合效率系数,其数值一般在0.65~0.75之间。这也就是通常所说的“四度电换三度电”。就是把电网用电低谷时多余的“四度电”,变为用电高峰时的“三度电”。抽水蓄能既保证了供电,又获得调峰效益,还可获得电网调频、调相、事故备用的辅助服务的功能和效益。

2. 抽水蓄能电站的类型

抽水蓄能电站可分为纯抽水蓄能电站(图 7-11)和混合式抽水蓄能电站两种。后者是既有常规的发电机组又有抽水蓄能机组的电站,其工程布置与一般水电站相同。而前者是仅有抽水蓄能机组的电站,单纯完成抽水蓄能的功能。其工程组成一般包括山顶上的上水库、压力引水洞、引水调压井、厂房、尾水调压井、尾水洞、下水库等建筑物。其上水库库容设计,不允许天然径流汇入。

抽水蓄能电站按照调节性能,可分为日调节、周调节和季调节三种。它们的上水库库容大小,根据需要设计,逐步增大。

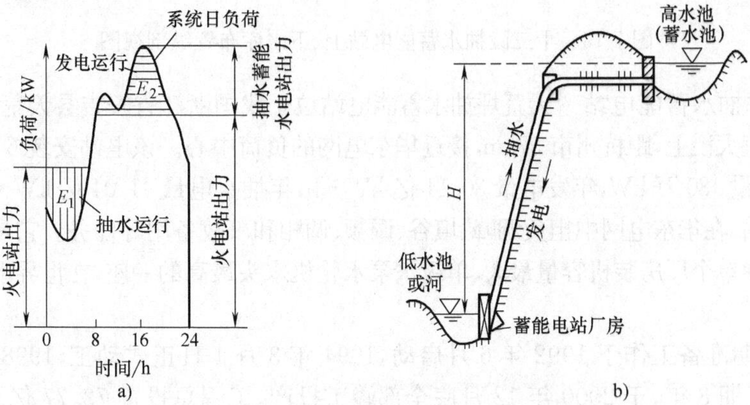

图 7-11 纯抽水蓄能电站布置示意图

a)在日负荷图上的工作状态 b)建筑物布置示意图

3. 我国抽水蓄能电站的典型实例

(1)十三陵抽水蓄能电站 十三陵抽水蓄能电站位于我国北京市昌平区,距市中心约 40km。该电站利用 1958 年在东沙河上建成的十三陵水库作为下水库,在其左岸蟒山新建上水库,形成最大静水头 481m、装机容量 4×20 万 kW 的日调节纯抽水蓄能电站。该电站设计年发电量 12.46 亿 kW·h,设计年利用小时数 1558h,设计年抽水电量 16.69 亿 kW·h,设计年抽水小时数 2086h。该项目于 1990 年筹建,1992 年 9 月主体工程开工,1995 年 12 月 1 号机投产,1997 年 7 月 4 号机组并网发电。工程总投资 37.3 亿元。

该电站工程主要由上水库、下水库、水道系统、地下厂房及开关站等部分组成。其平面布置图如图 7-12 所示,其上、下水库布置纵剖视图如图 7-13 所示。

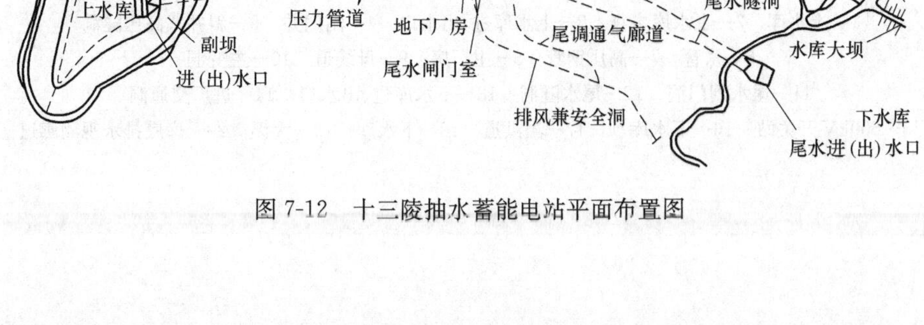

图 7-12 十三陵抽水蓄能电站平面布置图

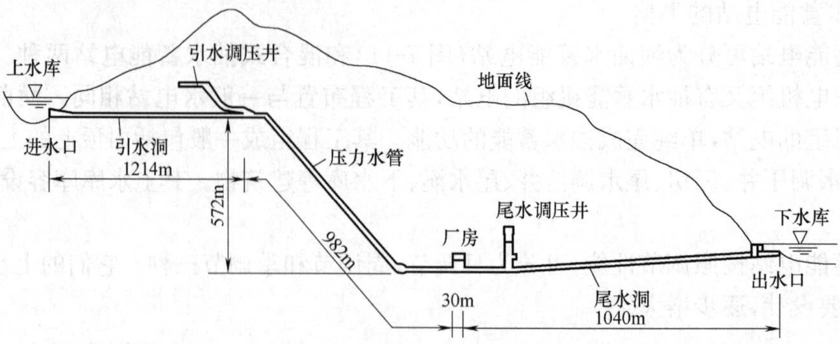

图 7-13 十三陵抽水蓄能电站上、下水库布置纵剖视图

(2)天荒坪抽水蓄能电站 天荒坪抽水蓄能电站位于我国浙江省安吉县天荒镇大溪村，太湖流域西苕溪支流大溪上，距杭州市 57km，接近华东电网的负荷中心。该电站安装 6 台 30 万 kW 的机组，总装机容量 180 万 kW，年发电量 30.14 亿 kW·h，年抽水电量 41.04 亿 kW·h，为日调节纯抽水蓄能水电站，在华东电网中担负调峰、填谷、调频、调相和事故备用等任务。它是我国已建的抽水蓄能水电站中单个厂房装机容量最大、单级水泵水轮机水头最高的一座，在世界上同类水电站中也位居前列。

该电站前期准备工作于 1992 年 6 月启动，1994 年 3 月 1 日正式动工，1998 年 1 月第一台机组投产，总工期 8 年，于 2000 年 12 月底全部竣工投产，工程总投资 73.77 亿人民币。

天荒坪抽水蓄能电站枢纽包括上水库、下水库、输水系统、地下厂房洞室群和开关站等部分。该电站平面布置图如图 7-14 所示，其上、下库布置纵剖面图如图 7-15 所示。

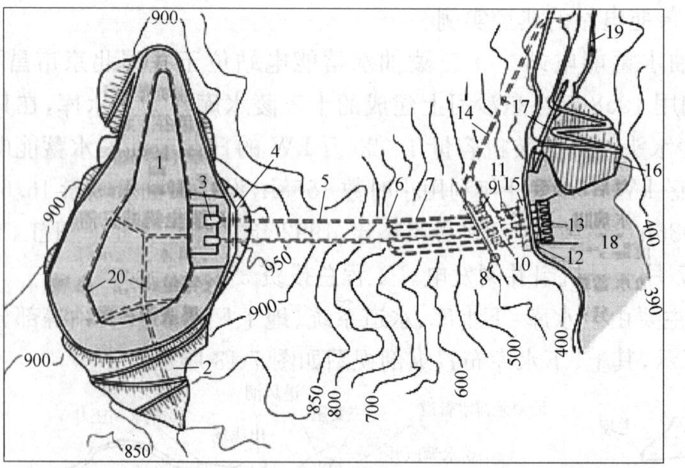

图 7-14 天荒坪抽水蓄能电站平面布置图(单位:m)

1—上水库 2—上水库主坝 3—上水库进、出水口 4—闸门井 5—斜井式高压隧洞 6—岔管 7—高压钢管 8—主厂房 9—母线道 10—主变洞 11—尾水闸门洞 12—尾水隧洞 13—下水库进、出水口 14—进厂交通洞 15—500kV 开关站 16—下水库坝 17—溢洪道 18—下水库 19—大溪 20—库底排水观测廊道

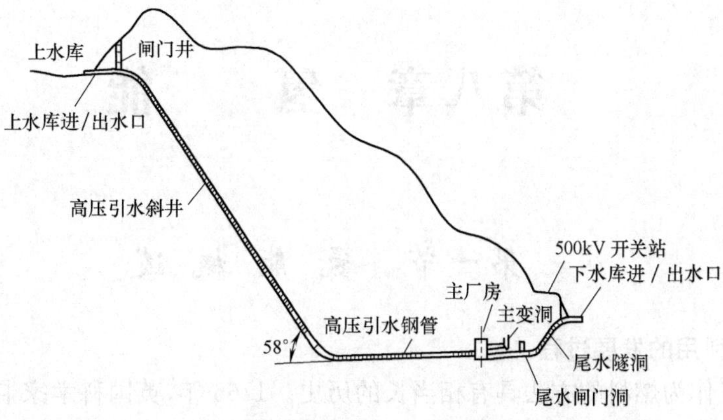

图 7-15 天荒坪抽水蓄能电站上下库布置纵剖面图

思考题与习题

7-1 简述水电能源的特点及性质。

7-2 表示水能大小(或水力发电)的要素是什么?

7-3 水能有哪些利用途径?

7-4 简要说明我国水能资源分布状况及特点。

7-5 什么是小水电技术? 有何特点?

7-6 简述小水电站的工作原理和类型。并说明其结构特点。

7-7 简述抽水蓄能发电技术的工作原理。

7-8 抽水蓄能电站有哪几种类型? 并说明其特点。

第八章 氢 能

第一节 氢能概述

一、氢能利用的发展过程

利用氢气作为燃料的方法具有相当长的历史。1766 年，英国科学家卡文迪什从金属与酸的作用所得气体中发现氢，以希腊语“水的形成者”命名。由于氢气比空气轻，而用作氢气球升空。1818 年，英国利用电流分解水产生了氢气。1839 年，威廉·格罗夫首次提出燃料电池。直到 20 世纪初期，关于氢气的进一步科学研究才开始。

对氢燃料的现代研究始于 20 世纪 20 年代的德国和英国。1928 年，德国的氢技术先驱鲁道夫·杰仁获得了他的第一个氢气发动机专利。20 世纪 30 年代末期，德国设计了以氢气为动力的火车。在第二次世界大战期间，德国就用氢作为 V-2 火箭发动机的液体推进剂。

氢作为“能量载体”或者“能量媒介”的想法源于 20 世纪 50 年代核能的发展。意大利Ispra的EURATOM 研究中心的西塞·马凯蒂是著名的氢能量载体的提倡者，他提出，原子核反应器的能量输出既可以以电能的形式传递，也可以以氢燃料的形式传递。他指出，氢气形式的能量可以比电能更稳定地储存。而且事实证明，氢气的输送成本(传递单位热能)比电力更低。

1960 年，液氢首次用作航天动力燃料，目前，氢已经成了火箭领域的常用燃料。现在科学家正在研究一种固态氢的宇宙飞船，这种固态氢既作为飞船的结构材料，又作为飞船的动力燃料，从而可以减轻燃料自重，增加有效载荷。

1970 年，通用汽车公司的技术中心提出“氢经济”的概念。

2003 年 11 月 19～21 日，在美国首都华盛顿欧米尼·西海姆大酒店举行“氢能经济国际合作伙伴(IPHE)”会议。共有 15 个国家和欧盟的政府代表团及工商业界代表数百人出席会议。中国是首批成员国之一。IPHE 提供了一种机制，以进行组织、评估和协调多国研究开发和应用的氢能项目，以促进全球氢能经济时代的发展，伙伴计划借助有限的资源，并利用世界上最好的技术和人才，共同解决各种问题，开发互通技术标准。

在超声速飞机和远程洲际客机上以氢为动力燃料的研究已经进行多年，目前已进入样机和试飞阶段。在交通运输方面，美国、法国、德国、日本等汽车大国早已推出以氢作为燃料的示范汽车，并进行了几十万千米的道路运行试验。

二、相关术语

1. 氢能

氢能是指通过氢气和氧气反应所产生的能量。氢能是氢的化学能，氢在地球上主要以化合态的形式出现，是宇宙中分布最广泛的物质，它构成了宇宙质量的 75%。由于氢气必须从水、化石燃料等含氢物质中制得，因此是二次能源。氢能具有以下主要优点：燃烧热值高，每千克氢燃烧后的热量，约为汽油的 3 倍，酒精的 3.9 倍，焦炭的 4.5 倍；燃烧的产物是水，是世界上最干净的能源；资源丰富，氢气可以由水制取，而水是地球上最为丰富的资源。

2. 氢的能源特征

纯净的氢气能在空气里安静地燃烧，产生几乎无色的火焰，如氢气不纯混有空气时，在快速反应放出热量的同时，会发生爆炸；氢气也能在氯气里燃烧，发出苍白色火焰，同时产生大量热，但氯与氢的混合气被日照会产生爆炸危险；氢与氧的混合气体的燃烧速度比碳氢化合物快；常温常压下，氢气在空气中的爆炸范围为4.1%～74.2%(体积分数)，在氧气中为4.65%～93.9%。

3. 氢的可再生性

氢由化学反应产生电能(或热能)并生成水，而水又可由电解转化为氢和氧，如此循环，永无止境。

4. 氢经济

氢经济是指以氢为能源而驱动的经济，为美国通用汽车公司于1970年发生第一次能源危机时所创，表现为氢能的利用渗透到经济生活的方方面面，是一个以氢为基础的能源体系，在该体系中包括氢的生产、存储、运输、转化应用等一系列环节。

三、氢能的特点及性质

1. 氢能的特点

与常见的化石燃料煤、石油和天然气相比，氢气不仅像上述化石燃料一样可以作为燃料，而且可以作为能源的载体，在能量的转换、储存、运输和利用过程中发挥独特的作用。氢气作为能源具有环境友好性、作为能源的载体、可实现能源的可持续发展的优点。

氢能作为理想能源有如下优点：

(1)氢的资源丰富　在地球上的氢主要以混合物的形式存在，如水、甲烷、氨、烃类等。而水是地球的主要资源，地球表面70%以上被水覆盖；即使在陆地，也有丰富的地表水和地下水。

(2)氢的来源多样性　氢可以由各种一次能源(如天然气、煤和煤层气等化石燃料)制备；也可以由可再生能源，如太阳能、风能、生物质能、海洋能、地热能或二次能源(如电力)等获得。地球各处都有可再生能源，而不像化石燃料有很强的地域性。

(3)氢能是最环保的能源　利用低温燃料电池，由化学反应将氢气转化为电能和水，不排放CO_2和NO。使用氢气为燃料的内燃机，也可以显著减少污染排放。

(4)氢气具有可存储性　与电能和蒸汽相比，氢气可以大规模存储。可再生能源具有时空不稳定性，可以将再生能源制成氢气存储起来。

(5)氢的可再生性　氢气进行化学反应产生电能(或热能)并生成水，而水又可以进行电解转化成氢气和氧气。

(6)氢气是和平能源　氢气既可再生又来源广泛，在每个国家都有丰富的资源，不像化石燃料那样分布不均，不会因资源分布的不合理而引起能源的争夺或引发战争。

(7)氢气是安全的能源　氢气不会产生温室气体，也不具有放射性和毒性。氢气在空气中的扩散能力很强，在燃烧或泄漏时就可以很快地垂直上升到空气中并扩散，不会引起长期的未知范围的后继伤害。

由于氢气的上述特点，使氢气可以无限期地同时满足资源、环境和可持续发展的要求，成为人类永恒的能源。

当然，氢气作为能源也有不足之处：一是成本高；二是易燃易爆。

2. 氢气的性质

氢位于元素周期表中诸元素的第一位，原子序数为1，相对原子质量为1.008，相对分子质量为 2.016。氢气是原子质量最轻的气体，在通常情况下，氢气是无色无味的气体，可以以气、液、固三种状态存在。氢极难溶于水，也很难液化。它的物理特性是：无毒，无刺激性，无气味，无腐蚀性，无辐射性，不致癌，易挥发，易燃易爆，会引起一些金属发生氢脆。

氢气的燃点温度为 574℃，但实际上氢气在空气和氧气中都很容易点燃，因为氢气在空气中的最小着火能量为 9×10^{-5}J，在氧气中的最小着火能量为 7×10^{-6}J，所以氢气具有易燃性。氢气在空气中的着火能量随氢气含量的变化而变化，氢气在空气中的体积分数为 28%时，其着火能量最小。随着氢气含量的下降或增加，着火能量上升很快。当氢气的体积分数减少到 10%以下时，其着火能量增加一个数量级；当氢气的体积分数增加到 58%时，其着火能量也增加一个数量级。所以，氢气在空气中最容易着火的体积分数为25%～32%。

由于 H—H 键键能大，在常温下，氢气比较稳定。除氢气与氯气在光照条件下化合，以及氢与氟在冷暗处化合之外，其余反应均在较高温度下才能进行。在较高的温度下，特别是存在催化剂时，氢气很活泼，能燃烧，并能与许多金属、非金属发生反应，其化合价为 1。氢的化学性质表现为：

(1)氢气与金属的反应　氢原子核外只有一个电子，它与活泼金属如钠、锂、钙、镁、钡作用而生成氢化物，可获得一个电子，呈－1 价。它与金属钠、钙的反应为

$$H_2 + 2Na \rightarrow 2NaH$$

$$H_2 + Ca \rightarrow CaH_2$$

在高温下，氢可将许多金属氧化物置换出来，使金属还原，如氢气与氧化铜、氧化铁的反应式为

$$H_2 + CuO \rightarrow Cu + H_2O$$

$$4H_2 + Fe_3O_4 \rightarrow 3Fe + 4H_2O$$

(2)氢气与非金属的反应　氢气可与很多非金属如氧、氯、硫等反应，均失去一个电子，呈＋1 价，反应式为

$$H_2 + F_2 \rightarrow 2HF \quad \text{(爆炸性化合)}$$

$$H_2 + Cl_2 \rightarrow 2HCl \quad \text{(爆炸性化合)}$$

$$H_2 + I_2 \rightarrow 2HI \quad \text{(可逆反应)}$$

$$H_2 + S \rightarrow H_2S$$

$$2H_2 + O_2 \rightarrow 2H_2O$$

在高温时，氢可将氯化物中的氯置换出来，使金属和非金属还原，其反应式为

$$SiCl_4 + 2H_2 \rightarrow Si + 4HCl$$

$$SiHCl_3 + H_2 \rightarrow Si + 3HCl$$

$$TiCl_4 + 2H_2 \rightarrow Ti + 4HCl$$

(3)氢气的加成反应　在高温和催化剂存在的条件下，氢气可对碳碳双键和碳氧双键起加成反应，可将不饱和有机物（结构含有 $-\overset{|}{C}=\overset{|}{C}-$ 或 $-C\equiv C-$ 等）变为饱和化合物，将醛、酮（结构中含有 $-\overset{|}{C}=O$ 基）还原为醇。如一氧化碳与氢气在高压、高温和催化剂存在的条件下可生成甲醇，其反应式为

$$2H_2 + CO \rightarrow CH_3OH$$

(4)氢原子与某些物质的反应　在加热时，通过电弧和低压放电，可使部分氢气分子离解

为氢原子。氢原子非常活泼，但存在时间仅为 0.5s，氢原子重新结合为氢分子时要释放出高的能量，使反应系统达到非常高的温度。工业上常利用氢原子结合所产生的高温，在还原气氛中焊接高熔点金属，其温度可高达 3500℃。锗、锑、锡不能与氢气化合，但它们可以与氢原子反应生成氢化物，如氢原子与砷的化学反应式为

$$3H + As \rightarrow AsH_3$$

氢原子可将某些金属氧化物、氯化物还原成金属，氢原子也可还原含氧酸盐，其反应式为

$$2H + CuCl_2 \rightarrow Cu + 2HCl$$

$$8H + BaSO_4 \rightarrow BaS + 4H_2O$$

(5)毒性及腐蚀性　氢无毒、无腐蚀性，但对氯丁橡胶、氟橡胶、聚四氟乙烯、聚氯乙烯等具有较强的渗透性。

氢气和氧气或空气中的氧气在一定的条件下，可以发生剧烈的氧化反应(即燃烧)，并释放出大量的热量，其化学反应式为

$$H_2 + O_2 = H_2O + 40.2kW \cdot h/kg(H_2)$$

氢气在自然界中的含量很大，但很少以纯净的状态存在于自然界，通常以化合物的形式存在于自然界中。纯氢气在自然环境状态下以气态存在，只有经过液化过程高压处理才以液态形式存在。氢原子与其他物质结合在一起形成化合物的种类很多，能作为能源载体的含氢化合物的种类并不是太多。常见的含氢化合物的能量储备见表 8-1，这些化合物都和氢气一样，可以作为能量载体在能量的释放、转换、储存和利用过程中发挥重要的作用。

表 8-1　含氢化合物的能量储备

能量储备	含氢化合物							
	氢气(20MPa)	液氢	MgH_2	$FeTiH_2$	甲烷(液)	甲醇	优质汽油	煤油
含能量/(kW·h/L)	0.49	2.36	3.36	3.18	5.8	4.42	8.97	9.5
含能量/(kW·h/kg)	33.3	33.3	2.33	0.58	13.8	5.6	12.0	11.9

第二节　氢能的制备储运技术

一、氢能的制备技术

传统的制氢技术包括烃类蒸汽重整制氢法、重柴油(或渣油)部分氧化重整制氢法和电解水法。目前，以生物制氢为代表的新制备方法也日益受到各国的关注，预计到 21 世纪中期将会实现工业化生产，利用工农业副产品制氢的技术也在发展。此外，利用其他方式分解水制备氢的技术也受到了广泛的重视，如热化学循环制氢、太阳能、地热能、核能等。图 8-1 所示为上述几种主要制氢方法。

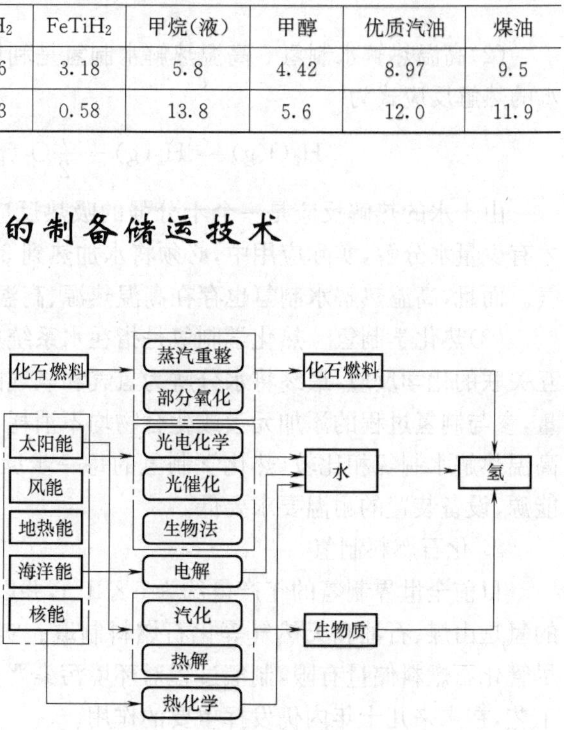

图 8-1　几种典型的制氢方法

1. 用水制氢

(1)电解水制氢　电解水制备氢气是一种传统的、成熟的制氢技术。其生产历史已有近百年。电解水制氢的原理就是利用氢与氧燃烧生成水的逆过程，提供一定形式的能量，使水分解而制取氢气的过程。电解水制氢的原理如图 8-2 所示。

阳极反应：$4e^- + 2H_2O \rightarrow 2H_2 + 4OH^-$

阴极反应：$4OH^- \rightarrow O_2 + 2H_2O + 4e^-$

电解水制氢装置主要由电解槽、氧气分离器、氢气分离器、碱泵、换热器等设备组成，常用的压力型电解水制氢系统流程如图 8-3 所示。

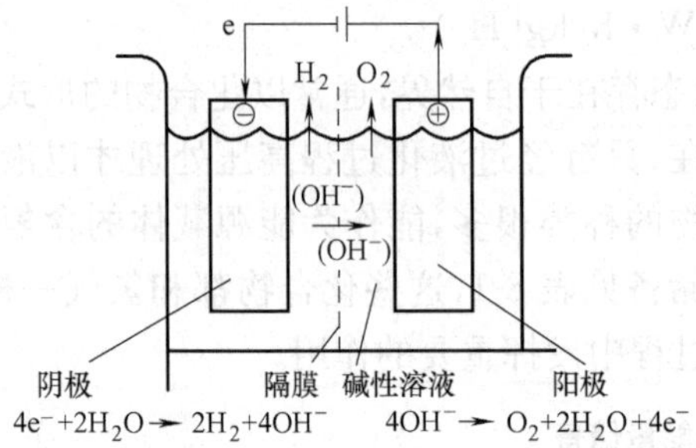

图 8-2　电解水制氢的原理图

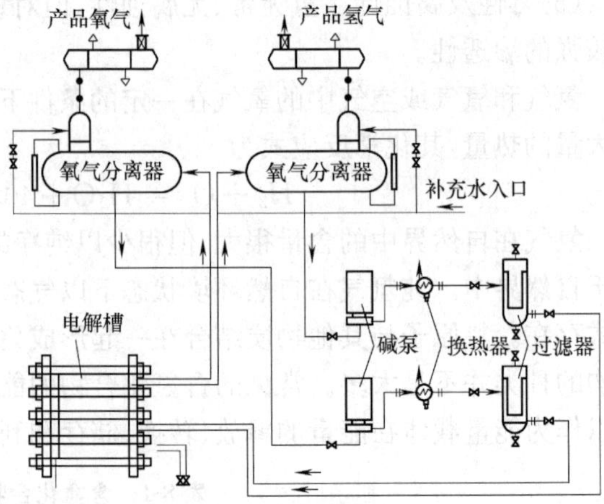

图 8-3　电解水制氢系统流程图

(2)高温热解水制氢　高温热解水制氢是利用水在高温下热解制取氢气的一种方法。其水的热解反应式为

$$H_2O(g) \rightarrow H_2(g) + \frac{1}{2}O_2(g); \Delta H = 241.82\text{kJ/mol}$$

由于水的热解反应是一个十分强的吸热反应，常温下平衡转化率极小，一般在 2500℃时才有少量水分解，实际应用中，必须将水加热到 3000℃以上时，才能制取到满足工业需要的氢气。而且，高温热解水制氢也存在高温热源、高温耐火材料、氢与氧的有效分离等技术难点。

(3)热化学制氢　热化学制氢是指在水系统中，在不同的温度下，经历一系列不同但又相互关联的化学反应，最终将水分解为氢气和氧气的过程。在这个过程中，仅消耗水和一定的热量，参与制氢过程的添加元素或化合物均不消耗，整个反应过程构成一个封闭的循环系统。与高温热解水制氢相比较，热化学制氢的每一步反应温度均在 800～1000℃以下，相对而言，对能源、设备装置的耐温要求要低。

2. 化石燃料制氢

目前全世界制氢的年产量约为 5×10^7 t，并以每年 6%～7%的速度递增，其中大约有 96%的氢是由煤、石油和天然气等化石燃料制取。实际上在我国通过化石燃料制氢的比例更高。尽管化石燃料储量有限，制氢过程对环境污染严重，但其技术及工艺成熟，而且作为一种过渡工艺，在未来几十年内仍发挥重要的作用。

(1)煤制氢　以煤为燃料制氢的方法主要有两种：一是煤的焦化(或称高温干馏)，二是煤的气化。煤的焦化是指煤在隔绝空气条件下，在900～1000℃制取焦炭，副产品为焦炉煤气，焦炉煤气组成中氢占55%～60%。煤的气化是指煤在高温常压下或加压下，与气化剂反应转化成含氢的气体产物。煤制氢技术主要以煤气化制氢为主，此技术发展已经有200年的历史，在我国也有近百年的历史，可分为直接制氢和间接制氢。煤的直接制氢包括煤的干馏和煤的气化。煤的间接制氢过程是指将煤首先转化为甲醇，再由甲醇重整制氢。

(2)天然气制氢　天然气制氢主要有天然气部分氧化重整制氢、天然气催化热裂制氢及天然气水蒸气重整制氢等。

1）天然气部分氧化重整制氢。天然气与氧进行部分氧化反应时随混合气中氧含量不同和反应条件不同，反应生成物的组成也不同。当氧含量(体积分数)不超过10%～12%，在5～30MPa下主要生成甲醇、甲醛和甲酸；当氧含量为35%～35%时，在1300℃温度下，反应区气体很快冷却则可得到乙炔；再增加氧含量时，则反应产物主要是一氧化碳和氢气；当用大量过量氧进行反应时，得到的产物仅为二氧化碳和水蒸气。因此，在利用天然气部分氧化重整制氢时应注意氧气含量。

天然气部分氧化制氢的主要反应为

$$CH_4 + \frac{1}{2}O_2 \rightarrow CO + 2H_2 + 35.5kJ$$

在天然气部分氧化过程中，为了防止析碳，常在反应体系中加入一定量的水蒸气，这是因为反应除上述主反应外，还有以下反应，即

$$CH_4 + H_2O \rightarrow CO + 3H_2 + 206kJ$$

$$CH_4 + CO_2 \rightarrow 2CO + 2H_2 - 247kJ$$

$$CO + H_2O \rightarrow CO_2 + H_2 + 41kJ$$

天然气部分氧化重整是合成气制氢的重要方法之一，与天然气水蒸气重整制氢方法相比，变强吸热为温和放热，具有低能耗的优点，还可以采用廉价的耐火材料堆砌反应器，可显著降低初投资。但该工艺具有反应条件苛刻和不易控制的缺点，另外需要大量纯氧，需要增加昂贵的空分装置，增加了制氢成本。同时，氧化反应需要在高温下进行，有一定的爆炸危险，不适合在低温燃料电池中使用。

2）天然气催化热裂解制氢。热裂解是一种以气态烃为原料让燃烧和裂解分别进行的一种间歇式的方法。将天然气和空气按理论完全燃烧比例混合，同时送入炉内燃烧，使温度逐渐上升到1300℃时停止供给空气，只供给天然气，使之在高温下进行热解，生成氢气和炭黑。其反应式为

$$CH_4 \rightarrow 2H_2 + C$$

由于天然气裂解吸收热量使炉温降至1000～1200℃时，再通入空气使原料气完全燃烧升高温度后，再次停止供给空气进行氢气和炭黑生产，如此往复间歇进行。该方法的特点是处于常压下使反应在内衬耐火砖的炉子中进行，技术较简单，经济上较为合适。

(3)液体化石燃料制氢　石油是重要的液体化石燃料，用来制取氢的主要液体化石燃料有甲醇、乙醇、轻质油和重油等。常用的制氢工艺方法有甲醇裂解—变压吸附制氢、甲醇重整制氢、轻质油水蒸气转化制氢、重油部分氧化制氢等。

1）甲醇裂解—变压吸附制氢。甲醇与水蒸气在一定的温度、压力和催化剂存在的条件下，同时发生催化裂解反应与一氧化碳变换反应，生成氢气、二氧化碳及少量的一氧化碳，同时

由于副反应的作用会产生少量的甲烷、二甲醚等副产物。甲醇加水裂解反应是一个多组分、多反应的气固催化复杂反应系统。

2）甲醇重整制氢。甲醇在空气、水和催化剂存在的条件下，温度处于250～330℃时进行自热重整，甲醇水蒸气重整理论上能够获得的氢气的体积分数为75%。甲醇重整的典型催化剂是$Cu/ZnO/Al_2O_3$，这类催化剂也在不断更新使其活性更高。这类催化剂的缺点是其活性对氧化环境比较敏感，在实际运行中很难保证催化剂的活性，使该工艺受到商业化推广应用的限制，寻找可替代催化剂的研究正在进行。

3）轻质油水蒸气转化制氢。轻质油水蒸气转化制氢是在催化剂存在的情况下，温度达到800～820℃时进行如下主要反应，即

$$C_nH_{2n+2} + nH_2O \rightarrow nCO + (2n+1)H_2$$

$$CO + H_2O \rightarrow CO_2 + H_2$$

用该工艺制氢的体积分数可达74%。生产成本主要取决于轻质油的价格。我国轻质油价格高，该工艺的应用在我国受到制氢成本高的限制。

4）重油部分氧化制氢。重油包括常压渣油、减压渣油及石油深度加工后的燃料油。部分重油燃烧提供氧化反应所需的热量并保持反应系统维持在一定的温度，重油部分氧化制氢在一定的压力下进行，可以采用催化剂，也可以不采用催化剂，这取决于所选的原料与工艺。催化部分氧化通常是以甲烷和石油脑为主的低碳烃为原料，而非催化部分氧化则以重油为原料，反应温度在1150～1315℃。

3. 生物质制氢

生物质是指由植物或动物生命体而衍生得到的物质的总称，主要由有机物组成。生物质能的研究开发主要集中在生物质的气化、液化、热解、固化和直接燃烧等。但利用生物质制氢的技术主要有微生物转化、热化工转化和直接燃烧三类。微生物转化主要是产生液体燃料，如甲醇、乙醇和氢气；热化工转化是在高温下通过化学方法将生物质转化为气体或液体，主要为生物质裂解液化和生物质气化，产生含氢气的气体燃料或液体燃料。图8-4所示为生物质制氢的主要方法。生物质制氢技术具有清洁、节能和不消耗矿物质资源等突出优点。作为一种可再生资源，生物质又能进行自我复制、繁殖，还可以通过光合作用进行物质和能量的转换，这种转换系统可在常温、常压下通过酶的催化作用而获得氢气。从能源的长远战略角度看，以水为原料，利用太阳光的能量制取氢气是获取一次能源的最理想的方法之一。

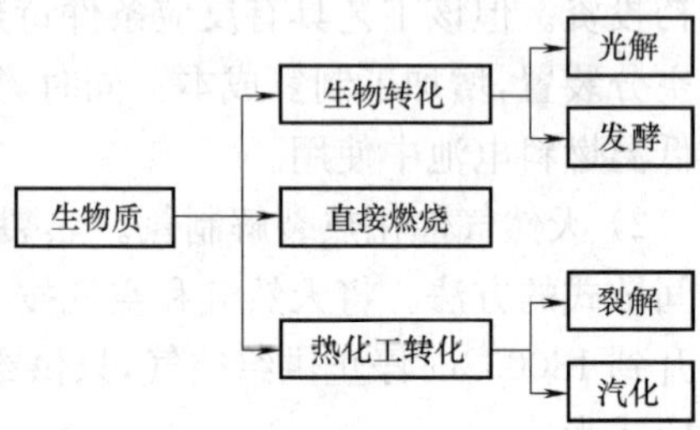

图8-4 生物质制氢的主要方法

二、氢能的储运技术

氢能的利用涉及氢的生产、储存及运输等各个环节，由于氢的物理及化学性质，要求系统的各个环节必须安全，同时也要求容量大、成本低、使用方便。

1. 氢的储存

氢的储存问题涉及氢的生产、运输、最终应用等所有环节。氢能的终端用户之间具有很大的差别。氢能终端用户可分为两类：一类是民用和工业用气源，需要特大的储存容量，达几十万立方米；另一类是交通工具的气源，要求较大的储氢密度，达到相对质量密度65%，密度

62kg/m³。目前，氢的储存主要有三种方法，即高压气态储存、低温液态储存和储氢材料储存。

(1)高压气态储存　氢气可以像天然气一样用低压储存，使用巨大的水密封储罐。该方法适合于大规模储存气体时使用。但由于氢气的密度太低，实际应用很少。

高压气态储氢是最普通和最直接的储氢方法，通过减压阀的调节就可以直接将氢气释放出。但高压气态储氢的缺点是能耗高，需要消耗别的能源形式来压缩氢气。

(2)低温液态储存　通过高压氢气绝热膨胀而使氢气液化，从而达到液态储存。因氢气的沸点为20.38K，汽化热仅为0.91kJ/mol，且液氢与环境之间存在很大的传热温差，很容易导致液氢汽化，即使储存液氢的容器采用真空绝热措施，仍然使液氢难以长时间储存。

(3)储氢材料储存　这是根据氢的化学性质，利用一种金属或非金属与氢反应生成金属氢化物(非金属含氢化合物)而将氢储存和固定的技术。储氢材料储存主要包括金属氢化物储氢和非金属氢化物储氢。该方法主要用于交通工具的气源，其储氢性能还无法完全满足交通工具对气源的要求，新型储氢合金等储氢材料正在进行研究，有望在近几年内达到商业化应用技术水平。

(4)活性炭吸附储氢技术　活性炭吸附储氢技术是氢气在碳基材料上的物理吸附，是基于作用力弱的范德华力作用，没有连接原子的化学键打开与生成过程，吸放氢条件温和，吸附热效应较小。炭的比表面积和微孔体积是决定氢气吸附性能最主要的两个因素：前者决定单位体积的吸附材料的氢气储量，后者决定储气罐中的吸附剂的填充密度。单位体积的吸附剂的吸附量和填充密度是衡量吸附剂吸附特性的最基本的指标，从宏观参数来看，两者是矛盾的，在向储罐装填吸附材料时，要将两者统筹考虑，既要保证吸附量足够高，又要设法使填充密度足够大。从微观结构上来看，决定吸附性能的优劣的最根本的因素还在于吸附剂孔径分布情况，尤其是微孔的孔径和孔容，这是炭储氢材料的最核心的性能。因此，在高比表面积的超级活性炭上吸附储氢，具有吸放氢条件温和、储氢容量较大、成本低的特性。

2. 氢的运输

氢的运输与氢的储存方式密切相关，存在着多种运输方式。氢的运输可以是气态、液态和氢化物的形式，无论哪种状态都可以使用管道和车辆进行运输。

按照运输时氢气所处的状态不同，可以分为气氢输送、液氢输送和固氢输送，目前大规模使用的是气氢输送和液氢输送。根据氢气的输送距离、用氢要求和用户的分布情况，气氢可以用管网输送，也可以用储氢容器装在车、船等运输工具上进行输送。管网输送一般适用于用量大的场合，而车、船运输则适合于用户数量比较分散的场合。液氢一般利用储氢容器用车、船进行输送。

第三节　氢能利用技术

一、氢能的主要应用

氢能在化工、航空航天、交通运输、供热、供电等方面有着广泛的应用空间。总体而言，氢主要有两种转化应用的方式，即可以以燃烧的形式在发动机中使用，也可以以化学作用的形式在燃料电池中使用。表8-2列出了一些氢的转化与应用情况。

表 8-2 氢的转化与应用

方式	转化技术	应用
燃烧	气体涡轮机	分布式电站，组合式取暖和电力，中央电站
	往复式发动机	车辆，分布式电站，组合式取暖和电力，便携式电源
燃料电池	质子交换膜	车辆，分布式电站，组合式取暖和电力，便携式电源
	碱性电解质	车辆，分布式电站
	磷酸	分布式电站，组合式取暖和电力
	熔融碳酸盐	分布式电站，组合式取暖和电力
	固体氧化物	货车，分布式电站，组合式取暖和电力

二、氢燃料电池发电技术

燃料电池是一种直接将储存在燃料和氧化剂中的化学能高效地转化为电能的发电装置。其反应过程不涉及燃料燃烧，而且其具有燃料多样化、排气干净、噪声小、环境污染低、可靠性高及维修方便等优点。

1. 燃料电池的基本原理

燃料电池是一种把储存在燃料和氧化剂中的化学能，等温地按电化学原理转化为电能的能量转换装置。燃料电池是由含催化剂的阳极、阴极和离子导电的电解质构成。燃料在阳极氧化，氧化剂在阴极还原，电子从阳极通过负载流向阴极构成电回路，产生电能而驱动负载工作。燃料电池与常规电池的不同在于，它工作时需要连续不断地向电池内输入燃料和氧化剂，通过电化学反应生成水并释放出电能；只要保持燃料供应，电池就会不断工作并提供电能。

燃料电池是靠氢氧结合成水的反应来发电的，因而不会产生氮氧化物（NO_x）和碳氢化合物（HC）等易对空气造成污染的物质。

对于一个氧化还原反应，如

$$[O]+[R]\rightarrow P$$

式中，[O]为氧化剂；[R]为还原剂；P 为反应的生成物。

上述反应可分为两个反应，一个为氧化剂[O]的还原反应，一个为还原剂[R]的氧化反应。用 e^- 代表电子，则有

$$[R]\rightarrow[R]^++e^-$$

$$[R]^++[O]+e^-\rightarrow P$$

上两式合并为

$$[R]+[O]\rightarrow P$$

以氢氧反应为例，上述反应相应表示为

$$H_2\rightarrow 2H^++2e^-$$

$$\frac{1}{2}O_2+2H^++e^-\rightarrow H_2O$$

以上两式合并为

$$H_2+\frac{1}{2}O_2\rightarrow H_2O$$

一节燃料电池由阳极、阴极和电解质隔膜组成，燃料在阳极氧化，氧化剂在阴极还原，从而

完成还原反应和氧化反应，构成一节燃料电池。燃料电池输出的电压等于阴极与阳极之间的电位差。在电池输出电流的开路状态下，电池的电压为开路电压 E_0。当电池对外输出电流做功时，输出的电压由 E_0 降到 E，这种电压降低的现象称为极化。电池输出电流时阳极电位电能损失称为阳极极化，阴极电位电能损失称为阴极极化。一个电池总的损失是阳极极化、阴极极化和内阻电位降三者的总和。从极化的原因来分析，极化由活化极化（由化学反应速度限制引起的电位损失）、浓差极化（由反应物传质限制引起的电位损失）和电阻极化（由电池组件，主要是电解质隔膜的电阻引起的电阻电位损失）所组成。电池中的各种极化如图 8-5 所示。

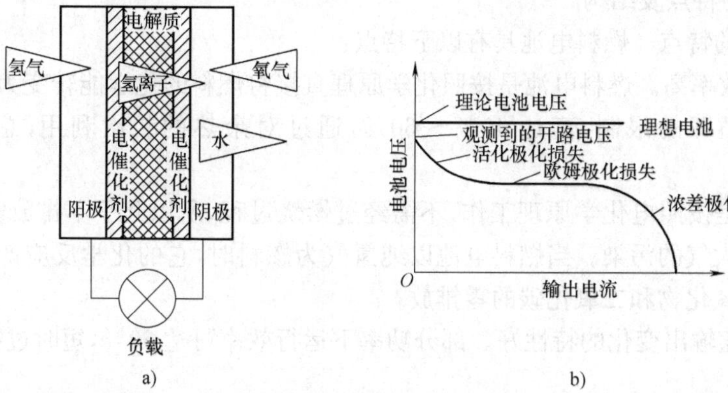

图 8-5 电池中的极化

a)燃料电池工作原理 b)电池的极化

燃料电池与常规电池不同，它的燃料和氧化剂不是存储在电池内，而是储存在电池外的容器内。当燃料电池工作时，燃料和氧化剂不断输给燃料电池，并由燃料电池排出反应产物。燃料电池使用的燃料和氧化剂为液体或气体，最常用的燃料是纯氢、各种富含氢气的气体和某些如甲醇水溶液的液体。常用的氧化剂为纯氧、净化空气等气体或某些如过氧化氢和硝酸水溶液的液体。按照电化学热力学计算的几种燃料和氧化剂所构成的燃料电池的理论电位见表 8-3。

表 8-3 几种燃料电池的理论电位

燃料/氧化剂	H_2/O_2	NH_3/O_2	N_2H_2/O_2	CH_3OH/O_2
理论电位/V	1.229	1.170	1.560	1.222

燃料电池效率是指燃料电池中转换为电能的那部分能量占燃料中所含能量的比值，是衡量燃料电池性能的重要指标。不同种类的燃料电池的效率是不一样的。氢氧燃料电池的理论能量转换效率可由氢气、氧气和水的热力学数据得出，其有关热力学数据见表 8-4。

表 8-4 氢气、氧气和水的热力学数据（$p=101325Pa, t=25℃$）

项目	ΔH/(kJ/mol)	ΔG/(kJ/mol)	S/(kJ/mol)
$H_2(g)$	0	0	130.59
$O_2(g)$	0	0	205.30
$H_2O(l)$	−285.84	−237.19	69.94

由表 8-4 中的数据可以计算出氢氧燃料电池的能量转换效率 η 为

$$\eta=\frac{\Delta G_{\mathrm{m}}^{0}}{\Delta H_{\mathrm{m}}^{0}}=\frac{-237.19}{-285.84}\times 100\%=83\%$$

式中，$\Delta H_{\mathrm{m}}^{0}$ 为标准生成焓(kJ/mol)；$\Delta G_{\mathrm{m}}^{0}$为标准生成吉布斯自由能(kJ/mol)。

即氢氧燃料电池的最大效率为 83%。实际上由于电池内阻的存在和电极工作时极化现象的产生，燃料电池的实际效率为 50%～70%，比内燃机的实际效率 30%要高出很多。

当燃料电池的反应物和生产物不同时，其最大效率也不同。

2. 燃料电池的特点及结构

(1)燃料电池的特点　燃料电池具有以下特点：

1) 能量转化效率高。燃料电池是按照化学原理直接将燃料的化学能转变为电能，能量转换效率不受卡诺循环的限制，高达 40%～60%，通过对余热的二次利用，总效率可高达 80%～85%。

2) 燃料电池是按照电化学原理工作，不需经过燃烧过程，所以几乎不排放氮氧化物和硫氧化物，减轻了对大气的污染。当燃料电池以纯氢气为燃料时，它的化学反应产物仅为水，实现了氮氧化物、硫氧化物和二氧化碳的零排放。

3) 运行效率随输出变化的特性好。部分功率下运行效率可达 60%，短时过载能力可达到 200%的额定功率。

4) 运行噪声低，可靠性高。无机械运动部件，工作时仅有气体和水的流动。

5) 构造简单，便于维护保养。模块化结构，组装和维护方便；没有运动部件，磨损之类的故障少。

6) 燃料(氢气)来源广泛。制备方法多样，可通过石油、甲醇等重整制氢，也可通过电解水、生物制氢等方法获取氢气。

7) 燃料补充方便。可以采用甲醇等液体为燃料，利用现有的加油站系统，采用与汽车加油大体相同的燃料补充方式短时间内完成燃料的补充。

8) 环境适应性强。燃料电池的功率密度高、过载能力大、可不依赖空气，因此可两栖使用，适应多种环境及气候条件。

9) 燃料电池所能够产生的电能只和燃料的供应有关，只要供给燃料就可以产生电能，其放电是连续进行的。

10) 燃料电池本体的质量和体积并不大，但需要一套燃料储存装置或燃料转换装置和附属设备才能获得氢气，而这些燃料储存装置或燃料转换装置和附属设备的质量和体积远远超过燃料电池本身。

(2)燃料电池的组成结构　氢氧燃料电池装置从本质上说是电解水的一个“逆”装置。电解水过程中，通过外加电源将水电解，产生氢和氧；而在燃料电池中，则是氢和氧通过电化学反应生成水，并释放出电能。因此，燃料电池的基本结构与电解水装置是相类似的，它主要由电极(阴极、阳极)、隔膜、集流板、电解质及外部电路等构成。燃料的氧化反应和氧化剂的还原反应是在电极上发生的。电极厚度一般为 0.2～0.5mm。电极通常分为两层，一层为扩散层，另一层为催化剂层。扩散层由导电多孔材料制成，起到支撑催化剂层、收集电流与传递气体和反应产物的作用。催化剂层由催化剂和防水剂(如聚四氟乙烯)制成，其厚度仅为几微米至几十微米。影响电极性能的关键因素是电催化剂的性能、电极材料和电极的制备技术。隔膜的功能是分隔氧化剂与还原剂并起离子传导的作用。为了减少电阻，隔膜的厚度一般为零点几毫米。燃料电池中采用的隔膜分为两类：一类为绝缘材料制备的多孔膜，如石棉膜、碳化膜和偏铝酸锂膜等；另一类为离子交换膜，如质子交换膜电池中采用全氟磺酸树脂膜，在固体氧化物燃料电池中采用氧化铝膜。决定隔膜性能的主要因素是隔膜材料和隔膜制备技术。集流板也称双极板，它起着收集电流、分隔氧化剂与还原剂的作用，并将反应物均匀分配到电极各处，再传送到电极催化层进行电化学反应。集流板的关键技术是材料的选择、流体流场的设计和集流板的加工。

3. 燃料电池的种类

燃料电池有多种分类方法，按燃料的类型可分为直接型、间接型、再生型三类，其中直接型和再生型燃料电池类似于一般的一次电池和二次电池。直接型燃料电池根据工作温度又可分为三类：低温燃料电池，其工作温度低于 100℃，包括碱性燃料电池和质子交换膜燃料电池；中温燃料电池，其工作温度为 100～300℃，如磷酸型燃料电池；高温燃料电池，其工作温度为 600～1000℃，包括熔融碳酸盐燃料电池和固体氧化物燃料电池。最常用的分类方法是按照所用的电解质进行分类，可分为五类：碱性燃料电池(AFC)，一般以氢氧化钾为电解质；磷酸型燃料电池(PAFC)，以浓磷酸为电解质；质子交换膜燃料电池(PEMFC)，以全氟或部分氟化的磺酸型质子交换膜为电解质；熔融碳酸盐型燃料电池(MCFC)，以熔融的锂-钾碳酸盐或锂-钠碳酸盐为电解质；固体氧化物型燃料电池(SOFC)，以固体氧化物为氧离子导体，如以稳定的氧化锆膜为电解质。各种燃料电池的分类和技术性能见表 8-5。

表 8-5 燃料电池的分类和技术性能

类型		磷酸型燃料电池(PAFC)	熔融碳酸盐型燃料电池(MCFC)	固体氧化物型燃料电池(SOFC)	质子交换膜燃料电池(PEMFC)
燃料		煤气、天然气、甲醇等	煤气、天然气、甲醇等	煤气、天然气、甲醇等	纯 H_2、天然气
电解质		磷酸水溶液	$(Li\text{-}K)CO_3$溶盐	ZrO_2-Y_2O_3(简称 YSZ)	离子(钠离子)
电极	阳极	多孔质石墨(Pt 催化剂)	多孔质镍(不加 Pt 催化剂)	Ni-ZrO_2金属陶瓷(不加 Pt 催化剂)	多孔质石墨或 Ni(Pt 催化剂)
	阴极	含 Pt 催化剂＋多孔质石墨＋Tefion(特氟龙高性能特种树脂)	多孔 NiO(掺锂)	$La_xSr_{1}\text{-}xMn(Co)O_3$	多孔质石墨或 Ni(Pt 催化剂)
工作温度		～200℃	～650℃	800～1000℃	～100℃

(1)碱性燃料电池　碱性燃料电池不仅具有很高的能量转化效率(≥60%)，而且还具有高比功率和高比能量的优点。碱性燃料电池原理示意图如图 8-6 所示。

碱性燃料电池以氢氧化钾或氢氧化钠为电解质，导电离子为OH^-。燃料(如氢)在阳极发生氧化反应为

$$H_2 + 2OH^- \rightarrow 2H_2O + 2e^- \qquad \text{标准电极电位：}-0.828V$$

氧化剂(如氧)在阴极发生还原反应为

$$\frac{1}{2}O_2 + H_2O + 2e^- \rightarrow 2OH^- \qquad \text{标准电极电位：}0.401V$$

总反应为

$$\frac{1}{2}O_2 + H_2 \rightarrow H_2O$$

电池理论标准电动势为

$$E = [0.401 - (-0.828)]V = 1.229V$$

碱性燃料电池的优点是：

1)一般碱性燃料电池的输出电压选定在 0.9V 时，其能量转化效率可高达 60%～70%，这是因为在碱性介质中氧的还原反应在相同电催化剂（如铂、铂/碳）上的反应速度比在其他类型电池中高。

2) 碱性燃料电池可用非铂材料如硼化镍作为电催化剂，这不仅降低了电催化剂的成本，而且不受铂资源的制约。

3) 镍在碱性介质和电池的工作温度范围内化学性能稳定，可采用镍板或镀镍金属板作为双极板的装置。

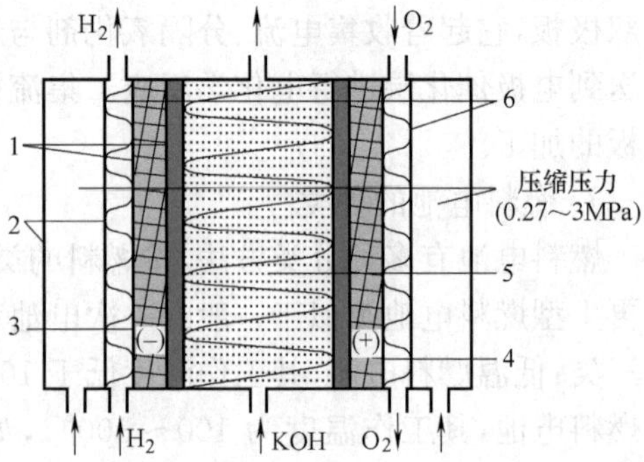

图 8-6 碱性燃料电池原理示意图

1—隔膜 2—连接片 3—阳极
4—阴极 5—电解质 6—支撑网

碱性燃料电池有如下缺点：

1) 采用空气作氧化剂时必须对其净化，除去空气中百万分之几的二氧化碳。

2) 当以各种烃类的重整气作燃料时，也必须去除气体中的二氧化碳。尽管对小功率电池可以采用钯-银分离膜来实现这一处理，但却大大增加了发电系统的造价。

3)碱性电池均采用氢氧化钾作为电解质。电池进行电化学反应所生成的水需及时排出，以维持其水平衡。在这样的条件下，其排水方法及控制均较复杂。

(2)磷酸型燃料电池　磷酸型燃料电池原理图如图 8-7 所示。

磷酸盐型燃料电池是最早的一类燃料电池，工艺流程基本成熟，美国和日本已分别建成 4500kW 及 11000kW 的商用电站。这种燃料电池的操作温度为 200℃，最大电流密度可达到 150mA/cm^2，发电效率约 45%，燃料以氢、甲醇等为宜，氧化剂用空气，但催化剂为铂系列，目前发电成本较高，每 1kW·h 约 40～50 美分。但由于磷酸型燃料电池起动时间需要几个小时，作为备用应急电源或交通工具如电车的动力源，则不如随时可以起动的质子交换膜燃料电池更为便利。又因为它的工作温度仅为 200℃，用于固定电站时余热的利用价值偏低，在能量综合利用方面不如熔融碳酸盐型燃料电池和固体氧化物型燃料电池，所以磷酸型燃料电池近年的研究投入减少，进展缓慢。

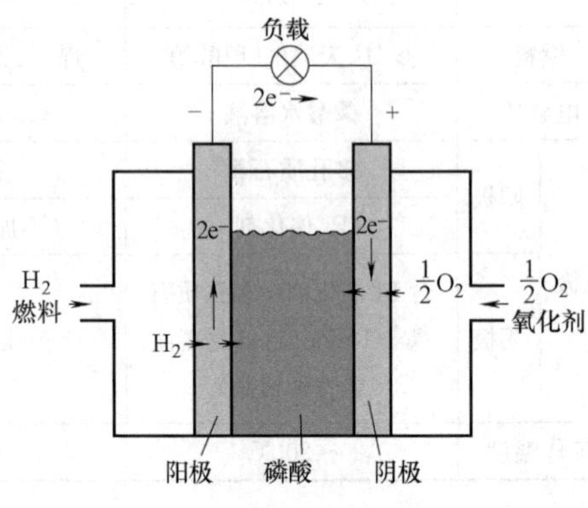

图 8-7 200kW 磷酸型燃料电池原理图

(3)质子交换膜燃料电池　质子交换膜燃料电池以全氟磺酸型固体聚合物为电解质，以铂/碳和铂—钌/碳为电催化剂，以氢气或净化重整气为燃料，以空气或纯氧为氧化剂，以带有气体流动通道的石墨或表面改性的金属板为双极板。质子交换膜燃料电池的工作原理示意图如图 8-8 所示。

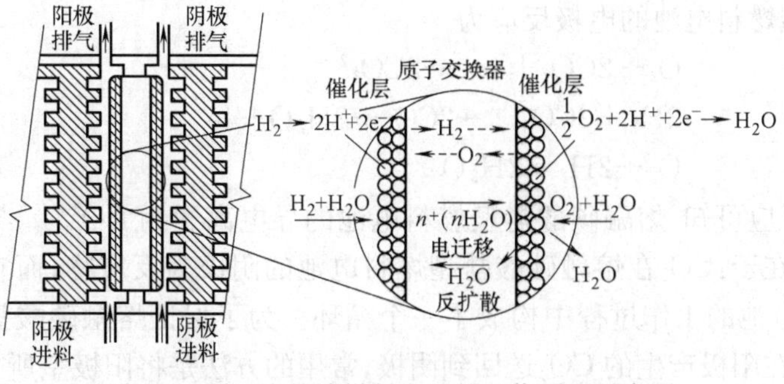

图 8-8 质子交换膜燃料电池的工作原理示意图

可见，构成质子交换膜燃料电池的关键材料和部件是电催化剂、电极（阳极和阴极）、质子交换膜和双极板。

质子交换膜燃料电池中的电极反应类同于其他酸性电解质燃料电池。

阳极催化层中的氢气在催化剂的作用下发生电极反应为

$$H_2 \rightarrow 2H^+ + 2e^-$$

该电极反应产生的电子经外电路到达阴极，氢离子则经电解质到达阴极。氧气与氢离子及电子在阴极发生反应生成水，即

$$\frac{1}{2}O_2 + 2H^+ + 2e^- \rightarrow H_2O$$

生成的水不稀释电解质，而是通过电极随反应尾气排出燃料电池。

质子交换膜燃料电池除具有燃料电池的一般特点外，如不受卡诺循环效率的限制、能量转化效率高等，同时还具有可在室温下起动、无电解液流失、水易排出、寿命长、比功率与比能量高等突出特点。因此，它不仅可用作分散电站，也特别适合用作可移动动力源，是电动车和不依靠空气推进的潜艇的理想动力源，是通用的一种新型可移动动力源，在未来以氢作为主要能量载体的氢能时代，是最理想的家庭动力源。

（4）熔融碳酸盐型燃料电池　熔融碳酸盐型燃料电池一般称为第二代燃料电池，其运行温度为650℃左右，发电效率约55%，日本三菱公司已建成10kW级的发电装置。这种燃料电池的电解质是液态的，由于工作温度高，可以承受一氧化碳的存在，燃料可用氢、一氧化碳、天然气等，氧化剂用空气。发电成本每1kW·h可低于40美分。

熔融碳酸盐型燃料电池的工作原理及结构示意图如图8-9所示。由图可见，构成熔融碳酸盐型燃料电池的关键材料与部件为阳极、阴极、隔膜和穿孔集流板等。

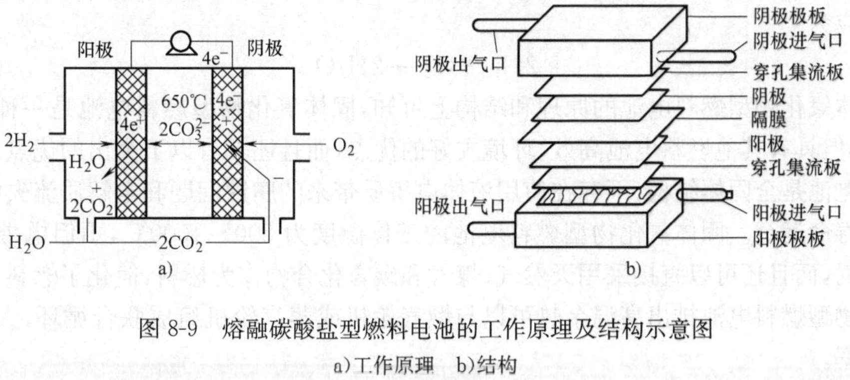

图 8-9 熔融碳酸盐型燃料电池的工作原理及结构示意图

a）工作原理 b）结构

熔融碳酸盐型燃料电池的电极反应为

阴极反应 $O_2+2CO_2+4e^-\rightarrow 2CO_3{}^{2-}$

阳极反应 $2H_2+2CO_3{}^{2-}\rightarrow 2CO_2+2H_2O+4e^-$

总反应 $O_2+2H_2\rightarrow 2H_2O$

由上述电极反应可知，熔融碳酸盐型燃料电池的导电离子为CO^{2-}。与其他类型的燃料电池相比，其区别在于：CO_2在熔融碳酸盐型燃料电池的阴极为反应物，而它在燃料电池的阳极为产物，CO_2在电池的工作过程中构成了一个循环。为了保证熔融碳酸盐型燃料电池稳定地连续工作，要把在阳极产生的CO_2送回到阴极，常用的方法是将阳极室所排出的尾气经燃烧消除其中的CO和H_2并进行分离除水后，再将CO_2送回到阴极。熔融碳酸盐型燃料电池组按照压滤机方式进行组装，在隔膜两侧分置阴极和阳极，再置双极板，周而复始地进行。氧化气体（如空气）和燃料气体（如煤气）进入各级电池的孔道，将气体进行均匀分布。氧化与还原气体在电池内的相互流动方式分为顺流、逆流和错流三种方式，大部分熔融碳酸盐型燃料电池采用错流流动方式。

(5)固体氧化物型燃料电池　固体氧化物型燃料电池是20世纪90年代开始研发的一种新型燃料电池，被认为是第三代燃料电池，其操作温度在1000℃左右，发电效率可超过60%，适于建造大型发电站，美国西屋公司正在进行开发，期望发电成本每1kW・h低于20美分。固体氧化物型燃料电池采用固体氧化物为电解质，这种氧化物在高温下具有传递O^{2-}的能力，在电池中起着传导O^{2-}以及分隔氧化剂（如氧气）和燃料（如氢气）的作用。平板式固体氧化物型燃料电池的结构和工作原理如图8-10所示。由图可见，构成固体氧化物型燃料电池的关键部件为阴极、阳极、固定电解质及连接材料等。

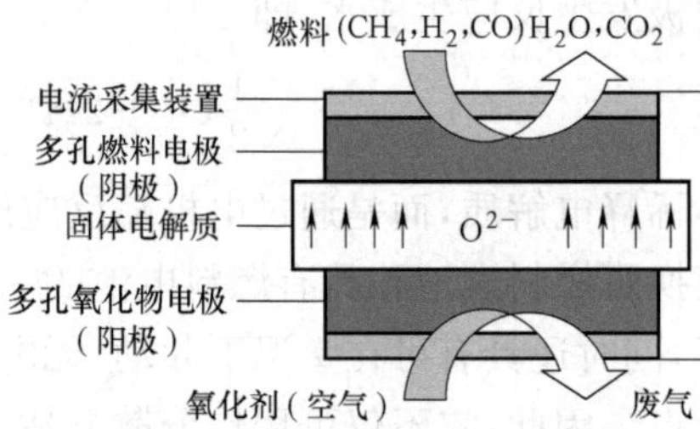

图8-10　平板式固体氧化物型燃料电池的结构和工作原理

在阴极，氧分子得到电子被还原成氧离子，即

$$O_2+4e^-\rightarrow 2O^{2-}$$

氧离子在电解质隔膜两侧电位差和浓度差的作用下，通过电解质隔膜中的氧空位，定向跃迁到阳极侧，并与燃料（如氢气）进行氧化反应，即

$$2O^{2-}+2H_2\rightarrow 2H_2O+4e^-$$

总反应为

$$2H_2+O_2\rightarrow 2H_2O$$

从固体氧化物型燃料电池的原理和结构上可知，固体氧化物型燃料电池是一种理想的燃料电池，不但具有其他燃料电池高效、环境友好的优点，而且还具有以下突出的优点：固体氧化物型燃料电池是全固体结构，不存在使用液体电解质带来的腐蚀问题和电解质流失的问题，可望实现长寿命运行。固体氧化物型燃料电池的工作温度为800～1000℃，不但电催化剂不需采用贵金属，而且还可以直接采用天然气、煤气和碳氢化合物作为燃料，简化了燃料电池系统。固体氧化物型燃料电池排出高温余热可以与燃气轮机或蒸汽轮机组成联合循环，大幅度提高总发电效率。

固体氧化物型燃料电池技术的难点在于它是在高温下连续工作。电池的关键部件阳极、隔膜、阴极连接材料等在电池的工作条件下必须具备化学与热的相容性，即在电池工作条件下，构成电池的材料间不但不发生化学反应，而且热膨胀系数也应相互匹配。

思考题与习题

8-1 简述氢能的主要用途。

8-2 简述氢气的性质、特点和氢气常见的化学反应。

8-3 与其他能源相比，氢气作为能源具有哪些优点？

8-4 简述氢气的常见制备方法。如何进行氢气的储存和运输？

8-5 简述不同种类燃料电池的基本原理、特点和用途。

8-6 常见的燃料电池由哪几部分组成？

8-7 举例说明燃料电池发电系统的工作过程。

第九章 多能互补

第一节 多能互补系统概述

一、多能互补系统介绍

所谓多能互补(to adopt a balanced energy mix),是指按照不同资源条件和用能对象,采取多种能源互相补充,以缓解能源供需矛盾,合理保护和利用自然资源的一种用能措施。前面章节介绍的是单一的可再生能源发电系统(图 9-1)。可再生能源虽然是一种无污染的清洁能源,但是,它们中的绝大部分具有时间上的不连续性和空间上的不均衡性。例如:在利用风能时会出现时有、时无,有的地区强、有的地区弱的现象;太阳能也是这样,受昼夜周期变化、气象因素(阴晴)变化、地理位置变化等影响;应用水能的水电站的出力也随着河流流量的变化而变化,水资源在不同年份和不同季节的出力与发电量相差较大。

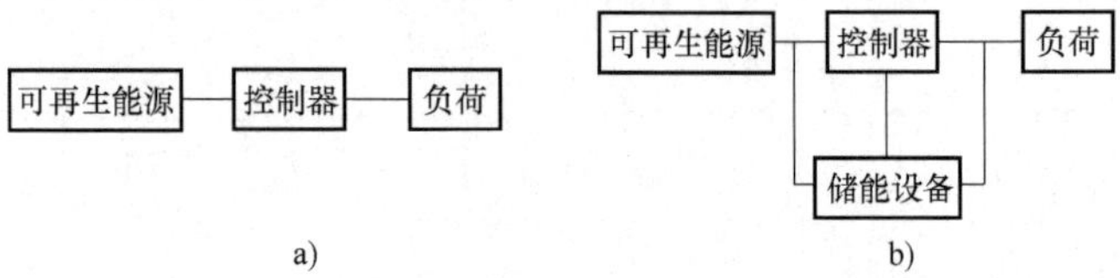

图 9-1 单一可再生能源发电系统结构
a)无储能设备 b)有储能设备

为了克服可再生能源时间上的不连续性和空间上的不均衡性,采用多种能源的互补应用已经越来越多(图 9-2)。互补一般分为两类。一类是常规能源与可再生能源的互补。例如,目前应用在宾馆、食堂的太阳能热水器,当出现太阳能供热不足或断供现象时,需要辅助电加热、煤气加热等措施加以保障;家庭用热水器也是这样,在冬季时需要其他辅助能源(一般是电或煤气)补充加热。另一类是可再生能源之间的相互补充。风能、水能、太阳能在时间和空间上具有互补性,可再生能源多能互补发电是比单一的风力或水能或太阳能发电更有效的方式。互补发电是指利用风力发电机、水力发电机和太阳电池分别将风能、水能及太阳能转化为电能,且各个发电系统在一个装置内互为补充,从而极大地提高了可再生能源的可靠性,具有广泛的推广应用价值,是能源结构中崭新的增长点。

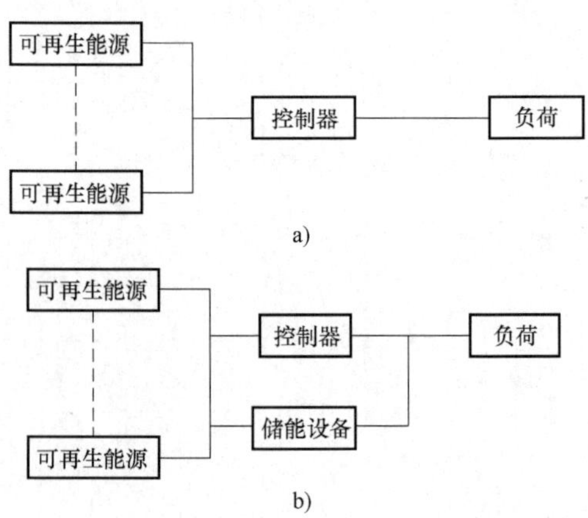

图 9-2 多能源互补独立发电系统结构
a)无储能设备 b)有储能设备

在可再生能源中,利用风能、水能、太阳能发电是发展最迅速的。其中,可再生能源的开发利用、多学科领域交叉渗透、多能源与多输出的多功能总能系统则代表着能源技术与能源动力系统发展的几个重要方向。

前景最广阔的可再生能源,在时间和空间上具有互补性,其互补发电是比单一发电更高效、可靠的方式。

二、多能互补系统发展现状

在常规能源与可再生能源互补的研究与应用中,以太阳能热利用与电能的互补为多。而在可再生能源之间的相互补充的研究应用中以风能和光能的互补居多。

在亚洲大部分地区以光伏发电、风能或生物质能发电,通常以组合的形式,包括电池和/或一台备用柴油发电机,正在慢慢地代替传统模型。成千上万个主要依赖于小水力发电的小型混合电网系统存在于中国、印度、尼泊尔、越南和斯里兰卡等地区。我国在2000年前就在使用的风电和光伏发电技术,现在仍在小型混合电网体系中占主要地位。我国的"村镇电气化工程"从2002～2004年,以光伏发电、风/光互补系统和小水力发电系统,为大约250000个家庭和1000个村镇的100万农村人口提供了电力。在2002～2004年,几乎700个小镇建成30～150kW的村级太阳能电站(总数大约20MW),其中一部分使用风光互补系统(大约共计800kW风能)。在印度,安装了550kW风光互补系统。该系统作为另一为村级电网供电的主要途径,为数十个村庄的数千个家庭提供电力。

现阶段我国农村可再生能源事业发展的情况是:一方面,以秸秆、稻草、粪便等为原料,大力发展户用沼气池以满足家庭炊事用能需求;另一方面,农户积极地利用太阳能进行热水洗浴。

第二节 风光互补系统

一、风能与太阳光的资源特性

风能、太阳能都是"取之不尽、用之不竭"的可再生能源,它们在新能源和可再生能源中备受关注,其发展速度也很惊人,最近几年来,每年均以40%左右的增长速度飞速发展。但它们又都是不稳定的、不连续的能源,单独用于无电网地区,需要配备相当大的储能设备,或者采取多能互补的方法,以保证稳定的供电。我国处于季风气候区,风能与太阳能的结合有着天然的优势,一般白天风小夜晚风大、晴天风小雨天风大、冬季风大。而太阳能辐射量恰好是白天比夜晚大、夏季比冬季风小、晴天比雨天大,即风能和太阳能在时间和季节上正好存在着如此吻合的互补性。因此,风、光互补结合后的能量应用系统具有能量供应的连续性,使得互补系统的可靠性更高,实用性更强。

二、风光互补系统组成

风光互补发电系统的组成如图9-3所示,该系统主要由风力发电机组、太阳电池组、充电控制器、蓄电池组、逆变器及交流负载组成。

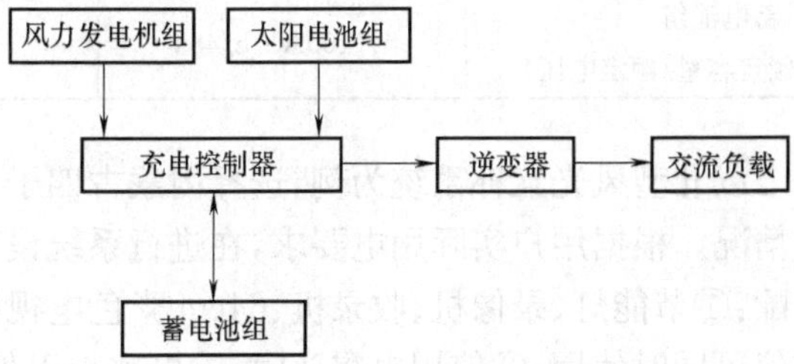

图9-3 风光互补发电系统的组成框图

该系统根据风力和太阳辐射的变化情况,可在以下三种模式下运行:①风力发电机组独自向负载供电;②太阳能光伏系统独自向负载供电;③风力发电机组和太阳能光伏系统联合向负载供电。

通常，把交流电变成直流电的过程称为整流，完成整流功能的电路称为整流电路；与之相对应，把直流电变成交流电的过程称为逆变，完成逆变功能的电路则称为逆变电路，而实现逆变过程的装置称为逆变器或逆变电源。

三、风光互补系统的特点

风光互补发电比单独风力发电或光伏发电有以下优点：①利用风能、太阳能的互补特性，可以获得比较稳定的总输出，系统有较高的稳定性和可靠性；②在保证同样供电的情况下，可大大减少储能蓄电池的容量；③通过合理的设计与匹配，可以基本上由风光互补发电系统供电，很少或基本不用起动备用电源如柴油发电机组等，可获得较好的社会效益和经济效益。所以，综合开发利用风能、太阳能，发展风光互补发电系统有广阔的应用前景和发展前景。

四、风光互补系统的应用

1. 约旦示范项目

德国帮助约旦建造并安装了一个村级风光互补发电系统。该系统由 2 台 25kW 风力发电机组、15kW 光伏方阵、280kW·h 铅酸蓄电池、1 台 40kVA 同步调相机及为其起动的 2kW 直流电机、1 台 15kW 线路换向的逆变电源和 1 台双向整流—逆变电源以及微机控制系统等组成。该系统功能完善、使用可靠安全，深受当地村民欢迎。

2. 中国光明工程

我国在 2000 年由原国家计委启动了“中国光明工程”先导项目，将内蒙古自治区列为实施先导项目的三个省之一。截至 2002 年底，内蒙古自治区共推广使用了 5275 套户用风光互补发电系统。表 9-1 是目前推广应用较多的三种牧区户用风光互补系统的设备配置状况。

表 9-1 三种风光互补系统的设备配置

设备配置	用电负载		
	Ⅰ型	Ⅱ型	Ⅲ型
	生活类电器	生活类电器，潜水泵	生活类电器，小型生产设备
太阳电池组（额定功率/额定电压）	300W/48V	400W/48V	500W/48V
风力发电机组（额定功率/额定电压）	600W/48V	600W/48V	600W/48V
充电控制器（额定电流/额定电压）	35A/48V	35A/48V	35A/48V
逆变器（额定容量/额定电压）	1000V·A/48V	1000V·A/48V	1000V·A/48V
蓄电池组（额定容量/额定电压）	4×160A·h/48V	4×200A·h/48V	4×200A·h/48V

以Ⅱ型风光互补系统为例，选择内蒙古四子王旗安装的一套Ⅱ型风光互补系统，分析其运行情况。根据用户实际用电要求，在进行系统设计时，对用电负载的同步使用情况作了合理的调配：①节能灯、录像机、收录机、64cm 彩色电视机、卫星接收器、电冰柜、电鼓风机、电风扇、治疗仪可同时使用；②使用电熨斗时，除电冰柜以外不能使用其他用电负载；③洗衣机和潜水泵不能与其他用电负载同时使用。该系统同时使用的用电负载总功率最大为 644W，符合逆变

器的技术要求。系统各月的日平均供电量见表 9-2。

表 9-2 四子王旗用户Ⅱ型风光互补系统各月的日平均供电量

月份	1	2	3	4	5	6	7	8	9	10	11	12
风力发电和光伏发电量/kW·h	5.45	5.67	6.62	7.88	7.28	6.54	5.39	4.72	5.46	6.05	6.77	5.54
系统日供电量/kW·h	3.35	3.48	4.06	4.84	4.47	4.02	3.31	2.90	3.35	3.71	4.16	3.40

风光互补发电系统的推广使用不仅丰富了当地居民的物质文化生活，而且对于我国建设和谐小康社会有极其重要的意义。但是，国内风光互补发电系统的部件质量问题十分突出，故障率较高，产品可靠性较差，远不能达到市场化要求。

3. 风光互补路灯

以路灯为例，一套常规路灯综合造价为 1.30～1.5 万元，此外每年还要支付一笔数额不少的电费。而一套风光互补的路灯的造价为 1.80～2 万元，且不消耗常规能源。风光互补路灯大概在十年内可以收回全部投资成本，以后基本上是免费为社会提供照明，风光互补路灯与传统路灯成本核算对比见表 9-3。

表 9-3 风光互补路灯与传统路灯成本核算对比

对比项目	传统路灯	风光互补路灯	对比项目	传统路灯	风光互补路灯
小型风力发电机	无	有	蓄电池	无	有
太阳能电池板	无	有	配电箱	有	有
太阳能板支架	无	有	供电方式	变电站供电	小型风力发电机及太阳电池板供电
风光互补控制器	无	有	年平均电能消耗量/(kW·h)	1800	0(不消耗常规能源)
路灯	有	有	年维护成本/元	200	180
路灯控制器	有	有	抗大风能力	12 级台风	12 级台风
灯罩及灯挂臂	有	有	线路施工	开挖电缆沟埋线	不需输电线路
灯杆	有	有	整套路灯设备综合造价/(万元/套)	1.30～1.5	1.80～2

第三节 风光柴互补系统

一、风光柴互补系统的优势

光伏发电技术、风力发电技术的日趋成熟及实用化进程中产品的不断完善，为光伏电源、风力发电机组的推广应用奠定了基础。在人员分散而风光资源丰富的边防、海岛地区，充分利用当地优越的风、光资源，建立光伏发电、风力发电和柴油机发电互为补充的风光柴互补供电系统来解决当前边远地区人民群众的日常用电是一条较好的途径。由于风力资源和阳光资源在不同季节、天气条件下的分布不同，具有一定的互补性，加之柴油机作为后备辅助发电设备，保证了用电设备工作的连续性，使系统更加稳定、完善。同样，柴油可以被天然气取代，同时因柴油发电机组发电、风力资源发电一次性投资相对较低，而光伏发电系统稳定、可靠、免维护，所以采用风光柴互补供电系统能充分利用风力发电、光伏发电、柴油发电机组发电的各自优点，互为补充，大大提高系统的性价比与供电可靠性。

二、风光柴互补系统构成

风光柴互补供电系统如图 9-4 所示。

(1)发电部分　发电部分由一台或者几台风力发电机和太阳能电池板矩阵组成，完成风—电、光—电的转换，并且通过风力机控制器和光电板控制器与直流控制中心完成给蓄电池组自动充电的工作。以柴油发电机组作为备用电源，保证大功率用电设备(如深井水泵、增压泵)的用电。

(2)蓄电池部分　蓄电池部分由多块蓄电池组成，完成系统的全部电能储备任务。

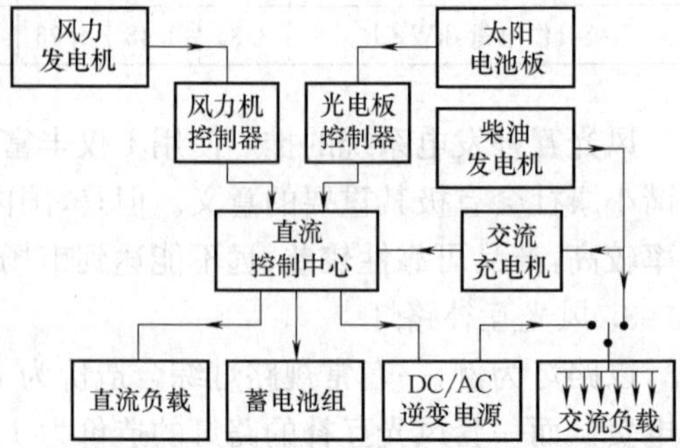

图 9-4　风光柴互补供电系统

(3) 充电控制器及直流控制中心部分　充电控制器及直流控制中心部分由风力机控制器和光电板控制器、直流控制中心、控制柜、避雷器等组成，完成系统各部分的连接、组合以及对于蓄电池组充电的自动控制。

(4)逆变器部分　逆变器部分由一台或几台逆变器组成，把蓄电池组中的直流电能变换成标准的 220V 交流电能，保证交流用电设备的日常用电。

(5)配电部分　配电部分由一台双电源切换柜或 EPS 柜构成，保证在使用柴油机发电时，全部负荷由柴油发电机组供电，并向蓄电池组充电。

三、应用实例

甘肃省某基层单位地处戈壁荒漠，无法引接市电。其配备的 2 台柴油发电机组，一台为 15kW，另一台为 24kW，平均每天只能保证三四个小时的供电，照明和电冰箱等日常用电设备的用电问题一直无法解决，且 24kW 柴油发电机组经常发生故障，已不能正常使用。2002 年 5 月建立了 4kW 风光柴互补供电系统(供电 8kW)，如图 9-5 所示。

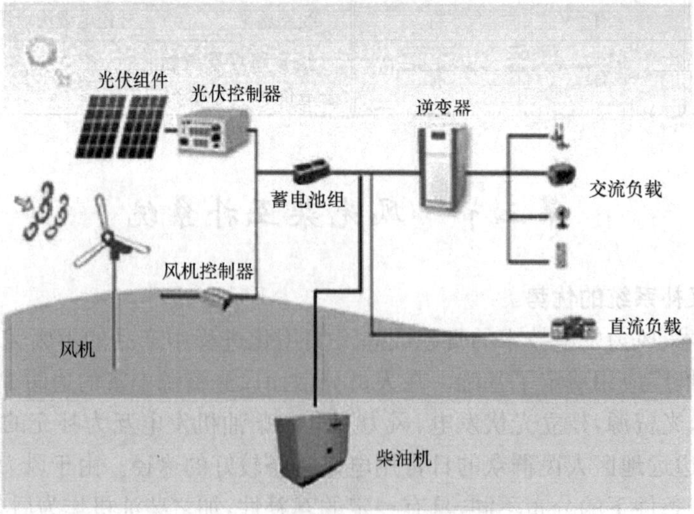

图 9-5　4kW 风光柴互补供电系统

1. 系统设计概况

(1)发电部分 由3台1kW的风力发电机和1.05kW太阳能电池组共同组成风光互补的发电系统作为常用电源，2台柴油发电机组作为备用电源，并提供间隙工作的大功率负荷（深井泵为5.5kW，增压泵为2.2kW）的用电。系统设计日发电量：风力发电为26.22kW·h/d；太阳能发电为5.28kW·h/d（均为理论估计值）。

(2)蓄电池部分 该部分由24块2V、1500A·h的密闭阀控蓄电池组成。蓄电容量最大可储存72kW·h。充满时，在完全无风无光的气象条件下，能维持两三天的日常用电。

(3)充电控制器及直流中心部分 该部分由3台风力充电控制器和1台50A太阳能充电控制器，以及1台100A交流自动充电机、直流控制系统、避雷器等组成。

(4)逆变器部分 由于日常用电设备都是交流供电制式，所以逆变器是风光柴互补供电系统中不可缺少的部件。正弦波逆变器具有良好的负载能力，不仅可以为各种用电器供电，而且对其他电器设备没有大的干扰，特别适合于有大量通信设备的单位使用。

该供电系统选用了10kVA(DC48V/AC220V)充电控制逆变器，将蓄电池组的48V直流电转换为220V、50Hz的标准正弦波交流电。

(5)配电部分 该部分由一台带双电源切换的动力柜改装而成。逆变电源与柴油发电机电源手动切换，在使用柴油机发电时，全部负荷由柴油发电机组供电，并向蓄电池组充电。

2. 风光柴互补供电系统的计算

风光柴互补供电系统的计算主要分为以下几个步骤：

(1)负荷统计 负荷统计包括用电设备日平均耗电量和确定系统的日用电量计算。

1) 用电设备日平均耗电量计算。首先，列出每件用电设备的额定功率；其次，根据各个用电设备的负荷系数、电设备组每天使用小时数算出日平均耗电量；由每台用电设备日平均耗电量求和算出用户的用电设备总负荷。

2) 确定系统的日用电量

$$Q_s = Q/\eta \tag{9-1}$$

式中，Q_s为系统的日用电量(kW)；Q为用电设备总负荷(kW)；η为系统的效率，影响系统效率的主要因素有蓄电池充电效率、逆变器的效率、太阳电池板表面灰尘遮蔽损失、导线仪表的损耗和安全系数等，故$\eta=0.6\sim0.8$。

(2)风力发电机发电量的计算 在初次选择该系统并对风力发电量计算时应该有专业人员进行相关计算。首先，要查阅当地风资源状况，了解年或各个月份的平均风速、空气密度、风机年平均运行率等；其次，根据风力发电机的输出特性计算出年平均输出功率；最后，算出风力发电机的年平均日发电量、年平均月发电量、年发电量。

(3)太阳能光伏发电量的计算 该部分的发电量计算首先应该计算或查出当地的太阳能辐射量；其次算出平均峰值日照时间；最后计算单位功率太阳电池日发电量，按月预测日发电量。

(4)风能和太阳能容量调整 从风力发电机的年平均月发电量和太阳电池月预测日发电量数据可看出，风能与太阳能具有很好的互补性。一般七八月份由于当地平均风速较小，使得系统中风力发电机发电量下降，系统平均日发电量不能覆盖所有的日计算用电量，理论上蓄电池可能处于欠充电状态，解决的方案是适当增大系统中太阳能光伏发电的配置。

(5)确定蓄电池容量 蓄电池在光伏系统中处于浮充电状态，通常在工作时，处于欠充电

状态，长期过放电会影响蓄电池寿命，因此应考虑一定的冗余，常以放电深度表示，即

$$d=\frac{C-C_r}{C} \tag{9-2}$$

式中，d 为放电深度；C 为蓄电池标称容量；C_r 为蓄电池储备容量。

放电深度过大影响蓄电池寿命，过小则增加投资，放电深度一般取 50% 为宜。综合考虑日平均用电量和系统平均日发电量及储电天数的要求，确定该系统蓄电池容量配置。

(6)柴油机功率配置　根据上述方法计算出的风光互补系统基本能够保证一年正常用电，如果极端天气超过 2 或 3 天，使得蓄电池存储的容量不足以克服每天的用电，这时需要起动柴油机进行发电。柴油机功率配置应根据用电设备日平均耗电量和柴油机的效率、发电机的效率来选择柴油机的型号及大小。

第四节　其他多能互补系统

一、地源热泵-太阳能

1. 技术概述

太阳能技术和地源热泵技术自身存在一定局限性，如果两种能源能够联合使用，这样能互相弥补自身的不足，提高资源利用率。

俄罗斯学者在太阳电池研究方面取得了令人瞩目的进展。俄罗斯一家研究机构提出了组合式太阳电池电站的设计思想，即利用热泵、热管等技术将太阳能和地热、居室废热等综合利用起来，及实现多能互补的目标，使太阳电池发电的成本大大下降，并且一年四季都可用，夏天可用于空调，冬天可用于采暖。当太阳能辅助地源热泵中无蓄热水箱时，太阳能集热器的瞬时集热效率高于有蓄热水箱时的瞬时集热效率。就总体效果而言，有蓄热水箱要优于无蓄热水箱，这样可使地源热泵运行更加稳定。

2. 投资比较

从系统投资来分析，折合到每吨 55℃热水一般为：热泵热水系统投资 0.8～1.5 万元/m^3；太阳能热水系统投资 1.0～2.0 万元/m^3；太阳能结合热泵投资 1.5～2.5 万元/m^3。

3. 节能效果

从系统能效比来分析，制取 55℃热水一般为：热泵热水系统能效比为 2.5～4.5；太阳能热水系统能效比为 2.5～5.5；热泵结合太阳能的能效比为 4.5～7.5。

每吨 55℃热水的制水成本比较：热泵为 7.2 元；太阳能热水系统为 12 元；太阳能结合热泵为 4.5 元。

二、应用实例

1. 太阳能-地源热泵技术应用的条件

1) 在经济许可的前提下最大限度地利用太阳能。太阳能是完全免费的，在利用过程中，仅有水泵能耗，运行费用最低，所以在经济许可的情况下，尽可能增大太阳能集热器的面积，以提高太阳能的利用率。

2) 太阳能-地源热泵技术适宜全年生活热水、冬季供热、夏季制冷的综合利用。在实际工程中，采用新能源后，系统初投资较高，尤其是对太阳能集热器，全部是增量成本，最好能全年综合利用。例如：太阳能集热器冬季供热、夏季制冷，在过渡季，不设空调时，太阳能除提供生

活热水外，将多余的热量储存起来，供冬季供热。这样的做法既可以做到太阳能的综合利用，又可以避免太阳能集热器的空晒，延长了太阳能集热器的使用寿命。

3）新能源利用的前提是必须采用节能建筑，以降低系统的初投资。太阳能的能流密度较低，太阳能集热系统的价格在目前仍然偏高；地源热泵系统与常规系统相比，初投资也较高。为了尽可能减少系统的初投资，必须保证建筑围护结构符合节能规范的要求，以降低供热空调系统的负载需求。

4）与供水温度要求低的末端系统配套使用。目前高温型的地源热泵机组 COP 值较低，对于常规地源热泵机组来说，供热时，出水温度较低。同时，太阳能集热系统的集热效率与集热系统的出水温度有关，温度越高，热损失越大，集热效率降低，因此在选择供热系统时应优先选择供水温度要求低的形式。

2. 实际应用

某示范工程位于北京市通州区，有三栋建筑，为了管理方便，将三栋建筑分为南北两区。南区建筑面积 6625m^2，北区建筑面积 2835m^2。该示范工程的主要功能为办公和试验。

南北两区均采用地源热泵系统、太阳能系统作为空调采暖系统的冷热源。办公区域夏季采用风机盘管加新风系统；冬季，北区采用地面辐射采暖系统，南区采用风机盘管加新风系统；试验区域夏季不设空调，冬季采用辐射型散热器采暖系统，保证值班采暖温度。

太阳能系统与地源热泵系统联合供热的原则是：以地源热泵系统为主热源，太阳能系统为辅助热源，但在运行控制上要优先采用太阳能，并加以充分利用。在供热运行模式下，北区试验区域采用的散热器采暖系统与办公区域采用的地面辐射采暖系统串联运行，以提高太阳能的利用率。

（1）太阳集热系统　北区采用平板型太阳能集热器，采用太阳能与建筑一体化技术，使太阳能集热器与建筑完美结合。该示范工程将太阳能集热器设置在建筑的南立面上，与玻璃幕墙融为一体，这样既丰富了建筑的立面效果，又起到了利用太阳能的作用。北区冬季热负荷大于夏季冷负荷，可以采用太阳能辅助供热，解决地下的热量不平衡问题，提高地源热泵系统的运行效率。

在北区，太阳能除冬季与地源热泵系统联合供热外，其他季节，在不供热时，采用季节性蓄热技术将热量储存在蓄热水池中，供冬季采暖使用。

（2）联合供热方式比较　太阳能系统与地源热泵系统联合供热有并联和串联两种方式。并联、串联供热方式如图 9-6、图 9-7 所示。

并联供热方式与串联供热方式相比，存在以下弊端：

1）当太阳能系统与地源热泵系统同时运行时，系统的循环水量为两者之和，太阳能系统能否直接供热，直接影响系统的循环水量，进而影响热泵机组的可靠性。

2）在并联供热方式下，当供水温度 T_g 低于 50℃时，太阳能不能被直接利用，只能去加热土壤，提高热泵机组蒸发器侧的温度。而在串联供热方式下，当供水温度 T_g 低于 50℃、高于 40℃时，可以与地源热泵机组串联运行，充分提高地源热泵机组的 COP 值。

基于串联供热方式的优点，该示范工程采用串联供热方式。其运行策略为：在供热初始时，由于采用了季节性蓄热的技术，同时，在室外温度较高的情况下，采暖负荷较小，此时，经过太阳能加热后的供水温度 T_g 较高，若温度高于 50℃，则利用太阳能直接采暖；若供水温度低于 48℃，并且高于 40℃，则太阳能采暖系统与地源热泵系统串联运行，即经过太阳能加热后的水再经过地源热泵系统提升(达到 50℃)后,供给末端。若供水温度低于 40℃,并且高于 20℃,则太阳能系统接入地源热泵系统的地下换热器,提高土壤的温度,同时提高热泵机组蒸发器侧的进水温度,以提高热泵机组的效率。若供水温度低于 20℃,则太阳能系统直接接入热泵机组的蒸发器侧。

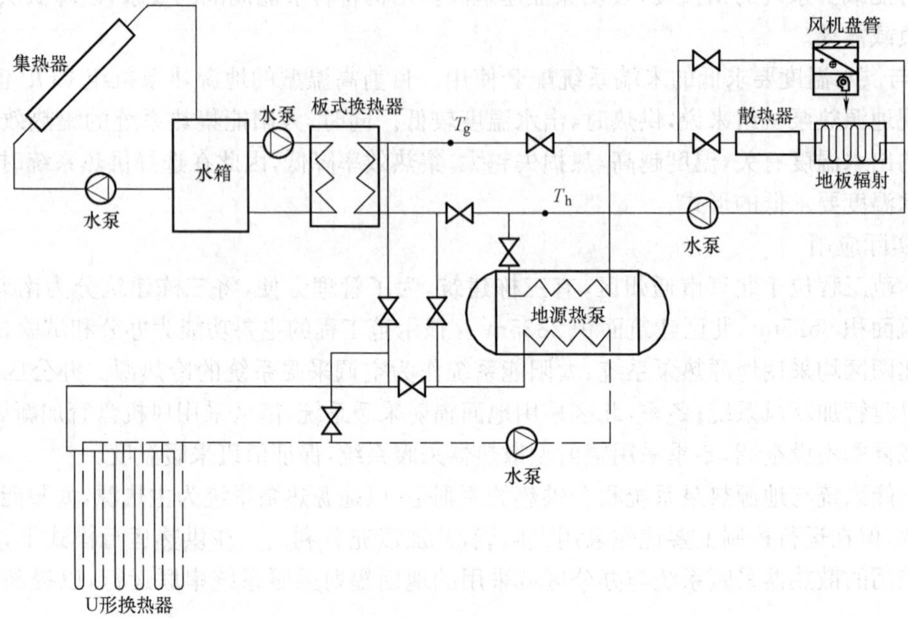

图 9-6 太阳能系统与地源热泵系统并联供热方式

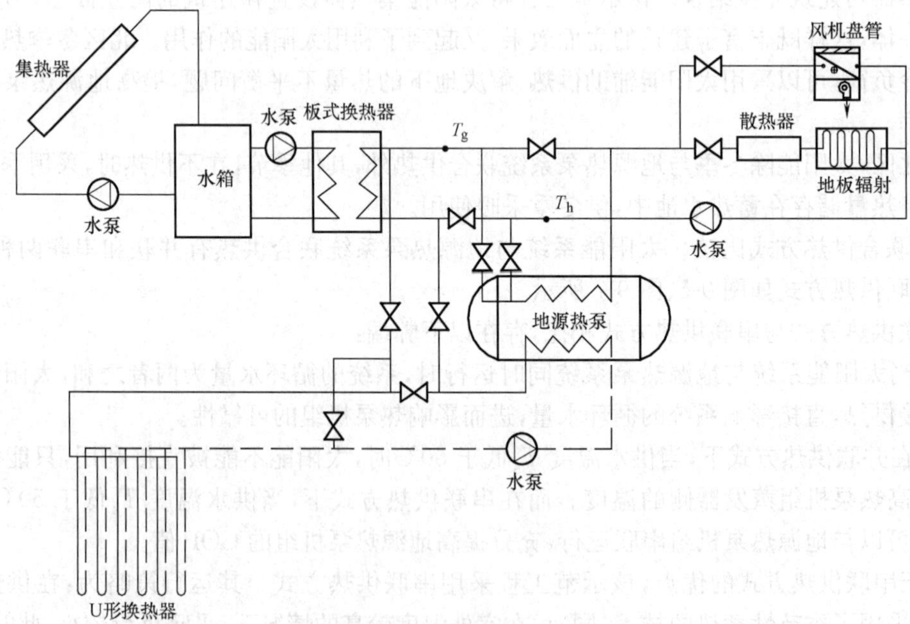

图 9-7 太阳能系统与地源热泵系统串联供热方式

三、其他可再生能源的互补应用及其发展潜力

1. 沙漠中风光互补发电的展望

沙漠中的光能是宝贵的能源。关于利用沙漠中太阳能的问题，日本某研究小组已进行了研究，夏普公司甚至已经在戈壁上试验了一个小型的光伏发电设备，即一个200kW的光伏电站。研究表明，戈壁的太阳能完全利用起来可以满足全世界95年的需求，所以沙漠的可再生能源是非常值得未来去开发利用的。但是沙漠中风沙比较大，容易对电站的光伏电池造成伤害。光伏电池的造价还是相当高的，如果任由风沙侵蚀，那么电站的使用寿命就会降低。所以，关键还是要做好防风的工作。防风的方法很多，比如在电站外围造防风林。但是沙漠中的风能却是可以利用的资源，如果在防风林外围再造风力发电机组，综合利用风能和太阳能，这样既能更好地阻隔风沙，又能把沙漠的风能也利用起来，达到沙漠的“可再生能源化”。

2. 海上潮汐能与风能综合发电的潜力

可再生能源的综合互补利用也能在未来海上能源的利用中起到很好的作用。海上的能源也是非常丰富的，例如风能，我国近海风能资源是陆上风能资源的3倍，潜力非常大。日本、法国、德国、美国都在兴建海上风电场，当前，我国海上风电场建设也已拉开序幕，首个海上风电场已定址于东海大桥畔，为上海东海大桥东侧600～2200m、距南汇岸线4～14km范围内。海上的能源其实还不止风能，潮汐能至今没有得到很好的利用，而世界上的潮汐能资源是非常可观的，据估计，世界上约有10亿kW的潮汐能。我国大陆海岸线超过18000km，潮汐能资源的蕴藏量在2亿kW以上。但是我国对潮汐能的利用还远远不够。由于缺乏这方面的激励政策和优惠措施，把利用潮汐能等同于常规小水电开发，以致影响了投资者开发这一新能源的积极性。潮汐能发电的成本还很高，但是海上风能发电已经可行了，如果通过类似风光互补系统的风能、潮汐能的综合利用的装置，就可用风能来带动潮汐能的发展。虽然系统的成本较高，但是带动了又一个潜力巨大的可再生能源的发展，其应用前景相当广阔。

思考题与习题

9-1　什么是多能互补？为什么要采用多能互补？

9-2　有哪些形式的多能互补？

9-3　风光柴互补供电系统的计算主要分为哪几个步骤？

参 考 文 献

[1]左然，施明恒，王希麟．可再生能源概论[M]．北京：机械工业出版社，2007.

[2]黄素逸，高伟．能源概论[M]．北京：高等教育出版社，2004.

[3]汪建文．可再生能源[M]．呼和浩特：内蒙古教育出版社，2004.

[4]《中国能源发展报告》编辑委员会．中国能源发展报告 2007[M]．北京：中国水利水电出版社，2007.

[5]赵争鸣，刘建政，孙晓英，等．太阳能光伏发电及其应用[M]．北京：科学出版社，2005.

[6]李安定．太阳能光伏发电系统工程[M]．北京：北京工业大学出版社，2001.

[7]罗运俊，李元哲，赵承龙．太阳能热水器原理、制造与施工[M]．北京：化学工业出版社，2005.

[8]罗运俊，何梓年，王长贵．太阳能利用技术[M]．北京：化学工业出版社，2005.

[9]付祥钊．夏热冬冷地区建筑节能技术[M]．北京：中国建筑工业出版社，2002.

[10]郭廷伟．太阳能的利用[M]．北京：科学技术文献出版社，1987.

[11]李传统．新能源与可再生能源技术[M]．南京：东南大学出版社，2005.

[12]尹炼，刘文洲．风力发电[M]．北京：中国电力出版社，2002.

[13]王承熙，张源．风力发电[M]．北京：中国电力出版社，2003.

[14]苏绍禹．风力发电机设计与运行维护[M]．北京：中国电力出版社，2003.

[15]于智勇，季秉厚．小型风力发电机[M]．北京：中国环境科学出版社，2002.

[16]王长贵，崔容强，周篁．新能源发电技术[M]．北京：中国电力出版社，2003.

[17]王革华．新能源概论[M]．北京：化学工业出版社，2006.

[18]吴创之，马隆龙．生物质能现代化利用技术[M]．北京：化学工业出版社，2003.

[19]袁振宏，吴创之，马隆龙．生物质能利用原理与技术[M]．北京：化学工业出版社，2005.

[20]张瑞芹．生物质衍生的燃料和化学物质[M]．郑州：郑州大学出版社，2004.

[21]朱清时，阎立峰，郭庆祥．生物质洁净能源[M]．北京：化学工业出版社，2002.

[22]李允武．海洋能源开发[M]．北京：海洋出版社，2008.

[23]褚同金．海洋能资源开发利用[M]．北京：化学工业出版社，2005.

[24]黄尚瑶，胡素敏，马兰．火山·温泉·地热能[M]．北京：地质出版社，1986.

[25]赵军，戴传山．地源热泵技术与建筑节能应用[M]．北京：中国建筑工业出版社，1981.

[26]张孟昂．地热能源开发新技术译文集[M]．济南：山东科学技术出版社，1989.

[27]刘时彬．地热资源极其开发利用和保护[M]．北京：化学工业出版社．2005.

[28]佟伟，章铭陶．腾冲地热[M]．北京：科学出版社，1989.

[29]廖志杰，赵平．藏滇地热带——地热资源和典型地热系统[M]．北京：科学出版社．1999.

[30]周大吉．西藏羊八井地热发电站的运行、问题及对策[J]．电力建设，2003(10)：1－3.

[31]北京大学地质学系地热研究室．地热系统——原理和典型地热系统分析[M]．北京：地质出版社．1981.

[32]蒋能照，刘道平．水源·地源·水环热泵空调技术及应用[M]．北京：机械工业出版社，2007.

[33]杨茂荣，高金锐，郭小坚．新型户用风光互补供电系统[J]．可再生能源，2006，127(3)：70－72.

[34]王春明，周强，王金全，等．风-光-柴互补供电系统[J]．解放军理工大学学报(自然科学版)，2005，6(5)：474－478.

[35]冯晓梅，邹瑜，张昕宇．太阳能系统与地源热泵系统联合运行方式的探讨[J]．太阳能，2007，122(2)：23－25.

[36]Eric Martinot. 全球可再生能源状况报告[R]．北京：中国可再生能源学会，2005.